食物と健康の科学シリーズ

乳の科学

上野川修一
[編]

朝倉書店

執筆者

*上野川修一	東京大学名誉教授
堂迫　俊一	雪印メグミルク株式会社 ミルクサイエンス研究所
今泉　勝己	久留米工業大学 学長
齋藤　忠夫	東北大学大学院農学研究科 教授
上西　一弘	女子栄養大学栄養学部 教授
青木　孝良	鹿児島大学名誉教授
大森　敏弘	株式会社明治 食品開発研究所
長岡　誠二	株式会社明治 食品開発研究所
福井　宗徳	株式会社明治 食品開発研究所
小泉　詔一	雪印メグミルク株式会社 商品開発部
近藤　　浩	雪印メグミルク株式会社 研究開発部
松井　彰久	株式会社ヤクルト本社 開発部
渡邊　俊夫	株式会社明治 食品開発研究所
羽原　一宏	森永乳業株式会社 素材応用研究所
竹塚　真義	森永乳業株式会社 食品総合研究所
髙橋　　毅	株式会社明治 食機能科学研究所
武田　英二	徳島健祥会福祉専門学校 校長
池田　翔子	埼玉県立循環器・呼吸器病センター 栄養部
奥村　仙示	徳島大学大学院医歯薬学研究部 講師
能勢　　博	信州大学大学院医学系研究科 教授
上條義一郎	和歌山県立医科大学みらい医療推進センター 准教授
増木　静江	信州大学大学院医学系研究科 准教授
森川真悠子	信州大学大学院医学系研究科 助教
細井　孝之	健康院クリニック 副院長
小澤　未央	九州大学大学院医学系研究院 研究員
小原　知之	九州大学大学院医学系研究院 助教
清原　　裕	九州大学大学院医学系研究院 教授
桑原　厚和	静岡県立大学食品栄養科学部 教授
高橋　恭子	日本大学生物資源科学部 准教授
花田　信弘	鶴見大学歯学部 教授

（執筆順，*は編者）

はじめに

人間はこの地球で生き残ってゆくために食を求め続けてきた．そして，その手段・方法を狩猟，採集，農耕，牧畜と拡大進化させてきた．そして，酪農に至る．

酪農とはウシやヒツジなどを飼育し，その栄養豊かな乳を搾り，その加工品をつくることである．この酪農が始まった時期は諸説あるが，牧畜の始まった 8000～7000 年前か，そのすぐ後といわれている．

そして現在，牛乳や乳加工品，すなわち乳製品は世界中の国の食卓にのぼるようになり，世界の人々の食生活を豊かにしている．その理由は，牛乳やヨーグルト，チーズ，バターなどの乳製品が高栄養価で健康維持に役立ち，そして美味しいからである．

本書はそのような乳や乳製品についての科学技術的側面と健康への寄与を多くの方々に知っていただきたく，この分野の第一線で研究されている方々に執筆いただいたものである．本書で述べられる内容は以下のとおりである．

まず第 1 章「乳・乳製品概論」では，世界および日本における乳利用の歴史について述べる．ついでに乳利用の現状を知っていただくため，世界各国の乳の消費傾向を述べ，さらに乳とは何かを包括的に知るために，牛乳成分の特色を人乳と比較しながら略述した．

続く第 2 章「牛乳の成分とその構造」では，牛乳中のタンパク質，脂質，ミネラル，ビタミンなどについて，含まれる量や構造，あるいはそれらの栄養学的な特徴が述べられる．加えて，牛乳は殺滅菌のために加熱処理などが行われることが多いが，その際に起きる成分の変化や製品の品質への影響についても，体系的に解説する．

次に第 3 章「さまざまな乳製品とその製造技術」では，ヨーグルト，乳酸菌飲料，チーズ，バター，クリーム，アイスクリーム，粉乳といった主要な乳製品の概要と製造技術を述べる．これら乳製品の製造にはそれぞれ古い歴史があるが，近年の技術の革新は目覚ましく，たとえば製造工程の自動化によって，より効率的に高品質のものがつくられるようになっている．この革新の到達した内容についても紹介する．

第4章「牛乳・乳製品と健康」では，牛乳あるいは乳製品が私たちの健康の維持増進に有益であり，今後さらに大きく貢献できる潜在性をもっていることを，科学的な根拠をもとに解説する．これは単純に乳製品中の成分によるものだけではなく，発酵乳製品にみられるプロバイオティクス効果なども含まれ，現在その有益な作用は世界中で研究されている．例として取り上げたのはごく一部であるが，栄養補給，体力向上，骨粗鬆症予防，脳卒中や認知症の予防，整腸作用，抗感染・抗アレルギー作用，虫歯予防など，きわめて広範な効能が見出されていることがわかるだろう．

以上のように本書は乳についてその科学的側面を幅広く解説したものである．この本をお読みいただければ，乳や乳製品についての基本的な内容と同時に最新の情報についても知っていただくことができると考えている．したがって，特に牛乳・乳製品に興味を抱く大学生をはじめ，研究者・技術者の多くの方々にお読みいただき，この分野の理解に役立てていただければ幸いである．さらに将来の新しい乳製品の開発に役立たせていただければいっそう幸いである．

2015年10月

著者を代表して　上野川修一

目　　次

1 乳・乳製品概論

1.1 乳利用の歴史

1.1.1 世界の乳の利用

a. 農耕と牧畜

人間がこの地球に70億人も住むことができるようになったのは，自らの手で食を確保する手段を築くことに成功したからである．人間は最初は動物の狩猟，そして植物の採集によって食を確保していた．その後，農耕を生み出し安定した食の確保に成功した．

農耕とは食物を得るために有効な食物を田畑で育てることである．この農耕を人間が始めたのが1万5000～1万年前といわれている．

さらに，人間は牧畜を始める．牧畜とはウシ，ヒツジなどを飼育繁殖させることである．成長したものは肉として食糧源とする．この牧畜は諸説あるがウシの場合8000～7000年前とされている．

b. 酪　農

乳は2億年前に出現した哺乳類の母親がその子に与える理想の食である．「牧畜」の時代の人々は母ウシの出す乳で生まれた子ウシがすくすくと育つのを見て，自分たちもこれを利用できないかと考えたに違いない．これが乳の利用すなわち酪農の始まりとされる．その時期は牧畜とほぼ同時期か，そのやや後と推定されている．

この酪農はおそらく西南アジアで始まり，その後ヨーロッパに広がったとされる．また乳を利用した加工品であるヨーグルトやチーズ，そしてバターなどもほぼ同時に生み出されたものと考えられている．これらは，乳のより長期間の保存を可能にし，同時に風味の多様化をもたらした．そして現在のように，乳およびその加工品は私たちの食生活において欠くことのできない重要な位置を占めるようになったのである．

1.1.2　日本における乳利用

a.　縄文・弥生時代は乳の利用はなかった

このように世界に広がった乳利用であるが，わが国の食生活においてどのような位置を占めているのであろうか．上記したように世界で酪農の始まったとされる 8000～7000 年前あるいはその少し後の時代は日本列島は縄文時代であり，狩猟採集の時代である．

その後 2300 年前に始まった弥生時代には水稲耕作が始まっている．しかし，この弥生時代にも酪農がわが国で始まった形跡はない．酪農は乾燥したサバンナなどで多く行われており，それに対してわが国は照葉樹林帯で牧畜よりむしろ農耕に向いた気候条件にあったため，当時は牧畜そして酪農を選ぶ必要がなかったのであろう．

b.　乳利用は帰化人によってもたらされた

7 世紀半ばの大化の改新のころ，帰化人が当時の孝徳天皇に乳を献上したのがわが国の乳利用の始まりとされている．

その後 8 世紀初頭，大宝律令（たいほうりつりょう）の職務分担のなかに乳戸（にゅうこ）という記載がみられ，これは牛乳を搾る酪農家を意味すると解釈されている．乳戸では牛乳を搾る以外にも今でいうヨーグルト，チーズ，コンデンスミルク風の酥（そ）と呼ばれる乳製品がつくられていたとされている．酥以外にも酪（らく）とか醍醐（だいご）といわれる乳製品があったとされるが，具体的にどのようなものであったのかは十分に明らかとなっていない．

以上のような牛乳や乳製品の利用は平安時代の末期まで貴族によってなされたと推定される．しかし，それ以後は江戸時代になるまで利用された形跡は認められていない．

c.　江戸時代に乳利用は再開された

次に日本人が牛乳や乳製品と出会うのは江戸時代である．江戸時代の食品事典ともいうべき『本朝食鑑（ほんちょうしょっかん）』には牛乳・乳製品に関する記述がみられ，『和漢三才図絵（わかんさんさいずえ）』にも牛乳・乳製品の記載がみられる．また 8 代将軍徳川吉宗は白牛を現在の千葉に入れたとされている．

ただし，この江戸時代の牛乳飲用・乳製品の利用も大名など一部の人々に限られており，またその用途も健康を保つための医療的な摂取であり，一般庶民が簡単に手に入れることはできなかったものと推定される．

d. 明治時代に庶民の口に

明治時代になると牛乳・乳製品の利用にも大きな変化がみられる．明治は文明開化の時代であり，この時代の人々は西洋文化に強い興味を抱き，牛乳・乳製品にもその視線は向けられた．当時の日本人の食の素材は穀類，野菜を中心とした植物性のものが主体であった．少ないながらも肉そして牛乳・乳製品が食生活に取り入れられるようになったのは大きな変化である．また，民間人によって牛乳・乳製品が生産，製造され，これらが一般庶民の口に入るきっかけとなったことも大きな変化である．

すなわち，明治という時代の変革は，文化・社会だけでなく日本人の食生活にも新しい展開をもたらしたといえよう．ただし，明治時代の牛乳の飲用量は年間1人あたり1.2Lといわれ，消費量はそれほど多くはない．

e. 終戦後，乳の利用は大きく増加した

昭和20年（1945年），日本人の食生活における牛乳と乳製品の地位は大きく変化する．

終戦直後の日本では食糧を手に入れるのも難しい状態が続いた．日本人の戦後の食生活における代表的な食品の摂取量の推移を表1.1に示す．戦後当初，米麦を中心とした穀類，野菜の摂取は高く，乳・乳製品・肉類の摂取量は低かった．しかし，経済的な発展とともに大きく伸び，日本人の食生活に占める乳・乳製品

表1.1 おもな食品の摂取量の年次変化（1日1人あたりg）（国民健康栄養調査資料を改変）

	1955年	1975年	1995年	2010年
乳，乳製品	11.8	103.6	144.5	117.3
肉	12.2	64.2	82.3	82.5
卵	8.7	41.5	42.1	34.8
魚　介	94.3	94.0	96.0	72.5
穀　類	478.3	340.0	264.0	439.9
野菜，果実	273.8	431.6	388.1	369.6

の摂取量は大きく上昇している．

f.　乳利用と健康

このような食生活における大きな変化は，日本人の健康や体格に大きな影響を与えたと考えられている．

現在，日本人の平均寿命が世界最高レベルであることは，伝統的な植物性食品に牛乳・乳製品など動物性食品を十分に加えたバランスのよい食事構成がその要因となっているとされている．特に牛乳・乳製品の果たす役割は大きい．

すなわち，牛乳や乳製品の成分の特徴は新生児が健康に成長するように，その筋肉骨格を構成するタンパク質とカルシウムを豊富に含んでおり，これに脂質，糖質，乳糖そしてビタミンを多量に含んでいることである．このような成分構成は単に新生児，乳幼児だけではなく，高齢者に到るまで広い世代の健康の維持に大きく役立ち，日本人の平均寿命の延伸に役立ったと考えられている．これら乳・乳製品の詳細な成分構成およびその働きについては後述する．

1.2　牛乳・乳製品利用の現状

現在世界各国の人々にとって牛乳・乳製品は重要な食資源であり，優れた栄養資源である．日本国際酪農連盟の 2011 年の統計では全世界の牛乳生産量は 6 億 2000 万 t，また，日本の牛乳生産量は約 750 万 t である．わが国の牛乳生産は世界的規模ではそれほど多くはない．そして，わが国の飲用乳の消費量は年間 1 人あたり約 32 kg である．1 人あたりの年間消費量の世界の他の国との比較を表 1.2 に示した．

日本における牛乳の生産量は第 2 次世界大戦後食生活の変革によって大きく伸びてきたが，ヨーロッパ諸国に比べると低く，飲用乳・チーズ・バターなど乳製品の消費量もヨーロッパ諸国に比べ低レベルである．表 1.2 に示されているように，飲用乳はたとえばフランスやドイツと比べてその消費量は半分であるが，チーズ，バターでは 1 割程度の消費量である．

文化・経済とともに食に関してもグローバル化は急激に起きている．わが国の食事スタイルがどのように変化していくのか，今後きわめて興味のもたれるところであり，そのなかで，牛乳・乳製品がどのようにわが国の食事スタイルに融合

表 1.2 各国の飲用乳，チーズ，バターの消費量（1人あたり kg/年，2011年）（国際酪農連盟国内委員会の資料を改変）

	飲用乳	チーズ	バター
イギリス	109.2	10.9	3.0
オーストラリア	106.7	11.7	4.0
スウェーデン	93.0	19.1	1.7
アメリカ	78.2	15.1	2.5
ドイツ	64.5	22.9	5.9
フランス	57.3	26.3	7.5
イタリア	56.9	21.8	2.3
ロシア	35.4	5.8	2.4
日　本	31.8	1.9	0.7
中　国	9.4	0.2	0.1

していくかが，われわれの食生活の向上にとって重要な課題である．

1.3 牛乳の成分

牛乳は一般に，100 g 中に水分 87.4 g，タンパク質 3.3 g，脂質 3.8 g，炭水化物 4.8 g を含んでいる．それ以外にミネラルとしてカルシウム，リン，カリウムなどを含み，ビタミンとして A などを含んでいる．

搾りたての牛乳を放置すると 2 層に分離する．下層が脱脂乳といわれる画分でタンパク質，糖質，無機質，ビタミンなどを含む．上層は脂質が主体の画分である．

1.3.1 タンパク質

牛乳のタンパク質の主成分はカゼインである．カゼインはリンを結合したいわゆるリンタンパク質の代表的なものである．また，これらはタンパク分解酵素の作用を受けやすく，消化性がよい．

カゼインには α_s-，β-，κ-カゼインと呼ばれる数種類のものがあり，これらが多数重合して平均して 100 nm の大きなコロイド状の複合体を形成している．これをカゼインミセルと呼んでいる．

カゼイン以外のタンパク質としては α-ラクトアルブミン，β-ラクトグロブリンを含んでいる．α-ラクトアルブミンは牛乳中の乳糖の生合成に関与し，ほとんどすべての乳に含まれている．β-ラクトグロブリンはビタミン A 結合能力を有するが，動物によってはこれを含まない乳をもつものもいる．

牛乳に含まれているタンパク質は，子供が育つのに必要なアミノ酸を理想的に含んでいるといってよい．

1.3.2 脂 質

牛乳中の脂肪は子供が成長するためのエネルギー源として非常に重要なものであり，脂肪球と呼ばれる平均直径 4 μm の独特な構造体をつくり存在している．この構造体は皮膜に包まれており，その中に牛乳中の脂質のほとんどが包み込まれている．脂質の主成分はトリグリセリドである．

1.3.3 糖 質

牛乳中の糖質はそのほとんどが乳糖である．この乳糖は二糖類に属し，グルコースとガラクトースが結合したものである．乳糖は乳腺中で乳糖合成酵素によってつくられる牛乳に特有の成分である．

1.3.4 ミネラル，ビタミン

牛乳中にはミネラルとしてカルシウム，リン，カリウムが豊富に含まれる．子供が成長するとともに骨格も大きくなるが，その材料としてこの乳中のカルシウムは必須である．これらのほかにも量は少ないが多種のミネラルが含まれている．

また，牛乳中にはビタミン A を中心にビタミン類が豊富に含まれている．

1.4 人乳の成分

人乳は人間がその子を育てるための理想的な食である．この人乳の成分は次のようになっている；(100 g 中) 水分 88.0 g，タンパク質 1.1 g，脂質 3.5 g，炭水化物 7.2 g，それ以外にミネラルとしてカルシウム，リン，カリウムなどを含み，ビタミンとしてビタミン A を含んでいる．

人乳のタンパク質は牛乳のそれより少ない．タンパク質としては，リンタンパク質であるカゼインが主成分である．この人乳中のカゼインは牛乳のカゼインとよく似た性質を有し，牛乳と同様にカゼインミセルを形成している．ただし牛乳と異なり β-カゼインと κ-カゼインが主成分である．カゼイン以外のタンパク質として α-ラクトアルブミンは含んでいるが，β-ラクトグロブリンは含んでいない．人乳タンパク質のアミノ酸バランスはよく，その栄養価はタンパク質のなかでも最も高い．

人乳中の脂肪は牛乳とほぼ同じ量，そして牛乳のそれとほぼ同じ大きさの脂肪球として存在している．脂肪球の内部はトリグリセリドが主成分である．

人乳中の糖質は牛乳と同じく乳糖が主要成分である．ただし，牛乳中よりも含まれている量は多く，また微量ながら人乳に独特のオリゴ糖が含まれている．このオリゴ糖は乳幼児の腸内菌叢形成に役立っているといわれている．

〔上野川修一〕

文　　献

1）平田昌弘（2012）．ユーラシア乳文化論，岩波書店．
2）上野川修一編（1996）．乳の科学，朝倉書店．
3）上野川修一ほか編（2009）．ミルクの事典，朝倉書店．
4）溝沢　功（1998）．母乳の栄養学，金原出版．
5）文部科学省（2010）．日本食品標準成分表 2010．
6）吉田　豪（2000）．牛乳と日本人，新宿書房．

2 牛乳の成分とその構造

2.1 タンパク質の組成と構造

乳には100種類以上ものタンパク質が含まれている．乳タンパク質はきわめて栄養価が優れているばかりでなく，さまざまな健康増進機能に関与し，さらには乳製品のおいしさや物性に関しても重要な因子であることから，乳を扱う者は乳タンパク質の特性を十分に把握し，巧みに活用しなければならない．このような観点から，本章では乳タンパク質の基本的な特性について説明する．

2.1.1 乳タンパク質の種類

乳を加温し，pHを等電点である4.6に調整したときに沈澱するタンパク質画分をカゼイン，上清に残るタンパク質画分をホエイタンパク質という．表2.1にはヒトが利用している乳に含まれる主要なタンパク質を示す[20]．カゼインにはα_{s1}-カゼイン（α_{s1}-CN），α_{s2}-カゼイン（α_{s2}-CN），β-カゼイン（β-CN），およびκ-カゼイン（κ-CN）が知られている．一方，ホエイタンパク質にはβ-ラクトグロブ

表2.1 ヒトが利用する乳の主要タンパク質

乳タンパク質	略記	ウシ	ヒト	ウマ	ヤギ	ヒツジ	ラクダ
α_{s1}-カゼイン	α_{s1}-CN	○	△	○	○	○	○
α_{s2}-カゼイン	α_{s2}-CN	○	×	○	○	○	○
β-カゼイン	β-CN	○	○	○	○	○	○
κ-カゼイン	κ-CN	○	○	○	○	○	○
β-ラクトグロブリン	β-Lg	○	×	○	○	○	×
α-ラクトアルブミン	α-La	○	○	○	○	○	○

○：存在，△：痕跡程度存在，×：存在が報告されていない．

リン（β-Lg），α-ラクトアルブミン（α-La），などが知られている．

しかし，動物の種類によりこれらタンパク質の一部が存在していない場合がある．ヒトの乳には α_{s2}-CN は存在していないし，α_{s1}-CN はごく少量しか含まれない．β-Lg はヒトやラクダには含まれない．α-La は表 2.1 に示した動物乳には含まれているが，オットセイなど水棲動物乳には含まれていない．動物の種類によるこのような違いがなぜ生じたかについては興味深いが，不明である．

表 2.2 は牛乳と人乳のタンパク質組成を示す．各タンパク質の濃度が異なるほか，カゼイン／ホエイタンパク質の量比が大きく異なっている．それゆえに，牛乳を原料として乳児用調整粉乳を製造する場合は，カゼイン／ホエイタンパク質比を人乳のそれに近似させている．

カゼインは規則的な構造が少ないことから，かつてはランダムコイルに近い構造をとっていると考えられてきたが，最近では変性タンパク質のようなランダムコイル構造ではなく，フレキシブルではあるもののまとまった構造をとっていると考えられている．

2.1.2　カゼイン

a.　κ-カゼイン

κ-CN は表 2.1 に示すようにすべての動物乳に含まれている．図 2.1 に κ-CN の

表 2.2　牛乳と人乳中のタンパク質濃度（g/kg）[20]

乳タンパク質	ウシ	ヒト
全カゼイン	26	2.5
α_{s1}-CN	10.7	少量
α_{s2}-CN	2.8	—
β-CN	8.6	2.1
κ-CN	3.1	0.35
全ホエイタンパク質	6.3	6.4
β-Lg	3.2	—
α-La	1.2	3.2
血清アルブミン	1.2	0.4
免疫グロブリン G	0.7	0.05
免疫グロブリン A	0.1	1.0
カゼイン／ホエイタンパク質比	4.1	0.4

アミノ酸配列を示す．おもな物理化学的性質は表2.3（次々頁）に示すとおりである．システイン（C）を2個含み（11番，88番），加熱によるさまざまな現象（2.5節参照）にかかわる．一方，131，133および135（または136）のスレオニン（T）には糖鎖が結合している場合がある．ウシ常乳 κ-CN の糖鎖構造は図2.2に示した3種類が知られる[7]．κ-CN はカルシウムに対する感受性が低く，カルシウム存在下で安定である．κ-CN の最も重要な特性はカゼインミセル（後述）の安定化に深くかかわっていることである．κ-CN を人為的に欠損させると，乳腺細胞中で安定なカゼインミセルが形成されず，乳腺が詰まり，正常な乳分泌は行われない[19]．したがって，哺乳類の乳分泌において κ-CN は必須のタンパク質である．

子が乳を摂取すると胃内の凝乳酵素であるキモシンが κ-CN の105番目のフェニルアラニン（F）と106番目のメチオニン（M）の間を切断する．その結果，親水性の高いC末端側と疎水性が高いN末端側に分かれる（図2.3）．C末端側がカゼインマクロペプチド（CMP，グリコマクロペプチド GMP ともいう），N末端

1　　10　　20　　30　　40
E-E-Q-N-Q-E-Q-P-I-R-C-E-K-D-E-R-F-F-S-D-K-I-A-K-Y-I-P-I-Q-Y-V-L-S-R-Y-P-S-Y-G-L-
41　　50　　60　　70　　80
N-Y-Y-Q-Q-K-P-V-A-L-P-N-N-Q-F-L-P-Y-P-Y-Y-A-K-P-A-A-V-R-S-P-A-Q-I-L-Q-W-Q-V-L-S-
81　　90　　100　↓　110　　120
N-T-V-P-A-K-S-C-Q-A-Q-P-T-T-M-A-R-H-P-H-P-H-L-S-F-M-A-I-P-P-K-K-N-Q-D-K-T-E-I-P-
121　　130　　140　　150　　160
T-I-N-T-I-A-S-G-E-P-**T**-S-T-P-**T**-**T**-E-A-V-E-S-T-V-A-T-L-E-D-*Sp*-P-E-V-I-E-S-P-P-E-I-N-
161　　169
T-V-Q-V-T-S-T-A-V

図2.1　κ-カゼインAのアミノ酸配列（文献[5, 7]より作図）
アミノ酸は1文字表記法により示す．*Sp* はリン酸化されたセリン．矢印は凝乳酵素キモシンによる切断部位，**太字**は糖鎖結合部位を示す．

(1)　NeuNAc・α-(2-3)-Gal・β-(1-3)-GalNAc-Thr

NeuNAc
|2
|6 α
(2)　Gal・β-(1-3)-GalNAc-Thr

NeuNAc
|2
|6 α
(3)　NeuNAc・α-(2-3)-Gal・β-(1-3)-GalNAc-Thr

図2.2　ウシ常乳 κ-カゼインの糖鎖構造[7]
NeuNAc：*N*-アセチルノイラミン酸，GalNAc：*N*-アセチルガラクトサミン．

側をパラ κ-CN という．CMP が遊離するとカゼインミセルはカルシウム存在下で安定性を失い，カードを形成する．胃内でカードが生成され，時間をかけて小腸に送り込まれることで，十分な消化吸収が行われる．また，これを乳加工に応用したものが，チーズ製造である（3.2.3 項参照）．

b.　α_{s1}-カゼイン

α_{s1}-CN のアミノ酸組成を図 2.4 に，主要な特性を表 2.3 に示す．単量体の分子量は 23,500 程度であるが，単離した α_{s1}-CN は pH，イオン強度などに依存して自己会合する．また，室温では数 mM のカルシウム存在下で沈澱する．リン酸化されたセリン（*Sp*）を 8 個もち，カルシウムはこれらに優先的に結合する．

α_{s1}-CN にキモシンやペプシンが働くと，N 末端から 23 番目のフェニルアラニンと 24 番目のフェニルアラニンの間が切断される．24 番目以降のペプチドが α_{s1}-Ⅰカゼイン（α_{s1}-Ⅰ CN）である．α_{s1}-Ⅰ CN は，チーズ熟成中に現れ，カルシウム存在下で沈澱しない[8]．α_{s1}-CN のリン酸基はすべて α_{s1}-Ⅰ CN にあり（図 2.4），カルシウムはこれらリン酸基に結合する．したがって，もしもカルシウム架橋反応が起これば，Ser-P-Ca-P-Ser という結合を介して α_{s1}-Ⅰ CN が会合す

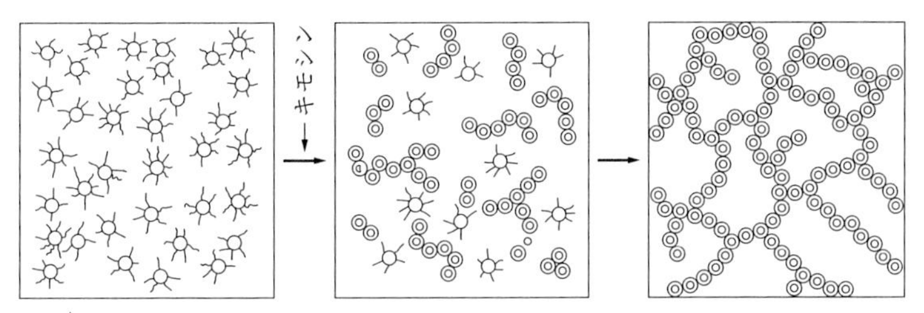

図 2.3　キモシンによるカゼインミセルの凝固

```
1                   10                            20    ↓              30                        40
R-P-K-H-P-I-K-H-Q-G-L-P-Q-E-V-L-N-E-N-L-L-R-F-F-V-A-P-F-P-E-V-F-Q-K-E-K-V-N-E-L-
41                  50                            60                   70                        80
S-K-D-I-G-Sp-E-Sp-T-E-D-Q-A-M-E-D-I-K-Q-M-E-A-E-Sp-I-Sp-Sp-Sp-E-E-I-V-P-N-Sp-V-E-Q-K-H-
81                  90                            100                  110                       120
I-Q-K-E-D-V-P-S-E-R-Y-L-G-Y-L-E-Q-L-L-R-L-K-K-Y-K-V-P-Q-L-E-I-V-P-N-Sp-A-E-E-R-L-
121                 130                           140                  150                       160
H-S-M-K-E-Q-I-H-A-Q-Q-K-E-P-M-I-G-V-N-Q-E-L-A-Y-F-Y-P-W-L-F-R-Q-F-Y-Q-L-D-A-Y-P-
161                 170                           180                  190                   199
S-G-A-W-Y-Y-V-P-L-G-T-Q-Y-T-D-A-P-S-F-S-D-I-P-N-P-I-G-S-E-N-S-E-K-T-T-M-P-L-W
```

図 2.4　α_{s1}-カゼイン B のアミノ酸配列[5)]
Sp はリン酸化されたセリン．矢印はキモシン作用による切断部位を示す．

表 2.3　牛乳タンパク質の物理化学的性質[5)]

牛乳タンパク質	脱脂乳中の濃度（g/L）	遺伝変異体	分子量[a]	等電点（pH）	1%溶液の280 nm における吸光度	平均残基疎水性度[b]（kcal/残基）
α_{s1}-CN	12～15	B C	23,615 23,542	4.44～4.76 5.00～5.35	10.05 10.03	1170 1170
α_{s2}-CN	3～4	A	25,226			1111
β-CN	9～11	A^1 A^2 B	24,023 23,983 24,092	4.83～5.07	4.6, 4.7 4.7	1322 1335 1326
κ-CN	2～4	A B	19,037 19,006	5.45～5.77 5.3～5.8	10.5	1205 1224
β-Lg	2～4	A B	18,363 18,277	5.13 5.13	9.6 10.0, 9.6	1211 1217
α-La	0.6～1.7	B	14,178	4.2～4.5	20.1～20.9	1120
血清アルブミン	0.4	A	66,399	4.7～4.9	6.3～6.9	1120
免疫グロブリン G1	0.3～0.6		161,000	5.5～6.8	13.6	
免疫グロブリン G2	0.05		150,000	7.5～8.3	13.6	
免疫グロブリン A	0.01		385,000～417,000		12.1	
免疫グログリン M	0.09		1,000,000		12.1	
セクレタリコンポーネント	0.02～0.1		63,750		15.5	
ラクトフェリン	0.02～0.1		76,110	8.81	9.91	1053

a：アミノ酸配列より算出，b：アミノ酸組成から算出する Bigelow の式より．

るはずであるが，実際にはそうはならない．すなわち，カルシウム架橋は α_{s1}-CN のカルシウム沈澱には関与していない．一方，N 末端側（1～23 番）ペプチドは，リジン（K），アルギニン（R），ヒスチジン（H）など塩基性アミノ酸に富んでおり，α_{s1}-CN のカルシウム感受性に関連していると考えられるが，詳しいことは不明である．

c.　α_{s2}-カゼイン

図 2.5 に α_{s2}-CN のアミノ酸配列を，表 2.3 には物理化学的特性を示す．人乳には含まれていないが，牛乳には少量含まれる（表 2.1）．κ-CN とともに，2 個の

1 10 20 30 40
K-N-T-M-E-H-V-*Sp*-*Sp*-*Sp*-E-E-S-I-I-*Sp*-Q-E-T-Y-K-Q-E-K-N-M-A-I-N-P-*Sp*-K-E-N-L-C-S-T-F-C-
41 50 60 70 80
K-E-V-V-R-N-A-N-E-E-E-Y-S-I-G-*Sp*-*Sp*-*Sp*-E-E-*Sp*-A-E-V-A-T-E-E-V-K-I-T-V-D-D-K-H-Y-Q-K-
81 90 100 110 120
A-L-N-E-I-N-Q-F-Y-Q-K-F-P-Q-Y-L-Q-Y-L-Y-Q-G-P-I-V-L-N-P-W-D-Q-V-K-R-N-A-V-P-I-T-
121 130 140 150 160
P-T-L-N-R-E-Q-L-*Sp*-T-*Sp*-E-E-N-S-K-K-T-V-D-M-E-*Sp*-T-E-V-F-T-K-K-T-K-L-T-E-E-E-K-N-R-
161 170 180 190 200
L-N-F-L-K-K-I-S-Q-R-Y-Q-K-F-A-L-P-Q-Y-L-K-T-V-Y-Q-H-Q-K-A-M-K-P-W-I-Q-P-K-T-K-V-
201 207
I-P-Y-V-R-Y-L

図 2.5 α_{s2}-カゼイン A のアミノ酸配列[5)]
Sp はリン酸化されたセリン.

システン（C）を含む．また，リン酸化されたセリン（*Sp*）を 11 個含み，カゼイン中最大である．平均残基疎水性度は 1111 kcal／残基であり，他のカゼインに比べると低いが，α_{s1}-CN と同様低濃度のカルシウム存在下で沈澱する．

d. β-カゼイン

β-CN のアミノ酸配列を図 2.6 に示す．N 末端から 14 番目のグルタミン酸（E）から 21 番目のグルタミン酸までの配列にはリン酸化したセリン（*Sp*）が 4 個含まれ，クラスターとして存在している．この部位を含むペプチドは生体内でも生成し，カルシウムの吸収促進に寄与している．また，表 2.3 に示すように，平均疎水性度が他のカゼインより高く，このことが β-CN の温度依存性自己会合形成に関係し，冷蔵保存中にミセルから β-CN が遊離（表 2.4）する原因でもある．β-CN にはプロリン（P）含量が高く，ポリプロリン型のヘリックス構造が存在すると考えられている．

古くは，カゼインは α-カゼイン，β-カゼイン，γ-カゼインなどに分類されていたが，α-カゼインは後に α_s-CN と κ-CN であることが報告され，α_s-CN はさらに

1 10 20 30 40
Q-E-L-W-E-L-N-V-P-G-E-I-V-E-*Sp*-L-*Sp*-*Sp*-*Sp*-E-E-S-I-T-R-I-N-K-K-I-E-K-F-Q-*Sp*-E-E-Q-Q-Q-
41 50 60 70 80
T-E-D-E-L-Q-D-K-I-H-P-F-A-Q-T-Q-S-L-V-Y-P-F-P-G-P-I-P-N-S-L-P-Q-N-I-P-P-L-T-Q-T-
81 90 100 110 120
P-V-V-V-P-P-F-L-Q-P-E-V-M-G-V-S-K-V-K-E-A-M-A-P-K-H-K-W-M-P-F-P-K-Y-P-V-E-P-F-T-
121 130 140 150 160
E-S-Q-S-L-T-L-T-D-V-E-N-L-H-L-P-L-P-L-L-Q-S-W-M-H-Q-P-H-Q-P-L-P-P-T-V-M-F-P-P-Q-
161 170 180 190 200
S-V-L-S-L-S-Q-S-K-V-L-P-V-P-Q-K-A-V-P-Y-P-Q-R-D-M-P-I-Q-A-F-L-L-Y-Q-E-P-V-L-G-P-
201 209
V-R-G-P-F-P-I-I-V

図 2.6 β-カゼイン A^2 のアミノ酸配列[5)]

α_{s1}-および α_{s2}-CN に分類された．また，γ-カゼインは β-CN が牛乳中のタンパク質分解酵素であるプラスミンにより分解されたものである．カゼインをタンパク質分解酵素で処理すると，苦味ペプチドが生成される場合が多く，食品素材として利用する場合には苦味をマスキングする．この点では，ホエイタンパク質の酵素分解物の方が，苦味は少ない．

2.1.3　カゼインミセル

リン酸カルシウムは骨や歯の主要構成ミネラルであり，哺乳類にとって必須の栄養素である．しかしながら，リン酸カルシウムは pH 7 付近では水にほとんど溶けない．すなわち，乳を介してリン酸カルシウムを子に供給しようとしても，不溶性であるがゆえに安定供給できない．この課題に対する解決策がカゼインミセルであり，カゼインミセル中に不溶性リン酸カルシウムを取り込むことで，子に安定的に大量のリン酸カルシウムを供給することが可能となった．したがって，カゼインミセルは哺乳動物乳に共通して存在している（表 2.4）．

では，カゼインミセルとはどのような特徴があり，どのような構造をしているのか．これまでに多くの研究者がこれらに取り組んできたが，いまだに十分には解明されていない．カゼインミセルのおもな特徴を表 2.4 に示す．カゼインミセルは粒径が 30～600 nm のコロイド粒子であり，これに光が当たり散乱するために乳は白く見える．したがって，キレート剤や脱塩によりコロイド状リン酸カルシウムがミセルから遊離し，ミセルが解離すると，乳の色は白色ではなくなる（牛乳では黄緑色）．

図 2.7 にはカゼインミセルの電子顕微鏡写真を示す．電子顕微鏡観察に用いた

表 2.4　カゼインミセルの性質

1. すべての哺乳動物乳にカゼインミセルは存在する．
2. 平均粒径は 30～600 nm に分布．
3. カゼインミセルは，不溶性のリン酸カルシウム（ナノクラスター）を含む．
4. κ-CN 含量とミセル径は逆相関する．
5. コロイド状リン酸カルシウムがミセルから遊離（キレート剤，溶融塩，pH<5.3，脱塩などにより）すると，カゼインミセルは粒径 10～20 nm の凝集体に解離する．
6. 牛乳を低温で保存するとカゼインミセルから β-CN が一部遊離し，室温に戻すと遊離していた β-CN は再びミセルに取り込まれる．
7. 牛乳を加熱すると，ミセルからカゼインが一部遊離する．遊離したカゼインの約 50% が κ-CN．

手法によりまったく異なった形態が得られる．図2.7（A）の形態に基づいて提案された構造がサブミセルモデル（図2.8）であり，図2.7（B）の形態に基づいて提案された構造がナノクラスターモデル（図2.9）である．サブミセルとは各

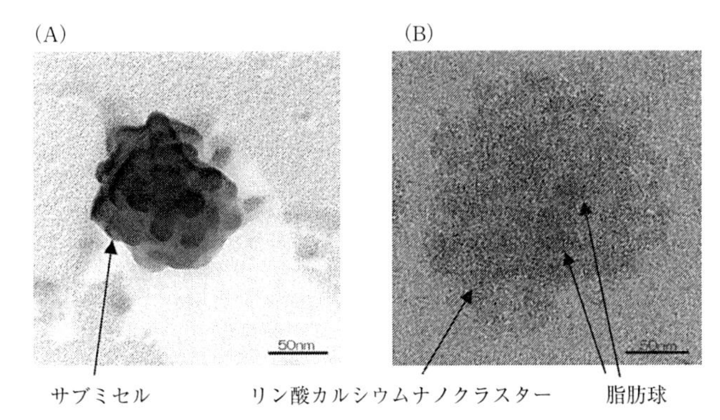

図2.7 カゼインミセルの電子顕微鏡写真（提供：雪印メグミルク株式会社・神垣隆道氏）
（A） アルゴンビームでイオンスパッタリング後，シャドウイングし，TEM（透過型電子顕微鏡）で撮影．
（B） 氷包埋法で固定化後，クライオ TEM で撮影．

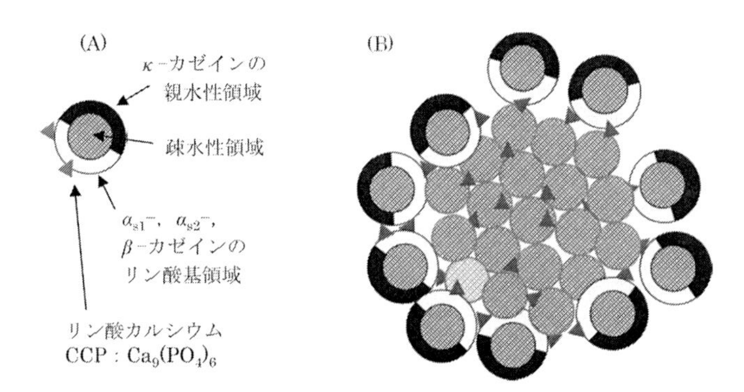

図2.8 カゼインミセルの構造モデル—サブミセル説（文献[17]より作図）
（A） カゼインミセルを構成しているサブミセルのモデル，（B） サブミセルが会合して構成されるカゼインミセルのモデル．
サブミセルはα_{s1}-，α_{s2}-，β-，κ-CN の疎水性領域が会合した領域を内側にもち，そのまわりをκ-CN の親水性領域（CMP）およびα_{s1}-，α_{s2}-，およびβ-CN のリン酸基領に富む領域が取り囲んでいる．カゼインミセル表面はκ-CN の構成比が高いサブミセルからなり，中心部はκ-CN の構成比が低い，あるいはκ-CN を含まないサブミセルから構成される．サブミセルは，コロイド状リン酸カルシウムを介して会合している．コロイド状リン酸カルシウムはハイドロキシアパタイトに似た$Ca_9(PO_4)_6$と考えられる．

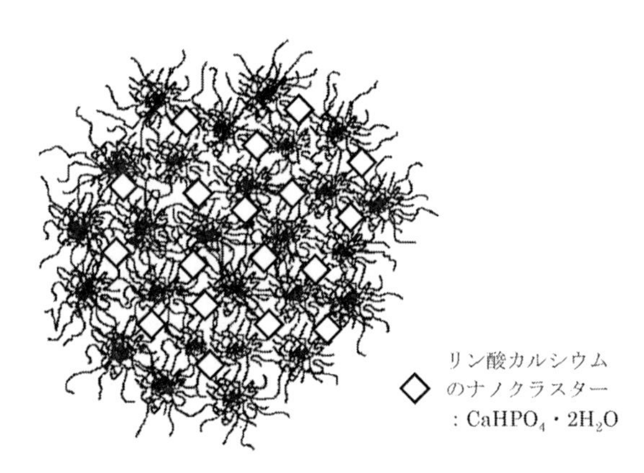

図2.9 カゼインミセルの構造モデル—ナノクラスター説（文献[6]より作図）
コロイド状のリン酸カルシウム（$CaHPO_4 \cdot 2H_2O$）のナノクラスターを核にして，カゼインポリペプチドが絡み合い，凝集している．カゼインミセルの表面は主として κ-CN から構成される．

カゼインが主として疎水性相互作用により会合した粒径 10〜20 nm の会合体であり，サブミセルがさらに会合してカゼインミセルを構成する．カゼインミセルの表面は，κ-CN 含量の高いサブミセルで覆われ，カゼインミセルの内部は κ-CN の少ない／ほとんど含まないサブミセルからなる．コロイド状リン酸カルシウムはカゼインのリン酸化したセリンに結合し，サブミセルを架橋している[1]．したがって，コロイド状リン酸カルシウムが遊離すると，カゼインミセルはサブミセルに解離する．図 2.7（A）は，球状の小会合体（サブミセル）が多数会合しているように観察される．

一方，ナノクラスターモデルは，コロイド状のリン酸カルシウムがナノクラスターを形成し，ナノクラスターはカゼインのリン酸化したセリンに結合している．ナノクラスターを核としてカゼインポリペプチドが絡み合うように会合してカゼインミセルを形成している．表面には κ-CN の親水性領域（すなわち，CMP）が分布し，ミセルを安定化させる．したがって，サブミセルは存在しない．図 2.7（B）ではサブミセルは明瞭ではなく，無数のリン酸カルシウムクラスター（写真では黒点）が存在している．ナノクラスターモデルはアーチファクトの影響を受けにくい方法を用いた観察結果に基づいており，最近ではナノクラスターモデルを支持する研究者が多い．しかし，今日に至るまで，決着はついていない．

カゼインミセルの構造を考えるうえで無視できないのはカゼインの自己会合や相互作用である．このような相互作用が正しく行われないと乳腺細胞中で正しいカゼインミセルが形成されず，乳の分泌が不可能となる．正しいカゼインミセルの形成には κ-CN が必須であることはすでに説明した．κ-CN のみならず，α_{s1}-CN もまた重要である．α_{s1}-CN を欠損させたトランスジェニックヤギでは，β-CN や κ-CN が凝集し，正しいカゼインミセルが形成されず，ゴルジ体への輸送が著しく阻害される[3]．このように，カゼインミセルの形成には各カゼインが正しく相互作用することが重要である．

カゼインミセルは pH 7 付近では負に帯電しており，pH を下げると負電荷が減少し，pH 4.6 付近にて正負電荷が同数となる．ゆえに，pH 4.6 が等電点である．しかし，pH と ζ 電位の関係を細かく調べると，pH 5.3 付近で ζ 電位はゼロとなり，さらに pH が下がると ζ 電位はいったん上昇した後に再びゼロになる[18]．カゼインミセルの水和量も pH の低下に伴い下がるが，pH 5.3 付近にて水和量はいったん増加し，その後再び減少する[21]．pH 5.3 付近でリン酸カルシウムはカゼインミセルから遊離し，小さな粒子（サブミセルモデルではサブミセル）に解離する．ζ 電位や水和量の特異的な変化はカゼイン，あるいはカゼインミセルの構造や表面特性の変化とも考えられるが解釈は難しい．しかし，このような特性はモッツァレラチーズやプロセスチーズの製造と密接にかかわっており，乳加工の観点からも重要である[4]．

2.1.4 カゼイン遺伝子の進化

乳中の主要タンパク質であるカゼインは，非哺乳動物にも存在したのであろうか．図 2.10 に示すように，すべてのカゼイン遺伝子はカルシウム感受性タンパク質遺伝子（*SCPPPQ1*）に含まれており，さらに歯に関連した遺伝子（*ODAM*）とも密接に関連している．κ-CN はカルシウム安定化タンパク質遺伝子（*FDCSP*）から発生し，その他のカゼインは *SCPPPQ1* から *CSN1/2* を経て進化した．さらに，カゼイン遺伝子は，哺乳類発生直前の非哺乳類と考えられている獣歯類（絶滅）の歯関連組織にすべて含まれている[10]．これらの事実から，哺乳類発生以前からカゼインは歯に存在し，歯にリン酸カルシウムを沈着させることが本来の役割と考えられる．乳の重要な健康機能の 1 つが虫歯予防（4.7 節参照）であるが，

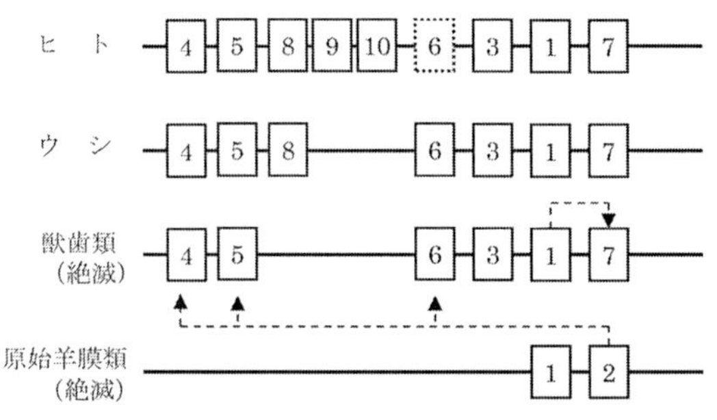

図 2.10　カゼイン遺伝子の進化（文献[10, 14]より作図）
すべてのカゼイン遺伝子はプロリンおよびグルタミンが多いカルシウム感受性タンパク質（SCPPPQ1）遺伝子の中にあり，歯のエナメル質関連遺伝子と密接な関連がある．
1：FDCSP（Ca 安定化タンパク質）遺伝子，2：CSN1/2（Ca 感受性カゼイン）遺伝子，3：ODAM（歯のタンパク質関連）遺伝子，4：CSN1S1（α_{s1}-CN）遺伝子，5：CSN2（β-CN）遺伝子，6：CSN1S2（α_{s2}-CN）遺伝子，7：CSN3（κ-CN）遺伝子，8：STATH（スタテリン；唾液中のタンパク質でリン酸カルシウムをエネメル質表面に沈着させ，歯を守る働き）遺伝子，9：HTN1（ヒスタチン；スタテリンと同様の働き）遺伝子，10：HTN3（ヒスタチンと類似の働き）遺伝子．点線で囲まれた遺伝子は偽遺伝子．

カゼインの本来的役割が歯へリン酸カルシウムを供給することであるので，虫歯予防効果があることは当然である．

2.1.5　ホエイタンパク質

ホエイには多種類のタンパク質が含まれており，その多くが生理的機能性に富んだタンパク質群である．ここでは，主要なものについて解説する．

a.　β-ラクトグロブリン

牛乳ではホエイタンパク質の約 50% を占める主要タンパク質であるが，人乳やラクダ乳には含まれていない（表 2.1）．図 2.11 にはアミノ酸配列を示す．β-Lg は主要な食品タンパク質中，筋肉合成に関与している分岐鎖アミノ酸（branched chain amino acid：BCAA）含量が最も高く（表 2.5），それゆえに β-Lg を約 50 % 含むホエイタンパク質はスポーツ食品に利用されている．β-Lg には 5 個のシステイン（C）があり，そのうち 4 個が分子内で S-S 結合し，1 個は SH の形で存在している．この SH 基が分子間 S-S 結合を形成しやすく，加熱に伴うホエイタンパク質の凝固や加熱に伴う乳の物性変化にも関係している（2.5 節参照）．また，

1 10 20 30 40
L-I-V-T-Q-T-M-K-G-L-D-I-Q-K-V-A-G-T-W-Y-S-L-A-M-A-A-S-D-I-S-L-L-D-A-Q-S-A-P-L-R-
41 50 60 70 80
V-Y-V-E-E-L-K-D-T-P-E-G-D-L-E-I-L-L-Q-K-W-E-N-G-E-C-A-Q-K-K-I-I-A-E-K-T-K-I-P-A-
81 90 100 110 120
V-F-K-I-D-A-L-N-E-N-K-V-L-V-L-D-T-D-Y-K-K-Y-L-L-F-C-M-E-N-S-A-E-P-E-Q-S-L-A-C-Q-
121 130 140 150 162
C-L-V-R-T-P-E-V-D-D-E-A-L-E-K-F-D-K-A-L-K-A-L-P-M-H-I-R-L-S-F-N-P-T-Q-L-E-E-Q-C-H-I

図 2.11 β-ラクトグロブリン B のアミノ酸配列[5)]

表 2.5 主要な食品タンパク質の BCAA 含量

タンパク質	(%)
オボアルブミン	22.9
オボトランスフェリン	18.2
β-コングリシニン α′	16.8
グリシニン $A_{1a}B_{1b}$	17.2
α-ラクトアルブミン	22.0
β-ラクトグロブリン	25.9
α_{s1}-カゼイン	19.6

BCAA：分岐鎖アミノ酸＝バリン，ロイシン，イソロイシン．

pH 依存的に会合し，pH 5.5〜7.0 では 2 量体，pH 3 以下では単量体となる．一方，pH 3.5〜5.2 では 2 量体が 4 個会合し 8 量体を形成する．

動物の種類により β-Lg の含量は異なり，その本来果たすべき生理的機能は現在に至るも不明である．β-Lg はリポカリンファミリーの一種であり，血液中のレチノール結合タンパク質（RBP）と類似した構造を有することから，β-Lg もレチノールなど疎水性物質を結合し，腸管に輸送する役割を担うことが提唱された[15, 16)]．しかし，その後，β-Lg の構造は子宮内膜などに存在するグリコデリン（Gd）ときわめてよく似た構造であることが報告された[11)]（図 2.12）．Gd は生殖に関係しているが，詳しいことは研究の途上にあり，Gd の研究が進めば β-Lg の本来的機能も明らかにされると期待される[12)]．

b. α-ラクトアルブミン

α-La は牛乳では β-Lg に次ぐ含量であるが，オットセイなど水棲動物乳にはほとんど含まれていない．分子量は約 14 kDa（表 2.3）で 8 個のシステイン（C）を含有し（図 2.13），1 個のカルシウムと結合している．α-La のアミノ酸配列や

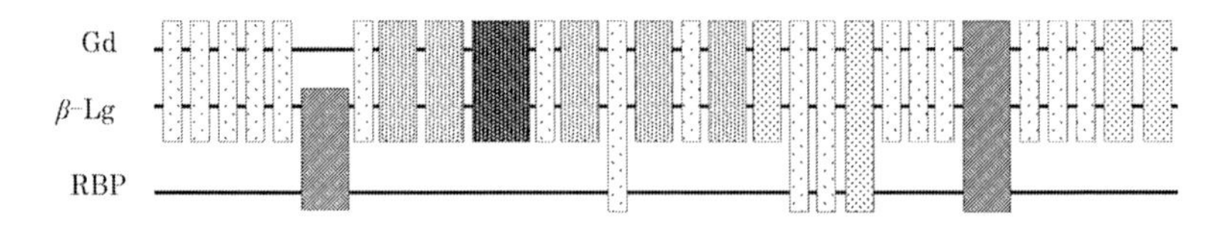

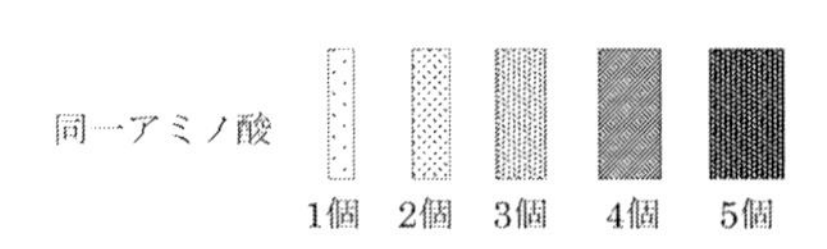

図 2.12　グリコデリン，β-ラクトグロブリン，レチノール結合タンパク質の部分的アミノ酸配列の比較（文献[2,12]より作図）
N 末端から約 2/3 までのアミノ酸配列の類似性をイメージ的に示す．
Gd：グリコデリン，β-Lg：β-ラクトグロブリン，RGP：レチノール結合タンパク質．β-Lg と Gd との相同性は RGP との相同性よりも高い．

1　10　20　30　40
E-Q-L-T-K-C-E-V-F-R-E-L-K-D-L-K-G-Y-G-G-V-S-L-P-E-W-V-C-T-T-F-H-T-S-G-Y-D-T-Q-A-
41　50　60　70　80
I-V-Q-N-N-D-S-T-E-Y-G-L-F-Q-I-N-N-K-I-W-C-K-D-S-Q-N-P-H-S-S-N-I-C-N-I-S-C-D-K-F-
81　90　100　110　120
L-D-D-D-L-T-D-D-I-M-C-V-K-K-I-L-D-K-V-G-I-N-Y-W-L-A-H-K-A-L-C-S-E-K-L-D-Q-W-L-C-
123
E-K-L

図 2.13　α-ラクトアルブミン B のアミノ酸配列[5)]

立体構造は卵白リゾチームと類似しており，動物の進化の過程でリゾチームが α-La に変化したと考えられている．

乳糖はガラクトースとグルコースから，ガラクトシルトランスフェラーゼによって生合成される（2.3 節参照）．しかし，この酵素のグルコースへの親和性はきわめて低く，通常では乳糖はほとんど合成されない．この酵素とグルコースの親和性を高める役割を果たしているのが α-La である（図 2.14）．すなわち，リゾチ

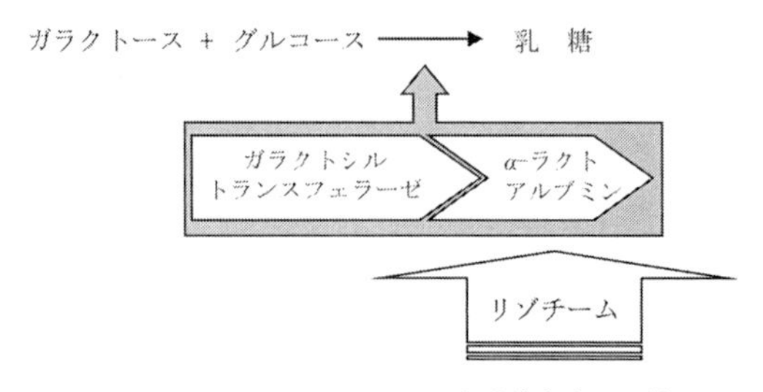

図 2.14　α-ラクトアルブミンと乳糖合成の関係

ームを α-La に変化させ，α-La の助けを借りて乳糖を合成している．哺乳類には，グルコースとガラクトースを単独ではなく，乳糖の形で摂取しなければならなかった必然性があったと考えられる．

c. その他のホエイタンパク質

表 2.6 にその他のホエイタンパク質の特徴と機能を示す．ホエイには数多くのタンパク質が含まれるが，産業上利用されているものはラクトフェリン（LF），ラクトパーオキシダーゼ（LPO），およびカゼインマクロペプチド（CMP）である．特に，LF には多様な機能があることからさまざまな食品に利用することが試みられてきた．熱に不安定である点が利用上の課題であったが，pH とイオン強度を制御することで熱安定性を付与することが可能となった[9]．ホエイには血清アルブミン，免疫グロブリン，セクレタリコンポーネントなども含まれている（表

表 2.6 その他ホエイタンパク質の特徴と機能

タンパク質	特　徴	機　能	利　用
ラクトフェリン（LF）	・MW 80 kDa の糖タンパク質 ・N ローブと C ローブがあり，それぞれに鉄を 1 分子キレート結合 ・キレート結合以外に多数の鉄と結合 ・鉄を結合すると赤色を呈する ・熱に不安定	・静菌／抗菌作用 ・抗ウイルス作用 ・ビフィズス菌増殖作用 ・鉄結合 LF は貧血改善効果 ・免疫調節作用 ・抗炎症作用 ・内臓脂肪蓄積低減作用 ・骨代謝改善作用 ・発がんリスク低減作用	・乳児用調整粉乳 ・スキムミルク ・ヨーグルト ・乳飲料 ・サプリメント
ラクトパーオキシダーゼ（LPO）	・MW 80 kDa の糖タンパク質 ・過酸化水素を分解 ・熱に不安定	・過酸化水素を水と活性酸素に分解．活性酸素はチオシアンをヒポチオシアンにし，静菌／抗菌効果（LP システム） ・抗ウイルス作用 ・骨代謝改善作用 ・抗炎症作用	・生乳の日持ち向上（開発途上国） ・ヨーグルト
カゼインマクロペプチド（CMP/GMP）	・MW 8 kDa のシアル酸含有糖ペプチド ・κ-CN にレンネットが作用して遊離する N 末端から 106 番目以降のペプチド ・フェニルアラニンを含まない	・病原菌の腸管付着低減作用 ・細菌毒素中和作用 ・食欲抑制作用	・フェニルケトン尿症（フェニルアラニンの代謝異常症）患者用粉乳 ・口中衛生用 ・栄養補助食品

表 2.7 乳脂肪球皮膜タンパク質の特徴

タンパク質*	特 徴
Mucin 1 (MUC1)	・MW 254 kDa の糖タンパク質 ・感染予防機能
Xanthine dehydrogenase/oxidase (XDH/XO)	・MW 155 kDa ・モリブデンを含む酸化還元酵素
Periodic acid Schiff Ⅲ (PAS Ⅲ)	・MW 95〜100 kDa の糖タンパク質
Cluster of Differentiation (CD36)	・MW 76〜78 kDa の糖タンパク質
Butyrophilin (BTN)	・MW 66〜67 kDa ・ホルスタイン乳では脂肪球皮膜タンパク質の 34〜43%
Adipophilin (ADPH)	・MW 52 kDa
Periodic acid Schiff 6/7 (PAS 6/7)	・MW 43〜59 kDa ・別名ラクトアドヘリン ・ロタウイルス感染抑制
Fatty-acid binding protein (FABP)	・MW 13 kDa ・乳腺腫瘍細胞の増殖抑制

＊：文献[14]で提案された名称を使用.

2.3).

2.1.6 乳脂肪球皮膜タンパク質

乳中の脂質はタンパク質で覆われて乳化された脂肪球として存在している (2.2 節参照). 脂肪球の表面を乳脂肪球皮膜 (milk fat globule membrane：MFGM) といい, その主たる構成タンパク質が乳脂肪球皮膜タンパク質である. これらはさまざまな種類があり, その多くは糖タンパク質である. これまでさまざまな呼び方がされていたが, Mather[14] が統一した命名を提案している. 表 2.7 には主要な乳脂肪球皮膜タンパク質の特徴を示す. 乳中での機能については現在研究の途上にある. 〔堂迫俊一〕

文 献

1) Aoki, T. *et al.* (1986). Separation of casein aggregates cross-linked by colloidal calcium phosphate from bovine casein micelles by high performance gel chromatography in the presence of urea. *J.*

dairy Res., **53**：53-59.
2) Brownlow, S. *et al.* (1997). Bovine β-lactogloburin at 1.8 Å resolution-still an enigmatic lipocalin. *Structure*, **5**：481-495.
3) Chanat, E. *et al.* (1999). α_{s1}-Casein is required for the efficient transport of β-and κ-casein from the endoplasmic reticulum to the Golgi apparatus of mammary epithelial cells. *J. Cell Sci.*, **112**：3399-3412.
4) 堂迫俊一 (2011). いろいろな視点からみたカゼインミセル. 乳業技術, **61**：35-49.
5) Farrell, Jr., H. M. *et al.* (2004). Nomenclature of the proteins of cow's milk-sixth revision. *J. Dairy Sci.*, **87**：1641-1674.
6) Holt, C. (1992). Structure and stability of bovine casein micelles. *Adv. Protein Chem.*, **43**：63-151.
7) 伊藤敞敏・足立 達・斉藤忠夫 (1983). 牛乳 κ-カゼインの糖鎖構造. 化学と生物, **21**：543-549.
8) Kaminogawa, S., Yamauchi, K., Yoon, C-H. (1980). Calcium insensitivity and other properties of α_{s1}-Ⅰ casein. *J. Dairy Sci.*, **63**：223-227.
9) Kawakami, H. *et al.* (1992). Effects of ionic strength and pH on the thermostability of lactoferrin. *Int. Dairy J.*, **2**：287-298.
10) Kawasaki, K., Lafont, A-G., Sire, J-Y. (2011). The evolution of milk casein genes from tooth genes before the origin of mammals. *Mol. Biol. Evol.*, **28**：2053-2061.
11) Koistinen, H. *et al.* (1999). Glycodelin and β-lactoglobulin, lipocalins with a high structural similarity, differ in ligand binding properties. *FEBS Lett.*, **450**：158-162.
12) Kontopidis, G., Holt, C., Sawyer, L. (2004). β-Lactoblobulin：binding properties, structure, and function. *J. Dairy Sci.*, **87**：785-796.
13) Martin, P., Cebo, C., Miranda, G. (2011). Inter-species comparison of milk proteins：Quantitative variability and molecular diversity. *Encyclopedia of Dairy Science* 2nd ed. (Fuquay, J. W., Fox, P. F., McSweeney, P. L. H. eds), pp.821-842, Academic Press.
14) Mather, I. H. (2000). A review and proposed nomenclature for major proteins of milk-fat globule membrane. *J. Dairy Sci.*, **83**：203-247.
15) Papiz, M. Z. *et al.* (1986). The structure of β-lactoglobulin and its similarity to plasma retinol-binding protein. *Nature*, **324**：383-385.
16) Pervaiz, S., Brew, K. (1985). Homology of β-lactoglobulin, serum retinol-binding protein, and protein HC. *Science*, **228**：335-337.
17) Schmidt, D. G. (1986). Colloidal aspects of casein. *Neth. Milk Dairy J.*, **34**：42-64.
18) Schmidt, D. G. *et al.* (1986). Electrokinetic measurements on unheated and heated casein micelle systems. *Neth. Milk Dairy J.*, **40**：269-280.
19) Shekar, P. C. *et al.* (2005)：κ-Casein-deficient mice fail to lactate. *Proc. Natl. Acad. Sci. USA*, **103**：8000-8005.
20) Uniacke, T., Fox, P. F. (2011). Milk of primates. *Encyclopedia of Dairy Science* 2nd ed. (Fuquay, J. W., Fox, P. F., McSweeney, P. L. H. eds), pp.613-631, Academic Press.
21) van Hooydonk, A. C. M. *et al.* (1986). pH-induced physicochemical changes of casein micelles in milk and their effect on renneting. 1. Effect of acidification on physicochemical properties. *Neth. Milk Dairy J.*, **40**：281-296.

2.2 牛乳中の脂質の組成とその構造

2.2.1 牛乳脂質の組成

脂質は中性脂質（トリ-，ジ-，モノグリセリド），極性脂質（リン脂質，糖脂質）と各種脂質（ステロール，カロテノイド，ビタミン）の3つに大別される．脂肪は脂質グループの1つである中性脂質，つまりトリグリセリドのみを指す．牛乳は1Lあたり45g程度の脂質を含むが，その範囲は30～60g/Lであり，乳牛の品種，飼料，授乳の時期や健康状態に影響される．牛乳脂質の98%以上はトリグリセリドで，ほかにジグリセリド（0.3%），モノグリセリド（0.03%），遊離脂肪酸（0.1%），リン脂質（0.8%），ステロール（0.3%），カロテノイド（微量），脂溶性ビタミン（微量），やフレーバー成分（微量）が含まれる[5]．

a. 脂肪酸

牛乳には約400種類の脂肪酸が含まれ，乳腺での新合成や飼料に起因する．牛乳の脂肪酸は以下のように鎖長と不飽和度によって特徴づけられる．（表2.8）．

1） 鎖 長

鎖長16のパルミチン酸，鎖長18のオレイン酸とステアリン酸，鎖長14のミリ

表2.8 牛乳脂質に含まれる主要な脂肪酸[4]

炭素数	二重結合数	略 号	慣用名	濃度（g/100 g）
4	0	4:0	酪 酸	2～5
6	0	6:0	カプロン酸	1～5
8	0	8:0	カプリル酸	1～3
10	0	10:0	カプリン酸	2～4
12	0	12:0	ラウリン酸	2～5
14	0	14:0	ミリスチン酸	8～14
15	0	15:0	ペンタデカン酸	1～2
16	0	16:0	パルミチン酸	22～35
16	1	16:1	パルミトレイン酸	1～3
17	0	17:0	マルガリン酸	0.5～1.5
18	0	18:0	ステアリン酸	9～14
18	1	18:1	オレイン酸	20～30
18	2	18:2	リノール酸	1～3
18	3	18:3	リノレン酸	0.5～2

スチン酸が，牛乳脂質の主要脂肪酸である．これら長鎖脂肪酸のほかに牛乳脂質には鎖長4と6の短鎖脂肪酸や，鎖長8と10の中鎖脂肪酸が含まれる．これらは長鎖脂肪酸と異なり非エステル型で吸収され，血液中にすばやく取り込まれ代謝される．

2)　飽和と不飽和

飽和脂肪酸は二重結合をもたない．飽和とは水素で飽和されていることを意味している．飽和脂肪酸は単結合の炭素-炭素原子（-C-C-）のみのアルカン鎖を含む．一方，不飽和脂肪酸は少なくとも1つの二重結合の炭素結合（-C=C-）をもつアルケン基を含む．

3)　二重結合の立体配置

二重結合のそれぞれの側の炭素原子はシスあるいはトランス立体配置をとりうる．シス配置が自然界では一般的であり（不飽和脂肪酸の95%以上），2つの炭素は二重結合の同じ側に位置する．シス体では脂肪酸鎖は曲がった状態である．一方，トランス体では二重結合の側にある炭素はお互いに異なった方向にあり，そのため，シス体のように曲がれず，飽和脂肪酸のように直線的である．

牛乳中の主要な18:1トランス脂肪酸はバクセン酸（18:1，11 *t*）である．牛乳のバクセン酸は牧草で飼育された場合は総脂肪酸中2～4%，濃厚飼料で飼育された場合は1～2%である．牛乳中のトランス脂肪酸は反芻胃に共存する微生物によって飼料中に含まれるシス型不飽和脂肪酸が異性化されたものである[7]．マーガリンなど工業的な水素添加の過程で生じるエライジン酸（18:1，9 *t*）は心血管疾患の危険を高めるとされているが，バクセン酸については必ずしも明確ではない．

4)　共役二重結合

非共役結合をもつ多価不飽和脂肪酸においては脂肪酸炭素鎖の2つの二重結合は1つのメチレン基（$-CH_2-$）によって仕切られている．一方，共役脂肪酸では，二重結合は1つの単結合によって仕切られている．天然の不飽和脂肪酸の大部分は非共役結合型である．近年，共役リノール酸（conjugated linoleic acid：CLA）が人の健康との関係で注目されている．牛乳中ではシス9，トランス11共役リノール酸（9 *c*，11 *t*-CLA：ルーメン酸）異性体が最も多い（総脂肪酸中0.6%程度）が，7 *t*，9 *c*-CLAや10 *t*，12 *c*-CLAも含まれる．これらは飼料由来のリノール酸が反芻胃でステアリン酸に生物的水素添加される過程で生じる中間体である[7].

b. トリグリセリド

トリグリセリドはグリセロールに3つの脂肪酸がエステル結合しているグリセリドである．トリグリセリドの組成は脂肪酸の種類と量によって規定され，総炭素数として表現される．総炭素数に基づいて表された牛乳トリグリセリド分子種はC26からC54の15タイプが存在する（表2.9）．主要なタイプはC36，C38，C40，C48，C50とC52である．立体特異的分析からグリセロールの1位（*sn*-1），2位（*sn*-2），3位（*sn*-3）に結合している脂肪酸の割合を決定することができる．牛乳トリグリセリドの脂肪酸の位置分布は特徴的で（表2.10），短鎖脂肪酸の酪酸やカプロン酸の95%以上は*sn*-3に，中鎖脂肪酸（8:0，10:0）は*sn*-2と*sn*-3に，ラウリン酸とミリスチン酸は*sn*-2に，パルミチン酸は*sn*-1と*sn*-2に，ステアリン酸は*sn*-1に，オレイン酸は*sn*-1と*sn*-3にそれぞれ多く存在している．

表2.9 牛乳脂質中のトリグリセリドの総炭素数分布[4]

脂肪酸の総炭素数	分布（%）	脂肪酸の総炭素数	分布（%）	脂肪酸の総炭素数	分布（%）
C26	0.1～1.0	C36	9～14	C46	5.7
C28	0.3～1.3	C38	10～15	C48	7～11
C30	0.7～1.5	C40	9～13	C50	8～12
C32	1.8～4.0	C42	6～7	C52	7～11
C34	4～8	C44	5～7.5	C54	1～5

表2.10 牛乳脂質に含まれる主要な脂肪酸[4]

脂肪酸	脂肪酸組成（モル%）		
	sn-1	*sn*-2	*sn*-3
4:0	—	0.4	30.6
6:0	—	0.7	13.8
8:0	0.3	3.5	4.2
10:0	1.4	8.1	7.5
12:0	3.5	9.5	4.5
14:0	13.1	25.6	6.9
16:0	43.8	38.9	9.3
18:0	17.6	4.6	6.0
18:1	19.7	8.4	17.1

c.　リン脂質

リン脂質は骨格（グリセロールあるいはスフィンゴシン），脂肪酸，負に帯電したリン酸基，窒素含有化合物あるいは糖などの 4 つの成分から構成される脂質である．グリセロール骨格をもつものをグリセロリン脂質と呼び，*sn*-1 と *sn*-2 に脂肪酸，*sn*-3 にリン酸と極性基（コリン，エタノールアミン，セリン，あるいはイノシトール）をもつ．リン脂質の主要な脂肪酸はパルミチン酸，ステアリン酸，オレイン酸，リノール酸で，短鎖や中鎖脂肪酸は少ない．長鎖のアミノアルコールから構成されるスフィンゴシンを骨格にもつものをスフィンゴ脂質と呼び，スフィンゴリン脂質であるスフィンゴミエリンとスフィンゴ糖脂質が含まれる．

牛乳脂質のリン脂質の割合は 0.9 g/100 g 牛乳脂質程度である．この割合はスキムミルク（25 g/100 g）やバターミルク（22 g/100 g）で高く，脂肪クリーム（0.5 g/100 g）で低い．牛乳の主要リン脂質はホスファチジルコリン，ホスファチジルエタノールアミン，スフィンゴミエリンであり，それぞれ総リン脂質の 25～35％を占める．牛乳においてリン脂質は乳化剤として重要であり，牛乳脂肪を乳漿中で分散させている．リン脂質の 60～65％は乳脂肪球（milk fat globule：MFG）を取り囲む膜に存在し，残りは主として乳脂肪球皮膜（milk fat globule membrane：MFGM）の可溶性断片として乳漿に存在している．ある種のリン脂質は保健機能があり，たとえば，スフィンゴミエリンは強い抗腫瘍活性，コレステロール代謝改善効果や抗感染活性などを示す[2)]．また，グリセロリン脂質は粘膜の傷害に対して保護的作用がある．

d.　微量成分

1)　ステロール

これらは微量成分で，牛乳脂質の 0.3％程度である．コレステロールは牛乳の総ステロールの 95％以上である．コレステロールは MFGM に主として存在する．脂質中のコレステロールの割合はスキムミルクやバターミルクで全乳やクリームにおけるよりも高い．各種乳製品あたりのコレステロール含量はバター（219 mg/100 g），クリームチーズ（110 mg/100 g）やチェダーチーズ（105 mg/100 g）等で全乳（14 mg/100 g）やスキムミルク（2 mg/100 g）よりも高い．

2)　カロテノイド

牛乳中のカロテノイド含量は少ない（数 μg/g 脂質）．牛乳総カロテノイドの 95

%以上は β-カロテンである．牛乳 β-カロテンのレベルは飼料中のカロテン量やウシの品種に影響される．β-カロテンは牛乳脂肪の黄着色の原因になる．

3)　脂溶性ビタミン類

牛乳脂質にはビタミン A，D，E，K などが含まれる．牛乳はビタミン A の重要な供給源であるが，牛乳のビタミン D，E，K はヒトの所要量をみたすほど多くはない．

4)　フレーバー成分

牛乳の脂質はラクトン，脂肪酸，アルデヒドやメチルケトンなどのフレーバー成分を含み，牛乳の官能特性に寄与している．フレーバー成分の濃度は乳牛の飼料によって影響される．

2.2.2　牛乳脂質の起源

a.　脂肪酸の新合成

反芻動物の乳腺では脂肪酸合成のための炭素源として酢酸（C_2）と反芻胃の腸内細菌でつくられた β-ヒドロキシ酪酸（C_4）が使われる．酢酸は牛乳脂肪酸の総炭素の 92%に寄与している[1]．反芻動物では血液に由来する酢酸はアセチル CoA，次いでマロニル CoA に変換される．脂肪酸合成酵素系を介したマロニル CoA に対する C_2 単位の付加反応は新生脂肪酸の鎖長が 6～16 炭素になるまで続く．新合成脂肪酸は炭素数 4～14 の脂肪酸のすべてと炭素数 16 の脂肪酸の一部である．β-ヒドロキシ酪酸の活性化で生じた β-ヒドロキシ酪酸 CoA は脂肪酸合成の出発物質として脂肪酸合成に利用されるが，鎖長延長反応には利用されない．

b.　血液からの脂肪酸の取り込み

血液から乳腺に取り込まれる脂質は消化管あるいは体脂肪に由来する．食餌に由来するトリグリセリドはリポタンパク質，特に，極低密度リポタンパク質として輸送される．乳腺ではトリグリセリドの脂肪酸はリポタンパク質リパーゼによって脱エステル化され，取り込まれる．体脂肪からホルモン感受性リパーゼによって遊離し，血液に放出された脂肪酸も乳腺によって取り込まれるが，その寄与は大きくない．炭素数 18 の脂肪酸はほとんどが血液に由来するが，炭素数 16 の脂肪酸は血液と新合成に由来する[1]．

c. 脂肪酸の不飽和化

食餌由来不飽和脂肪酸の大部分は乳牛の反芻胃で水素添加を受ける．牛乳で検出される不飽和脂肪酸は乳腺における不飽和化反応に基づく．不飽和化過程における律速酵素はステアロイル CoA 不飽和化酵素で，本酵素の活性は授乳期の乳腺で高い．本酵素は小胞体に存在し，その基質はステアロイル CoA やパルミトイル CoA などである．

d. トリグリセリドの合成

グリセロール-3-リン酸経路が乳腺におけるトリグリセリド合成の主要経路である．この経路では，グリセロールの *sn*-1，*sn*-2，*sn*-3 が連続的にエステル化される．生成したトリグリセリドは集まって油滴となり，その後，膜で覆われる．

2.2.3 牛乳脂質の組成に影響する因子

牛乳脂質の組成は固定的ではなく，絶えず変化しており，生理ならびに栄養因子，さらには品種や授乳の段階によっても影響される[4]．初乳は炭素数 12，14，16 の脂肪酸に富むが，その後炭素数 4〜10 と炭素数 18 の脂肪酸の割合が増加し，脂肪酸の組成は分娩後 1 週間で安定する．授乳の期間，新合成された脂肪酸の割合は相対的に増加する一方で，食餌由来脂肪酸の割合は低下する．

牛乳脂質脂肪酸は次のように食餌因子によって影響される．①低脂肪食は牛乳脂質の炭素数 18 脂肪酸の割合と生産量を低下させる．一方，低脂肪食中の炭素数 18 脂肪酸のレベル増加に応じて牛乳中の炭素数 18 脂肪酸のレベルが増加する．②食餌中の不飽和脂肪酸のレベルを高めても，反芻胃の微生物によって水素添加されるために，牛乳脂質脂肪酸の不飽和度はあまり影響を受けない．③牛乳脂質の炭素数 16 と 18 の脂肪酸濃度は，これら脂肪酸の食餌中のレベルが高くなると増加する．

2.2.4 脂肪球と脂肪球皮膜の細胞内起源

a. 脂肪球の分泌

牛乳は 1 mL あたり 10^{10} 個以上の MFG を含む．そのうちの約 80％は直径が 1 μm 以下であるが，これら小さな MFG は牛乳総脂質の約 3％にしかすぎず，牛乳脂質の 90％以上は直径が 1〜10 μm の MFG に存在している．

MFGの分泌過程を図2.15に示している[6]．MFGの前駆体（脂肪滴）は小胞体に起源がある直径が0.5 μm以下のミクロ脂肪滴（MFD）で，中心部のトリグリセリドに富む領域はタンパク質と極性脂質に富む膜で覆われている．小さなMFDはお互いに融合することでより大きな脂肪滴，細胞質脂肪滴（CFD）に成長する．MFDとCFDが細胞先端膜に達すると脂肪滴は細胞膜の内側にある密度が高いタンパク質に富む層に接触し，徐々に細胞膜で覆われ，MFGとして内腔側に放出される．

b.　乳脂肪球皮膜

MFGMはリン脂質の3層から構成され，タンパク質やコレステロールを含む（図2.16）．内部のリン脂質とタンパク質から構成される単分子層は小胞体に由来し，脂肪滴を覆っている．外側の2分子層（10〜50 nmの厚み）は細胞の先端細胞膜に由来する．MFGMの組成は細胞膜の組成に類似しており，酵素等のタンパ

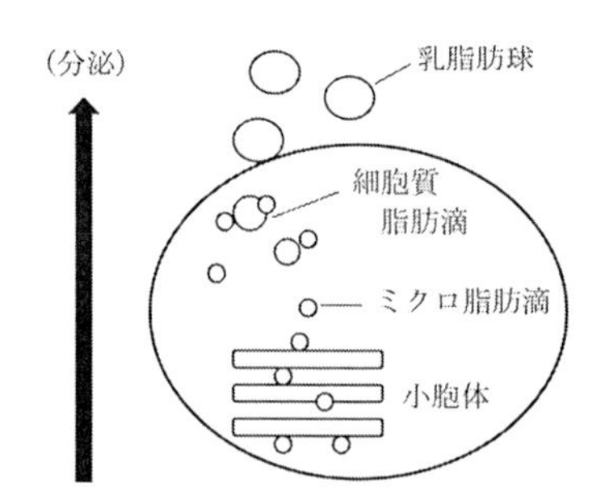

図2.15　乳脂肪球の分泌（文献[6]を改変）

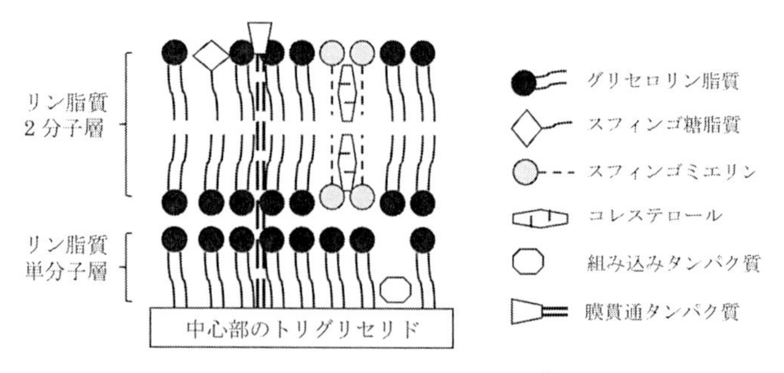

図2.16　乳脂肪球皮膜の3層構造（文献[3]を改変）

ク質（25～60 g/100 g MFGM）や脂質（0.5～1.1 mg/mg タンパク質）がおもな成分である[3]．MFGM のトリグリセリドとリン脂質の比率は約 2：1 である．MFGM のトリグリセリドは MFG 内部のトリグリセリドと比較して長鎖脂肪酸の割合が多い．

ヒトの胃では MFGM のタンパク質はペプシンによって分解され，胃リパーゼが MFG 中心部のトリグリセリドに接近しやすくなり，トリグリセリドの *sn*-3 から選択的に短鎖や中鎖脂肪酸が切り出される．次いで，十二指腸の膵リパーゼによって MFG のトリグリセリドは分解され，速やかな脂肪の消化吸収が進む．一方，アーモンド等のナッツ類では油滴はもっぱら長鎖脂肪酸を含み，単分子層のリン脂質膜で覆われているため，脂肪の消化吸収は MFG と比較してよくない．

〔今泉勝己〕

文　献

1) 東　徳洋（2006）．最新 畜産物利用学（齋藤忠夫・西村敏英・松田　幹編），pp.34-36，朝倉書店．
2) Contarini, G., Povodo, M. (2013). Phospholipids in milk fat : composition, biological and technological significance, and analytical strategies. *International Journal of Molecular Science*, **14** : 2808-2831.
3) Gallier, S., Ye, A., Singh, H. (2012). Structural changes of bovine milk fat globules during *in vitro* digestion. *Journal of Dairy Sciences*, **95** : 3579-3592.
4) Jensen, R. G. (2002). The composition of bovine milk lipids : January 1995 to December 2000. *Journal of Dairy Sciences*, **85** : 295-350.
5) 木下幹朗・大西正男（2009）．ミルクの事典（上野川修一ほか編），pp.24-29，朝倉書店．
6) Neville, M. C. (1977). Regulation of milk lipid secretion and composition. *Annual Review of Nutrition*, **17** : 159-184.
7) 田中桂一（2003）．新 ルーメンの世界（小野寺良次監修，板橋久雄編）pp.355-387，農山漁村文化協会．

2.3　牛乳中の糖質の組成とその構造

2.3.1　乳中に遊離状態で存在する単糖，糖ヌクレオチドおよびオリゴ糖

a．単　糖

牛乳中には 5 種類の単糖が存在する．すなわち，D-グルコース（Glc，13.8 mg/dL），D-ガラクトース（Gal，11.7 mg），*N*-アセチルグルコサミン（GlcNAc，

11.2 mg)，β-2-デオキシ-D-リボース（2.6～4.5 mg）およびミオイノシトールである．また，初期の糖質研究では，D-セドヘプツロースが報告されている．L-フコース（Fuc），D-マンノース（Man）およびシアル酸は，乳腺細胞で生合成される種々の複合糖質（糖タンパク質や糖脂質など）に結合する糖鎖の重要な構成糖であるが，乳中に遊離状態では見いだされていない．

b. 糖ヌクレオチド

牛乳中には，核酸と糖質が結合した配糖体である糖ヌクレオチドが微量存在する．本成分は，複合糖質やミルクオリゴ糖の糖鎖が生合成される際の糖転移基質として必須である．糖転移酵素は，糖ヌクレオチドに結合した糖質に対してのみ転移能を示す．糖ヌクレオチドは，ヌクレオシド5'-二リン酸の末端リン酸基と糖質の還元基とがエステル結合した化学構造である．塩基にはウリジンが多く，糖質にはデオキシリボースが多く，5位が二リン酸化されているウリジン二リン酸（UDP）の化学構造をとる．ウリジン二リン酸誘導体の糖ヌクレオチドとしては，UDP-ヘキソース，UDP-*N*-アセチルヘキソサミンおよびUDP-グルキュロン酸が存在する．また，塩基がグアニジンであるグアニジン二リン酸（GDP）誘導体の糖ヌクレオチドとしては，GDP-FucおよびGDP-Manが存在する．

c. オリゴ糖

1）乳糖（ラクトース）

牛乳の糖質濃度は4.5～4.7 g/100 mLであり，その99.8%を占める主要な糖質は乳糖（ラクトース）である．乳糖は還元末端のD-GlcにD-Galがβ1-4結合で転移合成された，還元性の二糖（Galβ1-4Glc）である．乳糖は還元末端のGlcの1位水酸基（-OH）の配向性により，α-乳糖とβ-乳糖の2種類の光学異性体がある（図2.17）．各乳糖溶液の旋光度は大きく異なるが，両者は互いに分子内転換するため，旋光度は一定の平衡状態になる（変旋光）．また，93.5℃以下の温度で乳糖水溶液を加熱して濃縮すると，α-乳糖一水和物が析出し，一方93.5℃以上に保ちながら濃縮した場合には，結晶水を含まないβ-乳糖無水物の結晶となる．育児用調製粉乳などの食品に配合される場合は，溶解性の高いβ-乳糖無水物が利用される．

人乳の乳糖含量は7.2 g/100 mLと哺乳類のなかで最も高い．乳糖をまったく含まない乳を分泌する海獣類（アザラシやオットセイなど）では，エネルギー代

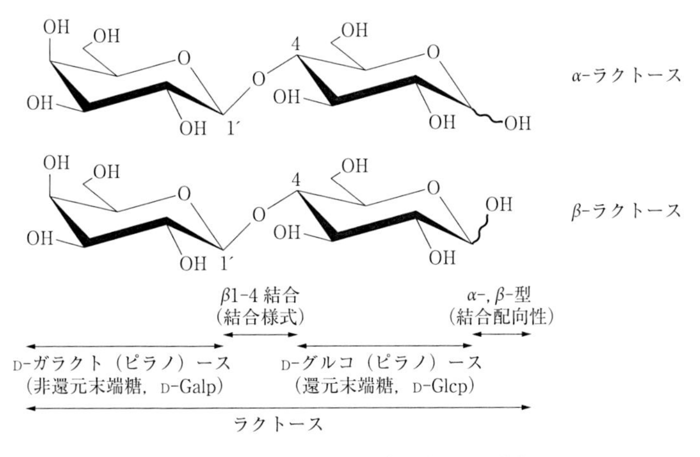

図 2.17　ラクトース（乳糖）の構造上の特徴

謝系が糖質から脂質に交代している．乳糖の甘さはショ糖（スクロース）の約 16 %と低く，乳にほのかな甘さを与える．乳糖を摂取すると，小腸上皮細胞の粘膜酵素である乳糖分解酵素（ラクターゼ，β-ガラクトシダーゼ）により，Gal と Glc に加水分解され腸管から吸収される．Gal は糖タンパク質や糖脂質の糖鎖構成成分となり，Glc は解糖系で代謝されエネルギー源となる．陸棲動物の知能の高い動物種では，乳中に高濃度の乳糖が含まれており，乳児期において中枢神経系の発達に利用され重要である．また，乳糖の一部は腸内の乳酸菌やビフィズス菌の生育を促進し，乳酸や酢酸の産生により消化管内の pH を局所的に低下させる．その結果，病原菌や腐敗菌などの有害菌の生育が抑制され，さらにカルシウムなどのミネラル成分がイオン化して吸収も促進される．

乳糖はかつて植物体にも存在するという報告があったが，現在ではすべて否定されている．これは，乳糖が乳腺上皮細胞内で生合成される際に，UDP-Gal を Glc に転移させるガラクトーストランスフェラーゼ（A タンパク質）に加えて，α-ラクトアルブミン（B タンパク質）の存在が必須であり，乳以外での生合成は考えられないからである．

2)　中性ミルクオリゴ糖

乳の成分組成は，泌乳期により大きく変化する．分娩後ただちに分泌される分娩直後乳，その後 2 週間くらいまでに分泌される初乳には，乳糖にさらに種々の単糖が結合して生合成された特別なオリゴ糖が多数含まれており，ミルクオリゴ糖（MO）と呼ばれる．これら MO の合成・分泌は初乳期に限定されており，初乳期を過ぎるとその含有量は激減する．MO は，乳糖に Gal，Glc，Fuc，GlcNAc などが逐次転移した「中性ミルクオリゴ糖」と，シアル酸（後述）というカルボキシル基を含む 9 個の炭素骨格からなる酸性糖やリン酸基や硫酸基が乳糖に転移した「酸性ミルクオリゴ糖」が存在する．MO の生理機能には，腸内ビフィズス菌に対する増殖因子，各種病原菌に対する感染防御因子などの栄養生理機能（三次機能）が推定される．

人乳では全泌乳期を通して MO が含まれており，その量は 1.2〜1.4 g/L と高い．人乳 MO の化学構造はウシ MO よりもヒト血液型を反映して複雑である．現在までに 100 種類を超える成分が報告されており，化学構造の特徴より 13 のグループに分類されている．少数の例外もあるが，人乳 MO における還元末端は，乳糖が基本単位となっている．人乳中には Gal が乳糖の非還元末端 Gal に転移したガラクトシルラクトース（GL：Galβ1-xGalβ1-4Glc）という中性三糖が存在する．転移する Gal の結合位置（x）により 4 種類の位置異性体が存在し，人乳中では 3′，6′ および 4′-GL が知られ 3′-GL が最も多く含まれる．GL は高濃度乳糖溶液にラクターゼを作用させ，乳糖の加水分解で生じた Gal を乳糖に再度転移させることで大量調製される．使用するラクターゼ酵素の起源（カビ，酵母，細菌）の違いにより Gal 転移能が異なり，最近では *Bacillus circulans* のラクターゼを使用した Galβ1-4Galβ1-4Glc（4′-GL）がトクホ（特定保健用食品）や育児用調製粉乳などに広く添加利用されている．

3)　酸性ミルクオリゴ糖

ミルクオリゴ糖には，酸性残基を含む酸性 MO が存在する．代表的な酸性基はカルボキシル基（-COOH）であり，この基を含む単糖としてはシアル酸がある．シアル酸は，炭素数が 9 個のノイラミン酸にアシル基が導入された誘導体の総称であり，30 種類を超える分子が知られている．シアル酸は常に結合型で存在し，遊離型では天然に存在しない．天然界で主要なシアル酸は，*N*-アセチルノイラミン酸（NeuAc）および *N*-グリコリルノイラミン酸（NeuGc）の 2 種である（図 2.18）．

牛乳中のシアル酸含量は 0.2 mg/mL であり，シアル酸が乳糖の非還元末端 Gal

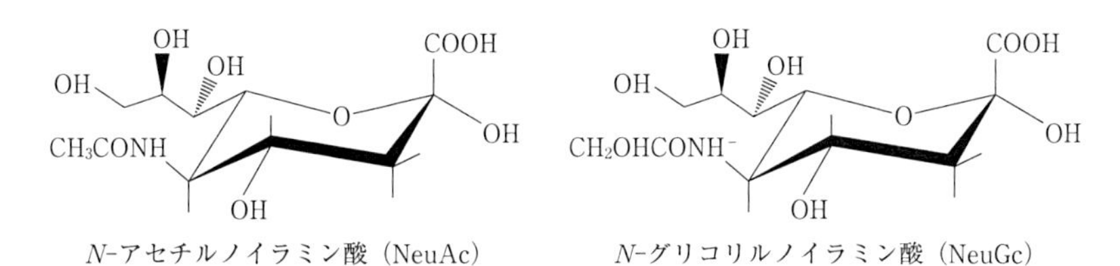

図 2.18　代表的なシアル酸 2 種の化学構造

に結合したシアリルラクトース（NeuAcα2-xGalβ1-4Glc）の形で主として含まれる．ウシ初乳にはこれまでに 8 種類のシアリル MO が知られており，シアル酸の分子種は主として NeuAc であるが，少量の NeuGc も含まれる．ヒツジ初乳に含まれるシアリル MO では，ウシとは対照的に主として NeuGc が含まれる．また，人乳 MO でのシアル酸は NeuAc のみであり，NeuGc はまったく含まれない．人乳中のシアル酸含量は 0.3～1.5 mg/mL であり，牛乳の含量よりもかなり高い．このように哺乳動物種により MO 中のシアル酸の分子種と含量には大きな違いがあり，育児用調製粉乳の分子設計に重要な情報となる．

シアル酸は脳や中枢神経に多く存在するガングリオシドという酸性糖脂質の糖鎖の重要な構成成分であり，その量は乳児期に急激に増加することから，MO に結合するシアル酸も器官の形成や機能の発達に重要な働きをする．動物実験では，シアル酸の摂取による学習能力向上効果も報告されている．一方，インフルエンザウイルス，病原性大腸菌，胃炎や胃潰瘍の原因菌であるピロリ菌（*Helicobacter pylori*）は，細胞表層のシアル酸に結合する．また，病原性大腸菌やコレラ菌が産生する毒素タンパク質も，消化管上皮のシアル酸に結合して下痢を引き起こす．人乳 MO はシアル酸含量が高く，特に初乳では高含量であることから，免疫系が未発達の乳児の感染防御因子と推定されている．シアル酸の 4 位水酸基をグアニジノ基に置換した「ザミナビル」は，インフルエンザウイルスのシアル酸分解酵素（シアリダーゼ）を特異的かつ強力に阻害する薬剤である．

ヒツジ初乳中には，3′-シアリルラクトースのラクトン体（1-2，1-4 および 1-7 ラクトンの混合物．シアル酸の分子種は NeuGc）の存在が報告された．これはシアル酸の分子内で，カルボキシル基と水酸基との間で脱水，縮合，環状化したもので，シアル酸特有の陰電荷を示さない．ラクトン体は，インフルエンザウイルスのシアル酸を認識するヘマグルチニン（HA スパイク）に認識され結合するが，シアリダーゼ（ノイラミニダーゼ．シアル酸を切り出す酵素，NA スパイク）により加水分解されずに結合したままになり，最終的にウイルス感染を不成立させる重要な乳中の感染防御因子と考えられている．

また新生仔では，無機硫酸を体内でメチオニンより生合成できないために，乳から補給しなくてはならない．乳中には無機硫酸の給源としてタウリン（2-アミノエタンスルホン酸）が存在するが，ラットやイヌ初乳では硫酸基を含む MO が含まれ，新生仔の網膜や脳の発達に速やかに利用されることが示唆されている．

2.3.2　乳中に存在する糖脂質

単糖またはオリゴ糖が糖質部分として脂質分子（セラミド）に導入された分子が糖脂質であり，シアル酸を含む糖脂質は「ガングリオシド」と呼ばれる．牛乳中には微量であるが糖脂質が含まれ，セラミド部分の構造の違いにより，グリセロ糖脂質とスフィンゴ糖脂質に分かれる．糖脂質は，細胞の増殖・分化誘導活性を示し，病原性微生物やウイルスの受容体として機能する．ガングリオシドには，細菌毒素の中和活性，インターフェロンやホルモンの受容体活性，神経細胞の増殖促進活性などが知られている．

牛乳糖脂質は，シアル酸を含むガングリオシドである GM1，GM2，GD2 および GD1b が TLC 分析により確認された．その後の GC-MS 分析や TLC-免疫染色法解析により，現在までに 8 種類の糖脂質が知られている．このうち 6 種類はガングリオシドであり，シアル酸 1 分子に 2 分子のアセチル基が導入されたシアル酸や分岐構造のガングリオシド（Lactomamma 系列）は重要である．牛乳中のガングリオシドの主成分は GD3 であり，GM3 含量は少ない．中性糖脂質には，Glc が結合したグルコシルセラミドと乳糖が結合したラクトシルセラミドが含まれ，後者が主成分である．牛乳中のガングリオシド含量は低く，グルコシルセラミド，ラクトシルセラミドおよび GD3 の存在量は，それぞれ 6，12，7 mg/100 g との報告がある．

人乳では GM3 が主成分であり，次いで GD3 が多く含まれる．泌乳期の進行に伴い GM3 は増加するが，GD3 は減少する．育児用調製粉乳の製造には，これらの知見をもとに牛乳に GM3 を添加する必要がある．GM3 は 3′-シアリルラクトースがセラミドに結合した構造であるので，病原性大腸菌やインフルエンザウイルスの感染，および細菌毒素による下痢を防ぐ働きがある．また，GM3には白血病細胞をマクロファージに分化させる活性や上皮増殖因子（EGF）と細胞に存在する同受容体との相互作用を調節する活性がある．また，9-*O*-アセチルGD3は，インフルエンザウイルスC型と結合する感染防御因子である．一方，GD3は病原性大腸菌の感染阻止効果があり，破傷風菌毒素に対する中和活性を示す．

牛乳中のラクトシルセラミドは，ヒト自己免疫疾患のモデルラットのアレルギー性脳脊髄炎に対して著しい治癒効果が認められている．GD3よりシアル酸1分子を中性域で加熱処理により特異的に加水分解してDM3に誘導する技術も確立され，育児用調製粉乳に感染防御因子としてのGM3を配合し，より人乳の糖脂質組成に近づけた製品が商品化されている．

2.3.3　乳中の糖タンパク質および糖ペプチド

a.　κ-カゼイン

牛乳タンパク質の主成分であるカゼインは，約30種類の遺伝的変異体を含むリン酸化タンパク質の総称である．カゼインの約8～15％を占める分子量約19 kDaのκ-カゼインは，カゼイン中唯一の糖鎖を結合する糖タンパク質である．κ-カゼインはカゼインミセルの表層に存在し，凝乳酵素（キモシン）で特異的に加水分解されて生成するカゼイノグリコペプチド（CGP；κ-Cn 106-169）には糖鎖が結合している．結合糖鎖は0～4本／分子と考えられ，糖鎖の有無とキモシン認識性および反応性は無関係とされる．現在では，5種類の結合糖鎖と存在比が解明されている．ウシ初乳κ-カゼインでは結合糖鎖にGlcNAcが含まれており，より複雑な糖鎖構造であることがSaitoらにより解明された．泌乳初期のκ-カゼインに結合するGlcNAcを含む複雑な糖鎖構造は，この時期に必要な感染防御因子の役割が推定される．

b.　脂肪球皮膜タンパク質

乳腺上皮細胞内で生合成された乳脂質は，細胞質内で脂肪滴となり細胞外に出る際には細胞膜成分で被覆され，エキソサイトーシスで分泌される．したがって，脂肪球は乳脂肪球皮膜（milk fat globule membrane：MFGM）という薄膜で覆われている．MFGMの主要なタンパク質成分には，ブチロフィリン（BTN）およびMFG-E8がある．MFGMを構成するタンパク質はほとんどが糖タンパク質であり，電気泳動後の糖染色により，分子量の大きいものから順にPAS-IからPAS-VIIと命名されている．レクチン解析により，結合糖鎖には高マンノース型の*N*-型糖鎖の存在が推定され，さらに末端にシアル酸が付加した複合型*N*-型糖鎖や*O*-型糖鎖の存在も推定された．ブチロフィリンには，2本の*N*-型糖鎖の構造が解明された．Asn-55には，GalNAcβ1-4GlcNAc部分を有する珍しい4種類の糖鎖が存在し，Asn-215には*N*-アセチルラクトサミン（Galβ1-4GlcNAc）結合型の3種類の糖鎖が存在した．また，MFG-E8（PAS6/7成分に相当）には，*N*-型糖鎖が結合しており，*N*-アセチルラクトサミンにさらにGalが結合する構造はほかに例をみない．

c.　ラクトフェリン

牛乳ラクトフェリン（Lf）は，分子量約83 KDaの糖タンパク質であり，約11％の糖質を含む．鉄イオン要求性の微生物の生育阻害などの種々の生理機能を示す多機能タンパク質である．牛乳Lfには，*N*-型糖鎖の結合可能なアスパラギンが5残基あるが，そのうち4ヶ所に糖鎖が導入されていた．糖鎖は2種類の*N*-型糖鎖であり，3つに分岐した高マンノース型でありMan残基を8～9個含んでいた．人乳には多量のLfが含まれており，全タンパク質の約30％にも及ぶ．ヒトLfは約6.4％の糖質を含み，2本の*N*-型糖鎖が結合しており，3種類の糖鎖構造が報告されている．結合糖鎖は，シアル酸やFucを結合する2本に分岐した複合型糖鎖が特徴的であり，さらに複雑な糖鎖構造が推定される．チーズホエイから工業的に大量調製された牛乳Lfは，感染防御因子として育児用調製粉乳やヨーグルトに添加されている．

d.　ミルクムチン

1982年，人乳の脂肪球MFGMには，巨大分子量の糖タンパク質（PAS-0）が発見され，高分子量ムチン様タンパク質（HMGP）と命名された．多成分からなる多型性を示し，分子量は40万～100万以上，約50～80％の典型的なムチン型糖鎖を結合していた．同様の成分が小腸粘膜のような乳腺以外の組織の上皮細胞上にも見いだされ，MUC1という共通の遺伝子産物であった．

牛乳ホエイ（乳清）にも，ミルクムチンと呼ばれる高分子量糖タンパク質が報告されている．ムチン型糖鎖が存在し，末端にシアル酸を多く結合しているために，ロタウイルス等に対する感染防御作用が推定されている．ミルクムチンは，抗体が作られない場合の防御機能を補償する代替物質として，泌乳を行っている乳腺細胞で分泌していることが推定される．

e.　糖ペプチド

ウシ初乳中には，種々のペプチドが遊離状態で含まれており，そのほとんどは糖鎖を結合する糖ペプチドと推定される．1960年代にKuhn & Ekongにより結合糖鎖の化学構造の報告があったが，最近になって2種の糖ペプチドが単離され，それらの結合糖鎖構造がレクチン解析により推定された．

熟成型チーズ産業では，副産物のチーズホエイ中にκ-カゼインのキモシンによる加水分解断片であるカゼイノグリコペプチド（CGP）が多量に含まれる．CGPには，胃酸分泌抑制効果，血小板凝集活性，口腔細菌の付着阻止効果などの生理作用がある．シアル酸を結合するCGPは，*Bifidobacterium*に対する増殖促進効果が確認されており，ビフィズス因子としての作用がある．また，チャイニーズハムスターの卵巣細胞（CHO細胞）のコレラ毒素や大腸菌の毒素であるエンテロトキシンによる異形化をCGPが微量で中和阻止した．また，弱毒ウイルス株とヒヨコの赤血球の凝集反応をCGPが阻害し，ウイルス感染症に対する有効性が示唆された．さらに，リポポリサッカライド（LPS）やフィトヘマルチニン（PHA）で刺激したマウス脾細胞やウサギパイエル板細胞の増殖を，CGPが阻害することも報告された．この阻害活性は，CGPの結合糖鎖のシアル酸残基数およびペプチド構造によることが示され，免疫修飾機能に関するκ-カゼイン糖鎖の未知の生理機能を考えるうえできわめて興味深い．〔齋藤忠夫〕

文　献

1)　足立　達・伊藤敞敏（1987）．乳とその加工，建帛社．
2)　Fox, P. F. ed（1997）. *Advanced Dairy Chemistry*（*Lactose, water salts and vitamins*）, Vol.3, Chapman & Hall.
3)　伊藤敞敏・渡邊乾二・伊藤　良編（1998）．動物資源利用学，文永堂．
4)　伊藤肇躬（2011）．乳製品製造学（増補版），光琳．
5)　Jensen, R. G. ed（1995）. *Handbook of Milk Composition*, Academic Press.
6)　上野川修一編（1996）．乳の科学（シリーズ食品の科学），朝倉書店．
7)　水間　豊ほか編（1998）．最新畜産学，朝倉書店．
8)　齋藤忠夫・根岸晴夫・八田　一編（2011）．畜産物利用学，文永堂出版．
9)　齋藤忠夫・西村敏英・松田　幹編（2006）．最新畜産物利用学，朝倉書店．

10)　齋藤忠夫・浦島　匡（1999）. 化学と生物, **37**：401-403.

2.4　牛乳中のミネラル・ビタミンの組成

ミネラルは無機質ともいわれ，有機物を構成する炭素，酸素，水素，窒素以外の元素を指し，身体の構成成分として重要なものや，酵素・補酵素として身体の機能を調節するために重要なものもある．私たちの身体を分析すると多くのミネラルが検出されるが，日本人の食事摂取基準 2015 年版では 13 種類のミネラルについて必要量が示されている[2)]．なお，コバルトや硫黄も必須のミネラルであるが，コバルトはビタミン B_{12} の構成成分であるため，ビタミン B_{12} の必要量に含まれており，硫黄は含硫アミノ酸（メチオニン，システイン）の成分であり，それぞれ単独の必要量は示されていない．フッ素についてもその有効性，必須性について議論があるが，現在わが国では必要量は示されていない．

ビタミンは私たちの身体の機能を調節する物質で，ホルモンとも類似しているが，ホルモンは体内で作られる物質であるのに対して，ほとんどのビタミンは体内では合成することができず，外部から摂取する必要がある．これまで多くのビタミン様物質が報告されてきたが，現在では 13 種類のビタミンについて必要量が示されている[2)]．

2.4.1　牛乳中の多量ミネラル

日本人の食事摂取基準 2015 年版では，13 種類のミネラルの摂取基準が示されているが，そのうち体内に多く含まれ，摂取量が多いミネラル 5 種類を多量ミネラルと分類している．すなわち，ナトリウム，カリウム，カルシウム，マグネシウム，リンの 5 種類である．

牛乳の多量ミネラル含量を表 2.11 に示した[2, 3)]．最も特徴的なことは，カルシウム含量が多いことである．表 2.11 の右列は 30～49 歳の女性が牛乳を 1 本（200 mL）摂取した場合の，『日本人の食事摂取基準 2015 年版』で示されている推奨量または目安量に対する寄与率を示したものである．牛乳 1 本で 1 日に必要なカルシウムの 3 分の 1 が摂取できることとなる．

リンも比較的多いが，カルシウムとの比はほぼ 1：1 である．また，ナトリウム

表 2.11　牛乳（普通牛乳）の多量ミネラル含量と寄与率（文献[2,3]より作成）

	含　量	寄与率*（%）
ナトリウム（mg/100 g）	41	3.1
カリウム（mg/100 g）	150	15.5
カルシウム（mg/100 g）	110	34.9
マグネシウム（mg/100 g）	10	7.1
リン（mg/100 g）	93	24.0

*：30～49 歳の女性が牛乳を 1 本（200 mL）摂取した場合の『日本人の食事摂取基準 2015 年版』で示されている推奨量または目安量に対する割合.

に対してカリウムが多いという特徴もある.

牛乳中のカルシウムの存在形態は，ミセル性リン酸カルシウムといい，カゼインのリン酸基を介してカゼイン分子を架橋し，カゼインミセルと呼ばれるコロイド粒子構造を形成している．カルシウムがカゼインと適度に結合しており，小腸におけるカルシウムの吸収部位ではカルシウムを遊離することにより，吸収率も高いという特徴がある．筆者らが健康な女子大学生で行った出納試験では，牛乳のカルシウムの吸収率は約 40%，小魚は 33%，野菜は 19%であった[6]．牛乳のカルシウムの吸収率が高いのは，カルシウムの存在形態だけではなく，牛乳のタンパク質であるカゼインが分解される際に生成されるカゼインホスホペプチド（casein phosphopeptide：CPP）の作用，乳糖，ビタミン D の作用なども影響している．これらの成分，特に CPP，乳糖はカルシウム以外のミネラルでも吸収を高めている可能性が考えられる[4].

牛乳にはナトリウムは少なく，カリウムは多く含まれている．牛乳のタンパク質が分解されてできるペプチドのなかには降圧ペプチドがあり，牛乳は血圧を下げる効果があることが報告されているが[1,5]，ナトリウムとカリウムの割合も降圧に影響している可能性が考えられる.

2.4.2　牛乳中の微量ミネラル

微量ミネラルは鉄，銅，亜鉛，マンガン，ヨウ素，セレン，クロム，モリブデンの 8 種類である．牛乳に含まれるこれらの量を表 2.12 に示した．牛乳は多くの栄養素を含む非常に優れた食品であるが，鉄含量は少なく，鉄の供給源とはなら

表 2.12　牛乳（普通牛乳）の微量ミネラル含量と寄与率（文献[2,3]より作成）

	含　量	寄与率*（%）
鉄（mg/100 g）	Tr	Tr
亜鉛（mg/100 g）	0.8	10.3
銅（mg/100 g）	0.02	2.6
マンガン（mg/100 g）	Tr	Tr
ヨウ素（μg/100 g）	33	25.4
セレン（μg/100 g）	6.2	24.8
クロム（μg/100 g）	0	0
モリブデン（μg/100 g）	8.3	33

*：30〜49 歳の女性が牛乳を 1 本（200 mL）摂取した場合の『日本人の食事摂取基準 2015 年版』で示されている推奨量または目安量に対する割合.

ない．また，マンガン，クロムの含量も少ない．

一方，ヨウ素，セレン，モリブデンの含量は比較的多く，1 本（200 mL）の牛乳を引用することで，1 日の必要量の 4 分の 1 から 3 分の 1 程度を摂取することができる．これらの微量ミネラル含量は，飼料の影響を受けていることが考えられる．また，搾乳後ミネラル測定までの汚染の可能性も考えられる．

2.4.3　牛乳中の脂溶性ビタミン

『日本人の食事摂取基準 2015 年版』[2]では，13 種類のビタミンの摂取基準が示されている．このうち脂溶性ビタミンはビタミン A，ビタミン D，ビタミン E，ビタミン K の 4 種類である．牛乳のこれらビタミン含量を普通牛乳と低脂肪牛乳の 2 種類について表 2.13 に示した．なお，ビタミン A については参考までにレチノール当量と，レチノール，β-カロテンそれぞれの含量も示した．

牛乳中の脂溶性ビタミンは大部分が脂肪球に存在しているため，低脂肪牛乳ではその含量は少なくなる．

ビタミン A はおもに動物性のレチノールと植物性の β-カロテンの 2 種類があるが，牛乳中にはどちらも含まれる．牛乳に含まれる β-カロテンは飼料由来であり，季節差がある．牛乳中のビタミン A はタンパク質と結合した形で存在しており，吸収がよいとされている．

牛乳中にはビタミン D_2（エルゴカルシフェロール），ビタミン D_3（コレカルシ

表 2.13 牛乳（普通牛乳，低脂肪乳）の脂溶性ビタミン含量と寄与率（文献[2,3]より作成）

	含 量	寄与率*（%）
普通牛乳		
ビタミンA（μgRE/100 g）	38	11.2
レチノール（μg/100 g）	38	—
β-カロテン（μg/100 g）	6	—
ビタミンD（μg/100 g）	0.3	11.3
ビタミンE（mg/100 g）	0.1	3.2
ビタミンK（μg/100 g）	2	6.4
低脂肪乳		
ビタミンA（μgRE/100 g）	13	3.8
レチノール（μg/100 g）	13	—
β-カロテン（μg/100 g）	Tr	—
ビタミンD（μg/100 g）	Tr	—
ビタミンE（mg/100 g）	Tr	—
ビタミンK（μg/100 g）	Tr	—

*：30〜49歳の女性が牛乳を1本（200 mL）摂取した場合の『日本人の食事摂取基準2015年版』で示されている推奨量または目安量に対する割合．

フェロール）の2種類のビタミンDが含まれている．『日本食品標準成分表2010』[3]では，D_2とD_3をあわせてビタミンDの値として示している．牛乳中のビタミンD_2は飼料由来である．ビタミンDは骨の健康のみならず，筋の健康にもかかわっていることが報告されており，骨粗鬆症のみならず，ロコモティブシンドロームの予防，改善にも効果的なビタミンである．海外ではビタミンDが添加された牛乳が販売されているが，わが国では制度上の問題もあり，現在は広くは普及していない．

ビタミンA，ビタミンDの寄与率は，1日に1本を飲んだ場合には必要量の約10%を摂取することができる．ビタミンA，ビタミンDも国内外を問わず不足傾向のビタミンであり，牛乳摂取の意義は大きい．

その他，ビタミンE，ビタミンKも飼料由来のものが多い．ビタミンKの一部は腸内細菌により生成される．ビタミンKも骨の健康に重要なビタミンであることから，海外ではビタミンK添加の牛乳も販売されている．

低脂肪乳の場合にはビタミンAの寄与率が約4%ある以外は，寄与は少ない．なお，低脂肪乳にカルシウムやビタミンDが添加された商品が発売されている．

2.4.4　牛乳中の水溶性ビタミン

水溶性ビタミンはビタミンB群とビタミンCに分類され，ビタミンB群はビタミンB_1，ビタミンB_2，ナイアシン，ビタミンB_6，ビタミンB_{12}，葉酸，パントテン酸，ビオチンの8種類がある．牛乳のこれらの含量を表2.14に示した．

牛乳中には，特にビタミンB_2，B_{12}，パントテン酸が多く含まれており，牛乳を1本（200 mL）飲用した際の寄与率はそれぞれ，25.8%，25.8%，22.7%となる．特にビタミンB_{12}はその大部分の供給源は動物性食品に限られるので，重要な供給源となる．また，ビタミンB_2はエネルギー代謝，特に脂質代謝に必要なビタミンであり，適切な摂取量を保つ必要があり，牛乳はよい供給源となる．

一般に水溶性ビタミンは熱や光に弱いが，牛乳中のこれらのビタミンは比較的安定であるうえに，牛乳・乳製品は熱をかけることなく摂取することもできるので，これらのビタミンの供給源として有効である．

以上，牛乳中のミネラル，ビタミンについて紹介した．牛乳は完全食品として紹介されることもあるが，本項で示した数値をみるとわかるように，すべてのミネラル，ビタミンを適量含んでいるわけではない．そのなかで特に寄与率が大きい（20%以上）のは，カルシウムをはじめ，リン，ビタミンB_2，ビタミンB_{12}，ヨウ素，モリブデン，セレン，パントテン酸である．一方，鉄，ビタミンC，マンガン，クロム，ナイアシンなどの含量は少なく，供給源としては有用とはいえ

表2.14　牛乳（普通牛乳）の水溶性ビタミン含量と寄与率（文献[2,3]より作成）

	含　量	寄与率*（%）
ビタミンB_1（mg/100 g）	0.04	7.5
ビタミンB_2（mg/100 g）	0.15	25.8
ナイアシン（mg/100 g）	0.1	1.7
ビタミンB_6（mg/100 g）	0.03	5.2
ビタミンB_{12}（μg/100 g）	0.3	25.8
葉酸（μg/100 g）	5	4.3
パントテン酸（mg/100 g）	0.55	28.4
ビオチン（μg/100 g）	1.8	7.4
ビタミンC（mg/100 g）	1	2.1

*：30〜49歳の女性が牛乳を1本（200 mL）摂取した場合の『日本人の食事摂取基準2015年版』で示されている推奨量または目安量に対する割合．

ない．

牛乳中のビタミン，ミネラルには飼料の影響を受けるものもあり，季節や飼育されている地域の差もあることが予想される．低脂肪乳の場合には脂肪を減らす過程で特に脂溶性ビタミンも減少している．寄与率が低い栄養素については他の食品と組み合わせて摂取することが必要である．

なお，牛乳のカゼインが消化管内で分解されるときに生じるカゼインホスホペプチド（CPP）は，カルシウムや鉄の吸収率を高めることが知られており，単にミネラル含量のみでなく，食品全体としての機能性も考慮する必要がある．乳タンパク質からはCPP以外にも多くの機能性ペプチドが発見されており，ビタミンやミネラルの吸収・利用にも貢献している可能性がある．〔**上西一弘**〕

文　献

1) FitzGerald, R. J., Murray, B. A., Walsh, D. J. (2004). Hypotensive peptides from milk proteins. *J. Nutr.*, **134**：980S-8S.
2) 厚生労働省（2009）．日本人の食事摂取基準2010年版．
3) 文部科学省 科学技術・学術審議会資源調査分科会（2010）．日本食品標準成分表2010．
4) 内藤　博（1986）．カゼインの消化時生成するホスホペプチドのカルシウム吸収促進機構．日本栄養・食糧学会誌，**39**：433-439．
5) Saito, T. (2008). Antihypertensive peptides derived from bovine casein and whey proteins. *Adv. Exp. Med. Biol.*, **606**：295-317.
6) 上西一弘ほか（1998）．日本人若年成人女性における牛乳，小魚（ワカサギ，イワシ），野菜（コマツナ，モロヘイヤ，オカヒジキ）のカルシウム吸収率．日本栄養・食糧学会誌，**51**：259-266．

2.5　牛乳成分の加熱などによる変化

2.5.1　牛乳成分の加熱による変化

加熱は乳製品製造において欠くことのできない処理である．原料乳には病原菌が含まれているおそれがあるので，牛乳の加熱の第一の目的は病原菌を殺すことである．食品衛生法に規定されている63℃・30分間の加熱殺菌は低温長時間殺菌（LTLT）と呼ばれ，これと同等の効果を有する殺菌法が高温短時間（HTST，73℃・15秒）である．これらの殺菌条件では生き残る細菌や失活しない酵素もあり，保存中に製品が劣化することがある．さらに，室温で長期保存するために加熱滅菌が行われる．滅菌のためには110～120℃で10～30分間の保持滅菌や135～150℃で0.5～15秒間の超高温（UHT）加熱が行われる．

練乳製造においては，濃縮中の細菌の増殖や酵素による品質の劣化を防ぐため，また滅菌時における乳タンパク質の凝固に対する安定化を図るために，予備加熱あるいは荒煮と呼ばれる処理が行われる．この処理により，濃縮前にホエイタンパク質が変性し，結果として滅菌時の乳タンパク質の熱凝固に対する安定性が向上する．ヨーグルト製造においては，カードに適度の物性を付与することも考慮して加熱処理が行われる．

a.　タンパク質の変化

カゼインは熱に安定なタンパク質で，カゼイン溶液を100℃以下で加熱してもほとんど構造変化は認められない．これはカゼインが球状タンパク質のようにコンパクトに折りたたまれた構造をとっておらず，柔軟な構造をとっているためである．球状タンパク質は熱などによって変性するとタンパク質分解酵素によって分解されやすくなるが，カゼインは天然の状態でも消化されやすい．カゼインは元来変性タンパク質に近い性質をもっているといわれるゆえんである．しかし，カゼイン溶液を100℃以上で加熱すると，電気泳動的にも変化が現れる．

カゼイン溶液を高温で加熱するとアミノ酸側鎖で脱リンや脱アミド，ペプチド結合の開裂などが起きる．また，イソペプチドやリジノアラニン架橋が形成される．カゼイン溶液を120℃で60分間加熱すると40％の脱リンが起きる．カゼインの脱リンはカルシウム（Ca）を結合した状態では抑制され，牛乳を加熱した場合にはカゼインがCaを結合した状態で存在するので，カゼイン溶液を加熱した場合よりも脱リンされにくい．保持滅菌ではカゼインの脱リンやペプチド鎖の開裂が起きるが，牛乳のLTLTやHTST殺菌，超高温（UHT）滅菌では脱リンはほとんど起きない．

カゼインミセルの状態はカゼイン溶液の状態より加熱の影響を受けやすい．カゼインミセル分散液を90℃で5分間加熱すると，冷却により遊離するカゼイン量が増大する．このことは90℃の加熱でも，カゼインミセルの構造が脆弱化することを示唆している[8]．牛乳を高温で加熱すると白濁度が増すが，これはカゼインミセルが凝集しミセルサイズが大きくなるからである．カゼインミセルの凝集はUHT処理でも起きる．高温加熱によってカゼインミセルの凝集だけでなく解離も起き，100℃以上の加熱でカゼインミセルからミセルの安定化因子である κ-カゼインが遊離する．この κ-カゼインの遊離がミセルの凝集や熱不安定化の大きな要因になっている[3]．

プロテオース・ペプトン以外のホエイタンパク質はポリペプチド鎖が規則的に折りたたまれてコンパクトな構造をとっており，熱により変性する．球状タンパク質に熱をかけると，球状構造の解きほぐれ（unfolding）が起きる．このとき球状タンパク質の構造を維持する水素結合などを破壊するエネルギーを分析することにより，タンパク質の変性温度を測定することができる．この方法により測定される変性温度は構造安定性に基づいている．ホエイタンパク質を人工乳清に溶解して熱変性温度を示差熱分析で測定すると，α-ラクトアルブミンの方が β-ラクトグロブリンや免疫グロブリンより変性温度が低い（表 2.15）[6]．また，アポ型のラクトフェリンの変性温度は 65℃であるが，ホロ型（鉄結合型）は 69℃と 84℃で，ホロ型の方が安定である．

牛乳を 56～96℃で 30 分間加熱して，pH 4.6 可溶性のタンパク質量を測定すると，全ホエイタンパク質量は 56℃から減少し始める（図 2.19）[4]．各タンパク質の減少の程度からその安定性をみると，α-ラクトアルブミン＞β-ラクトグロブリン＞血清アルブミン＞免疫グロブリンの順に熱に安定である．これはホエイタンパク質の分子量の順に一致する．α-ラクトアルブミンはホエイタンパク質のなかでは熱に安定であるといわれているが，これは加熱後に不溶化しにくいことを指しており，タンパク質の構造安定性を指すものではない．α-ラクトアルブミンは分子量が 14,000 と小さく分子内 S-S 結合が 4 個もあり，unfolding しても元に戻

表 2.15　示差熱分析法で測定したホエイタンパク質の変性温度[6]

ホエイタンパク質	変性温度（℃）
β-ラクトグロブリン	72.8 ± 0.4
α-ラクトアルブミン	65.2 ± 0.2
血清アルブミン	62.2 ± 0.5
免疫グロブリン	72.9 ± 0.4
ラクトフェリン（アポ型）	64.7 ± 0.3
ラクトフェリン（ホロ型）	69.0 ± 0.5 83.5 ± 0.5

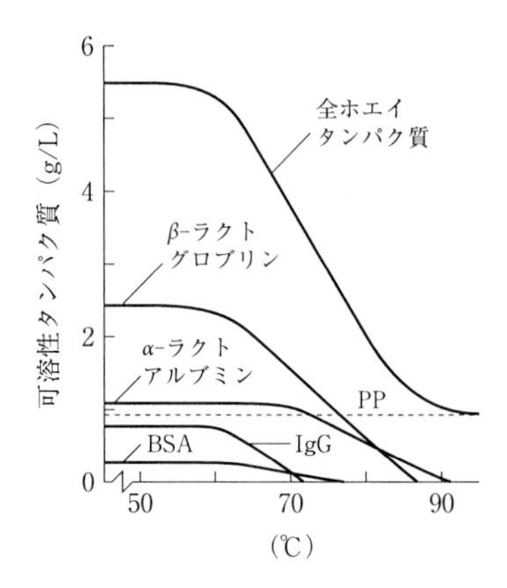

図 2.19　牛乳の可溶性ホエイタンパク質量に及ぼす加熱の影響[4)]
IgG：免疫グロブリン，PP：プロテオース・ペプトン，BSA：牛血清アルブミン．加熱時間＝30 分

りやすいのであろう．α-ラクトアルブミンは示差熱分析法で測定すると熱変性しやすいタンパク質であるが，冷却により元の状態に戻りやすく，β-ラクトグロブリンより加熱後の溶解性を維持しているものと考えられる．

牛乳を加熱して溶解性を指標としてタンパク質の変性を調べた結果では，HTST 殺菌で 7%，UHT 直接加熱で 50～75%，UHT 間接加熱で 70～90%，保持滅菌では 100%のホエイタンパク質が変性する．

牛乳を加熱すると，β-ラクトグロブリンはカゼインミセル表面にある κ-カゼインと S-S 結合を介して複合体を形成する．この複合体形成は 70℃の加熱ではわずかであるが，95℃・20 分間の加熱ではβ-ラクトグロブリンの 85%がカゼインミセルと複合体を形成する．α-ラクトアルブミンも β-ラクトグロブリンより高い温度が必要となるが，カゼインミセルと複合体を形成する．この複合体形成により，高温加熱牛乳では凝乳酵素キモシンが κ-カゼインに作用しにくくなるためカゼインミセルが酵素により分解されにくくなり，レンネット凝固時間の遅延が起きる．β-ラクトグロブリンと κ-カゼインとの複合体形成は牛乳の熱安定性にも影響を与える．

b.　乳糖の変化

乳糖をアルカリ性にするとグルコース部分がエンジオールを経てフルクトース

に変換し，ラクチュロース（図2.20）になる．このような異性化反応は牛乳を高温加熱したときにも起きる．乳糖のエピマーであるエピラクトースも加熱牛乳中に検出される．ラクチュロースの生成量は加熱強度に依存しており，LTLTやHTST殺菌乳では100 mLあたり4～15 mg，UHT加熱乳では10～30 mg，保持滅菌乳では80～200 mgである[1)]．ラクチュロースは天然には存在しない糖で，ビフィズス菌の増殖，血清コレステロールの低下，Ca吸収促進などオリゴ糖としての機能を有しているが，加熱による生成量は少なく，加熱処理乳にその効果は期待できない．オリゴ糖としてヨーグルトなどに利用されているものは，乳糖から作られたものである．

牛乳を保持滅菌のような条件で加熱すると褐変するが，これはおもにメイラード反応によるものである．この反応はカルボニル基とアミノ基との反応であるのでアミノカルボニル反応とも呼ばれ，反応は3段階に分けられる．前期段階はカルボニル基とアミノ基とがシッフ塩を形成し，これがアマドリ転移する．中期段階はアマドリ化合物が脱水，糖の開裂などの反応により反応性に富むオソン類やヒドロキシメチルフルフラール（HMF），レダクトンなどが生成する．また，ストレッカー分解によりアミノ酸部からCO_2とアミノ酸より炭素数が1個少ないアルデヒドが生成する．中期段階ではまだ褐色化は起きていないが，後期段階ではオソン類やHMFがアミノ化合物と重合反応してメラノイジンと呼ばれる褐色物質ができる．メイラード反応は加熱だけでなく，滅菌乳，練乳，粉乳の保存中にも進行する．メイラード反応は水分活性0.7付近で最も反応が速く進み，粉乳が吸湿すると褐変の進行が著しく速くなる．

牛乳中ではメイラード反応に関与するのは還元糖である乳糖とおもにタンパク質のリジン残基のε-アミノ基である．メイラード反応はタンパク質の抗原性にも

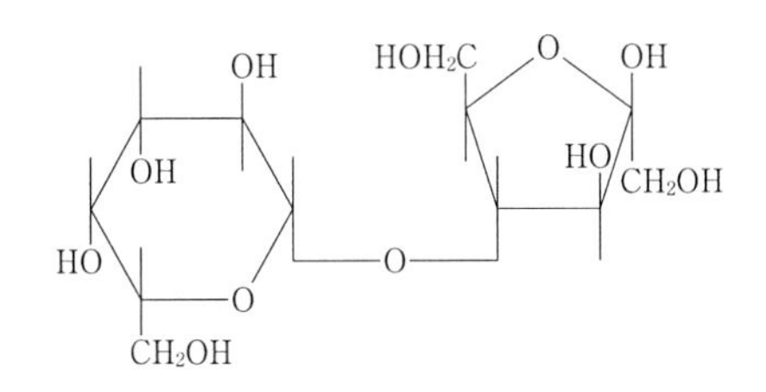

図2.20 ラクチュロースの化学構造

影響を及ぼし，β-ラクトグロブリンに乳糖が結合すると未処理のものに比べて数十倍のアレルギー応答を示す．一方，メイラード反応は脂質酸化を抑制するメリットがあり，実際に練乳などでは加熱程度の高いものの方が脂質の酸化が抑制される．

メイラード反応の進行の程度を調べる方法として，アミノ基の測定，アマドリ転移生成物の測定，HMF 等の後期生成物の測定，褐色度の測定などがあるが，そのなかでもフロシンの定量はメイラード反応の初期段階におけるタンパク質のダメージの評価法に利用できると提唱されている．ラクチュロシルリジンを塩酸で加水分解するとフロシン（図 2.21）が生成するので，これを高速液体クロマトグラフィーで定量する方法が報告されている[9]．

c.　塩類の変化

牛乳は溶解相とコロイド相とに分けられ，両者は平衡関係にある．コロイド相の Ca と無機リン酸（Pi）はコロイド状リン酸 Ca あるいはミセル性リン酸 Ca としてミセル構造を維持する役割を担っている．牛乳の環境が変われば平衡状態も変わり，牛乳を加温すると溶解相の Ca と Pi がコロイド相に移行するが，この反応は可逆的で，元の温度に戻せばコロイド相へ移行した Ca と Pi は溶解相へ戻る．牛乳を 65℃で加熱して 1 時間冷却後に測定した場合，Ca と Pi 濃度は 5～10％減少するが，冷却時間を長くすれば加熱前の濃度に戻る．加熱した状態で溶解相の Ca 濃度を測定すると，Ca 濃度は 1/3 程度に低下し（図 2.22）[5]，Pi も同様の挙動をする．牛乳の限外濾液（溶解相）のみを加熱すると，リン酸 Ca を形成し不溶化して元の状態に戻らない．しかし，牛乳中では Ca と Pi はカゼインミセルに取り込まれ，冷却するとミセルに取り込まれた Ca と Pi は溶解相に放出される．カゼインのリン酸基はクラスターを形成しており，カゼインミセル中ではこのクラスターに Ca と Pi が結合してカゼイン間に架橋を形成している．加熱時にはカゼインミセルが溶解相から Ca と Pi を受けとめ，冷却するとこれを放出している[2]．

牛乳を高温で加熱するとミセル性リン酸 Ca のカゼイン結合能が低下するが，

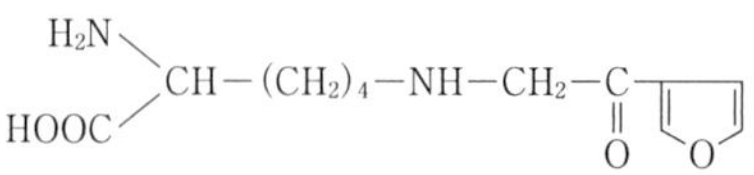

$(H_2N)(HOOC)CH-(CH_2)_4-NH-CH_2-C(=O)-$(フラン環)

図 2.21　フロシンの化学構造

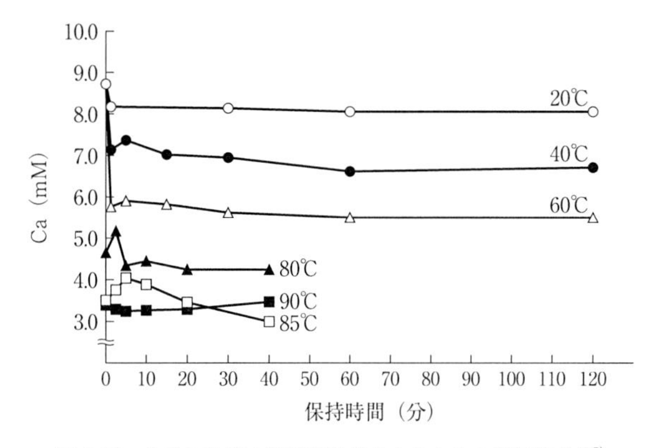

図 2.22 牛乳加熱時の限外濾過性カルシウムの経時的変化[5)]

UHT 加熱の条件ではその影響は小さい．しかし，120℃・15 分間の加熱では無定形であったミセル性リン酸 Ca が一部結晶性の β-三リン酸 Ca へ変換する．

d. 栄養価の変化

牛乳にはすべてのビタミンが含まれている．脂溶性ビタミンは熱に安定で，殺菌や滅菌のための加熱でほとんど変化しないが，水溶性ビタミンは影響を受けやすい．ビタミン B_1 の加熱による活性変化は，LTLT 殺菌や HTST 殺菌と UHT 加熱との間で差がなく 7〜10％減少し，保持滅菌ではその活性の 1/3 が失われる．ビタミン B_{12} と C は加熱の影響を受けやすく，LTLT 殺菌と HTST 殺菌でも 10％程度活性が失われ，保持滅菌乳ではその効果は半分以下になる．

牛乳を加熱するとホエイタンパク質が変性するが，変性はタンパク質の高次構造の変化で，変性しても栄養価は変わらない．加熱により乳タンパク質と乳糖との間でメイラード反応が起きると，有効性リジンが減少する．各種加熱法による有効性リジンの減少は報告者によって差があるものの LTLT や HTST 法で 0.7〜2%，UHT 法で 0.49〜6.5%，保持滅菌法で 6〜13%である（表 2.16）[6)]．牛乳タンパク質はもともとリジン含量が高いことから，LTLT や HTST 殺菌乳はもちろんのこと UHT 牛乳でもタンパク質の栄養価は生乳と差がないと考えられている．

牛乳を加熱するとレンネット凝固性が悪くなるために，カルシウムの有効性が損なわれ，UHT 牛乳のカルシウムが吸収されにくくなるという指摘がある．牛乳を UHT 加熱すると塩類分布が変わるし，ミセル性リン酸 Ca のカゼイン結合能も

表 2.16　各種加熱処理法による有効性リジンの減少（%）[1]

<table>
<tr><th>パスチュライゼーション*</th><th>直接式 UHT</th><th>間接式 UHT</th><th>保持滅菌</th><th>報告番号</th></tr>
<tr><td>0.7～1.1</td><td>1.1</td><td>1.7</td><td>6.2</td><td>(1)</td></tr>
<tr><td>0.61～0.74</td><td>0.49</td><td>0.86</td><td></td><td>(2)</td></tr>
<tr><td>2</td><td>4.3</td><td>6.5</td><td>9.9</td><td>(3)</td></tr>
<tr><td>1～2</td><td colspan="2">3～4</td><td>6～10</td><td>(4)</td></tr>
<tr><td></td><td>3</td><td>4</td><td></td><td>(5)</td></tr>
<tr><td>1.9</td><td></td><td></td><td>3.3</td><td>(6)</td></tr>
<tr><td></td><td>0</td><td></td><td>11～13</td><td>(7)</td></tr>
</table>

*：LTLT か HTST による．

わずかであるが低下する．しかし，ラットを用いた実験によれば，UHT 牛乳のカルシウムの吸収率と骨への取り込みは生乳と差がない[2]．

2.5.2　フレーバーの変化

新鮮な生乳には特有のフレーバーがあり，LTLT や HTST の条件で殺菌してもフレーバーはほとんど変化しないが，UHT 加熱した牛乳では明らかににおいが変わり，加熱臭（クックドフレーバー）が現れる．UHT 加熱乳でも間接加熱法の方が直接加熱法より加熱臭が強い．直接加熱法では，牛乳と加圧蒸気とが直接接するので同じ滅菌効率でも加熱時間が短くて済み，しかも加熱処理後減圧によって水分が取り除かれるときに揮発性化合物も一緒に除かれるからである．加熱温度が 80℃を越えると加熱臭が出てくる．ガスクロマトグラフィーやマススペクトル分析により，加熱処理乳から 400 種以上の揮発性化合物が検出されているが，その中で UHT 加熱乳の加熱臭に関係が深い化合物が 50 種類以上同定されている．それらのなかには，硫化水素やジメチルジサルファイドなど含硫化合物，2-ヘプタノンや 3-メチルブタナールなどのカルボニル化合物，γ-デカラクトンなどのラクトン類がある．イオウ化合物はタンパク質のメチオニンとシステインから生成し，カルボニル化合物は前述したようにメイラード反応からも生成する．また，ラクトン類は脂肪にわずかに含まれるヒドロキシ酸から生成する．

牛乳に光が当たると日光臭と呼ばれる異臭が発生する．これは牛乳中に光増感剤であるリボフラビンがあるので活性酸素が生成するために起きる．活性酸素はメチオニンを酸化してジメチルサルファイドを発生させるし，不飽和脂肪酸を酸化してペンタナールやヘキサナールを発生させる．原料乳に乳酸菌が増殖すると，乳酸，アセトアルデヒドやジアセチルを発生させフレーバーを変化させる．また，低温細菌の *Pseudomonas* のリパーゼやプロテアーゼは耐熱性が著しく強く UHT 滅菌でも不活性化しないので，この菌に汚染された原料乳で製造した UHT 滅菌牛乳は保存中に異臭や異味が発生することがある．

2.5.3　凍結および濃縮による変化

牛乳を凍結すると脂肪球の分散性が悪くなり，脂肪の分離を引き起こす．これは凍結により生成した氷結晶が脂肪球膜を破壊するために起きる現象である．牛乳の長期間の凍結保存はカゼインミセルが不安定化し不溶化する．カゼインミセルの不安定化は－20℃では起きにくいが，－7℃で 40 日間保存すると 90％以上のカゼインが不溶化する．不溶化したカゼインミセルから分離したカゼインには変化がないが，不溶化したカゼインミセルの Ca と Pi 含量が著しく高くなる．－7℃の凍結では，不凍結部分が残り濃縮された可溶性の Ca と Pi がカゼインミセルに結合しカゼインミセルを不安定化させる．不溶化したリン酸 Ca がカゼイン間に架橋を形成することが確認されている．

日本では牛乳を長距離輸送するために脱脂濃縮乳の形態で冷蔵して輸送される．牛乳は水分が多いのでできる限り濃縮率を高めた方が輸送コストを下げることができるが，濃縮率を上げると，冷蔵中に粘度が上昇する（図 2.23）[7]．増粘初期には水で元の濃度に還元すればカゼインミセルは元の状態に分散する．予備加熱や

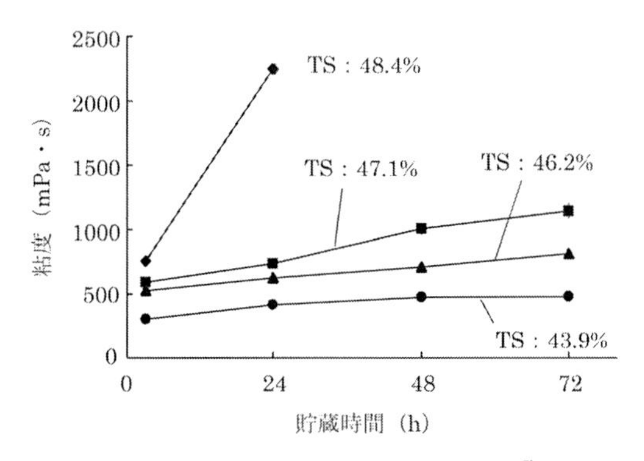

図 2.23　濃縮脱脂乳の冷蔵中の粘度変化[7]
脱脂乳の固形分（TS）9.2%．

乳糖の結晶化は増粘要因となる．カゼインミセルの voluminosity は 3～7 g/g と大きく，濃縮によりカゼインミセル間がきわめて接近するようになり，ミセル間の相互作用が起きやすくなって濃縮率がある閾値を越えると急激に粘度が上昇するのであろう．〔青木孝良〕

文　献

1) 足立　達（1991）．殺菌と乳糖．乳技協資料，**41**：18-26.
2) 青木孝良（1991）．殺菌とミネラル．乳技協資料，**41**：27-38.
3) Aoki, T., Suzuki, H., Imamura, T. (1975). Some properties of soluble casein in heated concentrated whey protein-free milk. *Milchwissenscfat*, **30**：30-35.
4) Larson, B. L., Rolleri, G. D. (1955). Heat denaturation of the specific serum proteins in milk. *J. Dairy Sci.*, **38**：351-360.
5) Poliot, Y., Boulet, M., Paquin, P. (1989). Observations on the heat-induced salt balance change in milk I. Effect of heating time between 4 and 90℃. *J. Dairy Res.*, **56**：185-192.
6) Rüegg, T., Morr, U., Blang, B. (1977). A colorimetric study of the thermal denaturation of whey proteins in simulated milk ultrafiltrate. *J. Dairy Res.*, **44**：509-520.
7) Shiokawa, M. *et al.* (2012). Effect of lactose crystallization on the change in the viscosity of concentrated skim milk at low temperature. *Milchwissenscfat*, **67**：351-354.
8) Singh, H. *et al.* (1996). Acid induced dissociation of casein micelles in milk. *J. Dairy Sci.*, **79**：1340-1346.
9) 渡辺和俊・中村文彦・須山亨三（1995）．日畜会報，**66**：293-298.

3 さまざまな乳製品とその製造技術

3.1 牛乳と乳飲料

3.1.1 飲用乳類の種類と法令による定義

飲用乳類は食品衛生法の「乳及び乳製品の成分規格等に関する省令」(以下,「乳等省令」)にて,その種類および成分規格が定められている(表3.1).

表3.1 飲用乳類の種類と規格

種類別		使用原料	理化学規格				微生物規格	
			乳脂肪分	無脂乳固形分	比　重	酸　度	細菌数	大腸菌群
牛　乳		生乳 100%	3.0%以上	8.0%以上	1.028〜1.034*	0.18%以下*	5万以下 /mL	陰性
成分調整牛乳	成分調整牛乳	生乳 100%	—	8.0%以上	—	0.18%以下	5万以下 /mL	陰性
	低脂肪牛乳	生乳 100%	0.5%以上 1.5%以下	8.0%以上	1.030〜1.036	0.18%以下	5万以下 /mL	陰性
	無脂肪牛乳	生乳 100%	0.5%未満	8.0%以上	1.032〜1.038	0.18%以下	5万以下 /mL	陰性
加工乳		生乳,脱脂粉乳,バターなどを原料	—	8.0%以上	—	0.18%以下	5万以下 /mL	陰性
乳飲料		乳原料以外にビタミン,カルシウムなどを添加	乳固形分として3%以上**		—	—	5万以下 /mL	陰性

*:ジャージー乳種のみを原料とする場合,乳固形分が高い傾向にあるので,比重=1.028〜1.036,酸度=0.20%以下と定められている.

**:本規格は「飲用乳の表示に関する公正競争規約及び同施行規則:全国飲用牛乳公正取引協議会」にて規定されている.

a. 牛 乳

牛乳はウシから搾った生乳そのものを，水その他原料をいっさい含まず，63℃・30分以上の殺菌条件で殺菌するものであり，成分無調整，生乳100%使用のものである．

なお，「特別牛乳」とは，乳等省令で定められている「必ずしも殺菌を必要としない」飲用乳のことであり，特別牛乳搾乳処理業の認可を受けた施設で製造され，成分規格（乳脂肪分3.3%以上／無脂乳固形分8.5%以上），細菌数（3万/mL以下）も牛乳と異なっている．

b. 成分調整牛乳類

生乳から乳脂肪分その他の成分の一部を除去したもので，原料は生乳100%である．おもに脂肪分の量，さらに比重規格により，低脂肪牛乳，無脂肪牛乳，その他の成分調整牛乳に分類されている．

c. 加工乳

生乳，牛乳，全脂粉乳，脱脂粉乳，脱脂濃縮乳，濃縮乳，無糖練乳，クリーム，バター，バターミルクなど，乳のみから作られた原料を用いて製造したもの．水を使用してもかまわない．乳成分を増減させた，低脂肪乳，特濃牛乳などが多い．

d. 乳飲料

生乳，牛乳などを主要原料とした飲料である．「飲用乳の表示に関する公正競争規約及び同施行規則」（以下，「公正競争規約」）では乳脂肪分と無脂乳固形分（乳脂肪以外の乳由来のタンパク質や乳糖などの乳固形分）の合計で3%以上含むものと定義されている．おもに，カルシウム・鉄などのミネラル類やビタミンD・葉酸などのビタミン類を強化した栄養強化乳，コーヒーやフルーツ果汁を添加したコーヒー牛乳・イチゴ牛乳などに代表される．一般的に前者は「白物乳飲料」，後者は「色物乳飲料」と呼ばれている．白物乳飲料は乳脂肪以外の脂肪を含まず無脂乳固形分8%以上であれば「ミルク」，「乳」といった表記が可能である（例：カルシウムミルク）．一方，色物乳飲料は無脂乳固形分が4%以上を満たせば同様の表記が可能となる（例：コーヒーミルク）．

近年では，超高齢社会の進展や消費者の健康志向もあり，機能性を強化した乳飲料が多様化している．このような乳飲料は，従来はカルシウム強化乳が大部分を占めていたが，カルシウムの吸収を助ける乳タンパク質由来のペプチドを添加した飲料，良質なタンパク質である乳タンパク質を強化した飲料，グルコサミンやコラーゲンなどの機能性素材と組み合わせた飲料（おもに宅配向け商品）など，消費者のニーズにあわせて多くの乳飲料が上市されている．

3.1.2　飲用乳類の製造方法

a.　飲用乳類の一般的な製造方法

牛乳の一般的な製造方法を図3.1に示す．その他飲用乳類もおおむね同様の製造工程が用いられている．各工程の特徴を順に解説する．

1）　受　乳

乳牛から搾られた生乳はタンクローリーで工場に運ばれる．到着後の生乳は，乳温，組成（乳脂肪分，無脂乳固形分，全固形分，比重），酸度（生乳をアルカリ溶液で中和滴定しおもに細菌汚染による酸敗傾向がないか判定する試験），アルコール検査（おもに細菌汚染や熱安定性を簡易に判定する試験），総菌数，抗生物質などの厳しい受入れ検査を経て受乳される．受入れ検査には赤外吸収により乳組成を迅速に計測する機器などが用いられ，正確かつ迅速な検査が行われている．

2）　清浄化

清浄化はクラリファイアーという遠心分離機（図3.2）によって行われる．遠心力により，生乳などに混入した異物を密度の違いにより除去するものである．

3）　均質化

清浄化後の生乳は60～80℃まで加温された後，均質機（ホモジナイザー，図3.3）にて脂肪球を均質化させる．均質機内では100～200 kg/cm^{2}程度の圧力により，3 μm程度の大きさが主となる生乳の脂肪球を1 μm以下まで微細化する．この均質化の主目的は，賞味期限中に商品で脂肪浮上が発生することを防ぐことである．

一方で，この均質化工程を除き，脂肪球が大きいままで殺菌したノンホモ牛乳

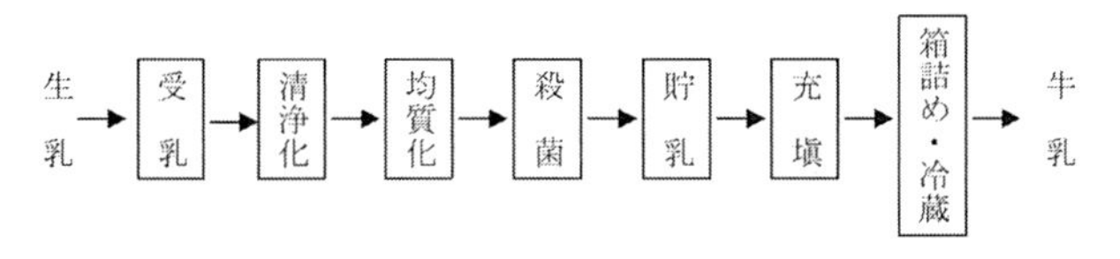

図3.1　牛乳の一般的な製造方法

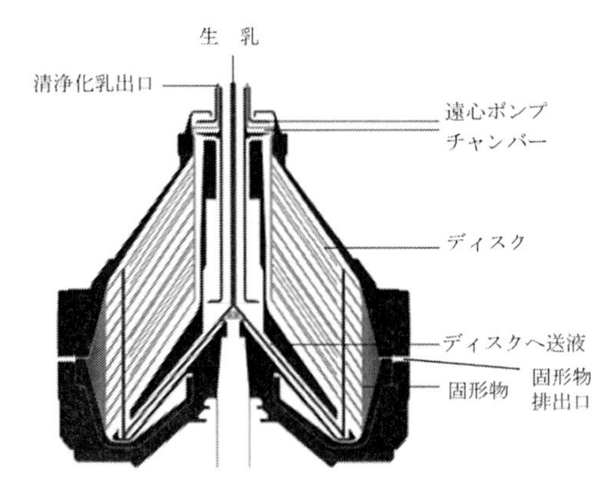

図 3.2　クラリファイアーの構造（GEA Westfalia 社資料より抜粋・改変）

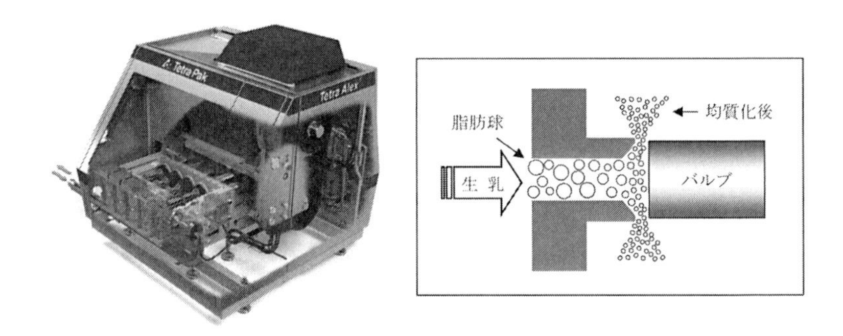

図 3.3　均質機の構造（Dairy equipment, Tetra Pak 社資料より抜粋・改変）

も上市されている．ノンホモ牛乳は脂肪浮上しクリームラインを生じるが，独特の口あたり・食感を有している．

4)　殺　菌

牛乳，成分調整牛乳，加工乳に関しては乳等省令により，「63℃・30 分殺菌同等以上の加熱殺菌が必要」と定められている．乳飲料に関しては，「殺菌工程で破壊される原料以外は 62℃・30 分または同等以上の殺菌が必要」と定められている．飲用乳類の代表的な殺菌方法を表 3.2 に示した．いずれの殺菌方法も 63℃・30 分同等以上の殺菌力を有するものである．日本では UHT 殺菌機が市場の 90% 以上を占めている．その理由の 1 つに，UHT 殺菌により耐熱性菌や細菌芽胞のほとんどを死滅させられることがあげられる．UHT 殺菌の区分を表 3.3 に，またそ

表 3.2 日本の飲用乳類の殺菌方法

殺菌方法	加熱温度	時 間	備 考
低温保持殺菌法（LTLT）	63～65℃	30 分	
高温保持殺菌法（HTLT）	75℃以上	15 分以上	
高温短時間殺菌法（HTST）	72℃以上	15 秒以上	
超高温瞬間殺菌法（UHT）	120～130℃	2～3 秒	
超高温滅菌殺菌法（UHT 滅菌）	135～150℃	1～4 秒	常温流通可能品

表 3.3 殺菌機の種類

名 称		原 理
間接加熱式	プレート方式	プレート式の伝熱壁を介して牛乳が温湯や蒸気と熱交換し，加熱殺菌する方法.
	チューブ方式	伝熱をチューブ内で行う方法. チューブ内に牛乳と温湯・蒸気の流路を作り，熱交換し加熱殺菌する. プレート方式に比べ高粘度製品に適用可能.
直接加熱式	スチーム インフュージョン方式	高圧蒸気内に牛乳を滴下し加熱殺菌後，減圧装置で蒸気を取り除き冷却する方法.
	スチーム インジェクション方式	牛乳に高圧蒸気を吹き込み熱殺菌後，減圧装置で蒸気を取り除き冷却する方法.

間接加熱方式

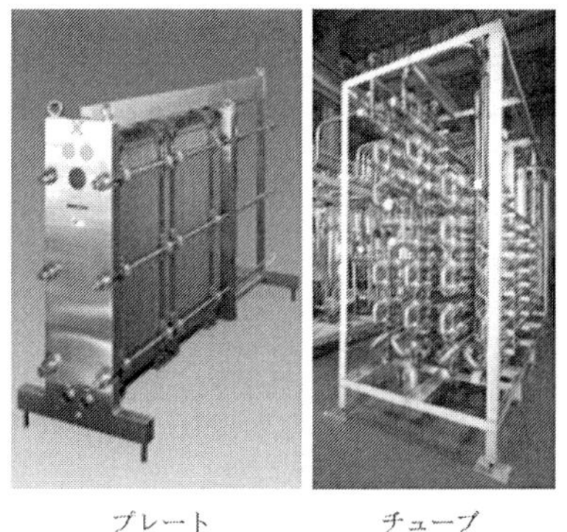

プレート　チューブ

直接加熱方式

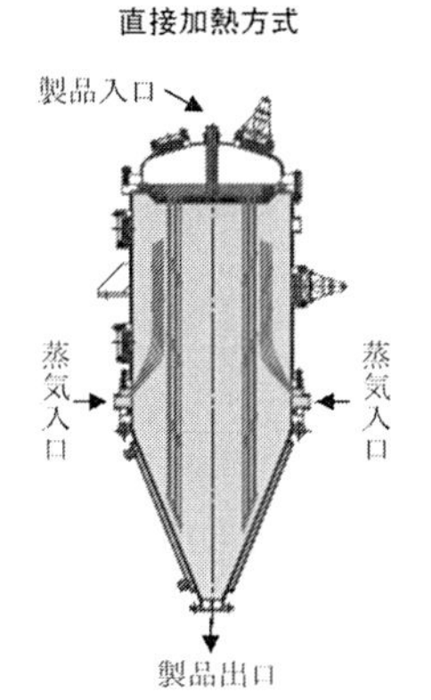

スチームインフュージョン

図 3.4 代表的な殺菌機（岩井機械工業株式会社資料より）

の代表的な殺菌機の概要を図 3.4 に示した. いずれの方式で殺菌された飲用乳もただちに 10℃以下まで冷却され，充填タンクに貯乳される.

近年開発された新しい殺菌方法として，殺菌時に溶存酸素を除去することで，加熱時の酸化反応による牛乳の風味劣化を抑える殺菌法[4)]，また，バクトキャッチと呼ばれる精密濾過膜（MF 膜）を用いた除菌，バクトフュージと呼ばれる遠心分離による除菌により，殺菌効率を高めて加熱殺菌温度を緩和する方法などがある．飲用乳類の製造工程はきわめてシンプルであり製品の差別化が難しいが，乳業メーカーはこのような新しい殺菌技術を導入することで製品の付加価値（おいしさ，衛生性）向上をはかっている．

5）充　塡

日本では飲用乳の多くは屋根型紙容器（ゲーブルパック）もしくは直方体型紙容器（ブリックパック）に充塡されている．代表的なゲーブルパック充塡機を図3.5に示した．充塡機内の環境は常に清浄に保たれ，充塡機内で紙容器を殺菌し，衛生的に充塡できる構造となっている．その他に，リターナルびんを用いたガラスびん容器に充塡した飲用乳類が，宅配商品や一部の学校給食牛乳を中心に使用されている．

一方，海外ではゲーブルパックに変わり，紙とプラスチックを組み合わせた再封可能な容器が主流となってきている（図3.6）．今後，開封性，注ぎやすさ，再封性など，誰もが使いやすい容器（ユニバーサルデザイン）の普及が進むと考えられ，容器の多様化はますます加速していくと予想される．

b.　成分調整牛乳の製造工程

これまでに牛乳を代表とする飲用乳類の製造方法を紹介してきた．本項では，最近市場が拡がりつつある成分調整牛乳の製造方法例について紹介する．代表的な製造フローを図3.7に示した．生乳をクリーム分離機（セパレーター）でクリ

図3.5　ゲーブルパック充塡機（四国加工機株式会社資料より）

図3.6 新しい紙容器の例（Tetra Pak社資料より）

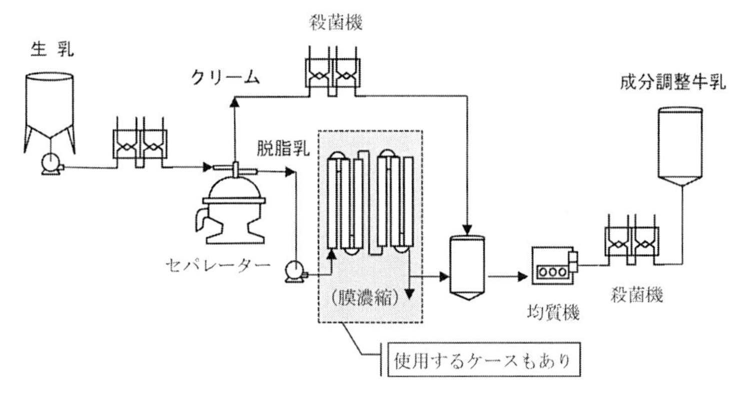

図3.7 成分調整牛乳の代表的な製造方法

ームと脱脂乳に分離後，一定の割合で混合し殺菌工程を経て，低脂肪牛乳，無脂肪牛乳などを製造している．また，メーカーによっては脱脂乳を膜などで濃縮し，ナトリウムなどに由来する塩味を減じながら無脂乳固形分を濃縮し，コク味を付与するような製法も採用されている．

3.1.3 飲用乳類の保存方法と賞味期限

牛乳類は人間にとって栄養分が豊富であると同時に，細菌にとっても格好の生育環境にある．したがって，その衛生管理はきわめて重要である．

乳等省令では牛乳，成分調整牛乳類，加工乳，乳飲料に関して，冷蔵保存（10℃以下）と常温保存可能品の2種類の保存方法を認めている．牛乳を例にとると前者はチルド牛乳，後者はロングライフ牛乳（LL 牛乳）やアセプティック牛乳と呼ばれている．特に常温保存可能品については，「連続流動式の加熱殺菌機で殺菌後に殺菌済みの容器に無菌的に充填したものであり10℃以下保存を要しないと厚生労働大臣が認めたもの」と規定されている．常温保存可能品については，細菌数に関しても厳しい規格（例：30±1℃・14 日間保存で 0 個 /mL）が設けられている．また殺菌工程でも微生物を完全に死滅させるため，通常の UHT 殺菌より高温である 135〜150℃で数秒間以上殺菌するのが一般的である．

市場の多くを占めるチルド飲用乳類に関しても，さまざまな技術開発がなされている．従来のチルド牛乳が 7 日間程度の保存期間であったのに対し，①殺菌機以降の充填タンクを無菌エアーで陽圧化，②外気との遮断を完全に行えるベローズバルブの採用，③充填機内の清浄性の向上，④包材内部の細菌が牛乳を汚染しないように紙容器端面を内容物に触れないようにする加工方式の採用（スカイブ加工，図 3.8），などにより賞味期限を 14 日前後にまで延長させた ESL (extended shelf life) 牛乳が上市されている．

3.1.4 牛乳の風味

牛乳の風味を構成する要素はきわめて複雑といえる．一般的に「牛乳の味」については，①乳糖由来のほのかな甘味，②ミネラル類由来の微かな塩味，③乳脂肪・乳タンパク質由来のコク，などから構成されるといわれている．一方の「牛乳の香り」については，さまざまな香気成分が関与している（図 3.9）．多数の香気成分が複雑なバランスをもって存在しており（表 3.4），牛乳の風味には味より

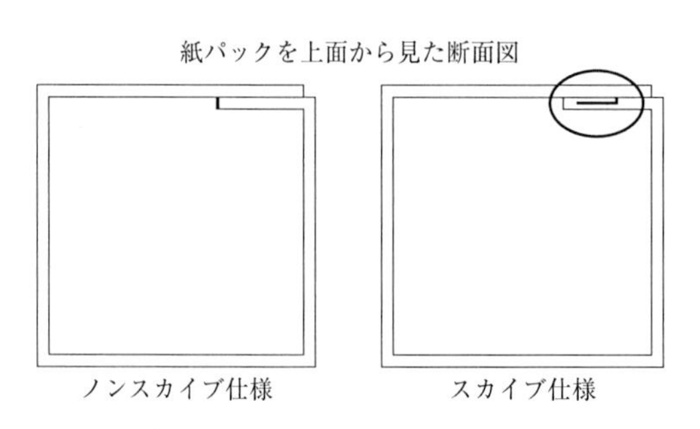

図 3.8 紙パックのスカイブ加工

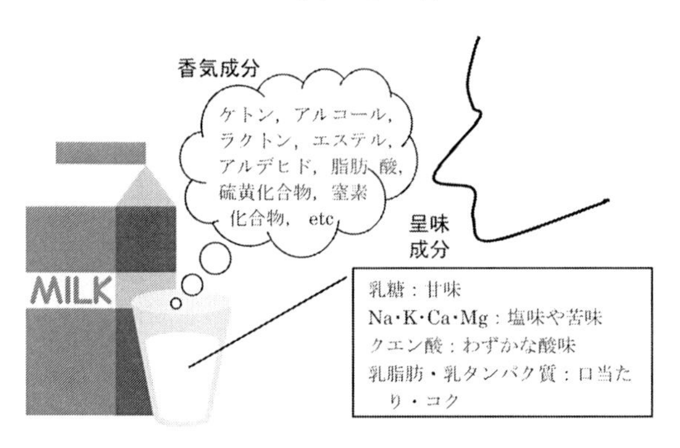

図 3.9 牛乳の風味成分

も香りの寄与率が高い傾向にあるとされている．これら香気成分のなかには，生乳そのものがもつ香気成分，牛乳の殺菌工程によって生成する香気成分などが混在している．また，牛乳中に乳化された状態で存在する脂肪やコロイド状態で存在するタンパク質がこれら香気成分の一部を吸着するケースもある．「牛乳を料理に使用すると臭みを消しまろやかになる」というようなケースは，このような牛乳の成分の特徴に起因している可能性が高い．このようにさまざまな成分が複雑にかかわりあって牛乳の風味は構成されている．

このような牛乳の風味を向上させるためには，生乳の風味が重要である．牛乳の原料は唯一生乳のみであり，生乳風味そのものが牛乳風味に大きな影響を与えるからである．生乳にはさまざまな異常風味が発生することが知られている（表3.5）．良好な牛乳風味を実現するためには生乳に異常風味が発生していないことが前提となる．近年は生乳の衛生的品質向上や集送乳の合理化と相まって，生乳流通の広域化が進んでおり，生乳の保存期間が長くなる傾向にある．それゆえ，保存中に生乳が酸化する「自発性酸化臭」の発生頻度が高くなってきている．この自発性酸化臭の発生機構には諸説あるが，不飽和脂肪酸を多く含む濃厚飼料の多給やビタミンE給与不足により，乳脂肪が酸化してヘキサナールなどのアルデヒド類が発生することによるとされており，各種の対策がとられている[2]．

このような生乳の異常風味早期発見，さらには製造技術などにより風味を向上させた牛乳類の風味品質を判定するには，牛乳の風味を適切に判定する官能評価技術（人間の感覚器を用い風味・食感などを判定する技術）が重要となる．日本

表 3.4　牛乳の香気成分分析の例（文献[1]より抜粋・改変）

成分名	生　乳	殺菌乳	UHT殺菌乳	成分名	生　乳	殺菌乳	UHT殺菌乳
ケトン				エステル			
2-pentanone	+	+	+++	ethyl butanoate	+++	−	−
3-hydroxy-2-butanone	+	+	+	ethyl hexanoate	+++	−	−
2-hexanone	+	+	+	benzyl acetate	−	+	+
2-heptanone	−	+	+++	ethyl octanoate	+++	−	−
2-nonanone	+	+	+++	ethyl decanoate	+++	−	−
2-undecanone	+	+	+++	含窒素化合物			
β-damascenone	+	+	+	*N*-formylpiperidine	++	++	+++
2-tridecanone	+	+	++	*N*-acetylpiperidine	+	+	+
2-pentadecanone	−	+	++	benzothiazole	++	++	++
アルコール				indole	+	+	+
1-pentanol	+	+	+	skatole(3-methylindole)	+	+	+
1-octen-3-ol	+	+	+	diphenylamine	++	++	++
2-ethyl-1-hexanol	+	+	+	含硫化合物			
1-octanol	+	+	+	dimethyl sulfone	+++	+++	++
dodecanol	+	+	+	ラクトン			
tetradecanol	−	+	+	*δ*-decalactone	+	+	+++
pentadecanol	−	+	+	*γ*-dodecalactone	+	+	+++
アルデヒド				*δ*-dodecalactone	+	+	++
pentanal	+++	+++	+++	*δ*-tetradecalactone	−	+	++
hexanal	+	++	++	その他			
heptanal	++	++	++	limonene	+	+	+
benzaldehyde	+	+	++	naphthalene	−	+	+
octanal	+	+	+	nicotine	+	+	+
nonanal	++	++	++	*β*-caryophyllene	+	+	+
decanal	+	+	+				

+：minor constituents,　++：medium constituents,　+++：major constituents.

表 3.5　生乳に発生する代表的な異常風味（文献[3]より抜粋・加筆）

名　称	説　明
自発性酸化臭	脂質酸化によりアルデヒド類が生成，ボール紙臭を呈する
日光臭	脂質やタンパク質が酸化
ランシッド臭	脂質分解により遊離脂肪酸が生成
麦芽臭	細菌汚染によりメチルブタナールが生成
酸味，果実，不潔，苦味	細菌汚染により有機酸，苦味ペプチドなどが生成
塩　味	塩分が増加，乳房炎乳などに多い
飼料臭	飼料からの移行
アセトン臭（乳牛臭）	ケトーシス疾病乳，ケトン体や*β*-ヒドロキシ酪酸の増加

乳業協会では飲用乳に関する官能評価の冊子（乳製品の官能評価法）を定期的に発行しており，講習会も随時開催し，その教育・啓蒙につとめている．

この10年間，飲用乳の製造技術はさまざまな進歩を遂げてきた．食の安全・安心の重要性が高まるなか，細菌にとっても栄養成分が豊富な飲用乳類は，その衛生管理がきわめて重要である．各乳業メーカーではHACCP（Hazard Analysis and Critical Control Point）などの衛生管理体制を導入し，食の安全確保につとめている．HACCPとは，原料入荷→製造→出荷の全工程にて前もって危害を予測し，その危害を防止するための重要管理点（CCP）を特定して，そのポイントを継続的に監視・記録（モニタリング）し，異常が認められたら即時に対策をとり，解決する衛生管理手法である．近年では農場から食卓までフードチェーン全体で食の安全を確保していく考え方も拡がってきている．今後も食の安全に向けた取り組みはさらに進化していくであろう．

また，成分調整牛乳や溶存酸素を取り除いた殺菌など，飲用乳の製造技術の進歩，カルシウムの吸収をサポートする乳由来ペプチドなどの機能成分の探索など，新しい価値を付加した飲用乳類も上市されてきている．

このような取り組みにもかかわらず，少子高齢化や飲料類の多様化に伴い，飲用乳の国内消費はダウントレンドが継続している．今後，環太平洋戦略的経済連携協定（TPP）の動向によっては，日本の酪農・乳業のあり方も大きく変化していく可能性がある．栄養・機能豊富な飲用乳類の価値を高め，消費者に理解いただくような研究・開発・生産，そしてそのコミュニケーション戦略が，酪農・乳業界にとって今後いっそう重要になるものと考えられる．　〔**大森敏弘**〕

文　献

1）Moio, L. *et al.*（1994）. Detection of powerful odorants in heated milk by use of extract dilution sniffing analysis. *J. Dairy. Res.*, **61**：385-394.
2）大森敏弘ほか（2008）．新鮮な生乳のおいしさをもとめて―生乳生産から殺菌技術まで―．ミルクサイエンス，**57**：125-129.
3）Shipe, W. F. *et al.*（1978）. Off flavors of Milk：Nomenclature, Standards, and Bibliography. *J. Dairy. Sci.*, **61**：855-869.
4）竹内幸成ほか（2003）．明治おいしい牛乳．日本農芸科学会誌，**77**：888-889.

3.2 発酵乳製品

3.2.1 発酵乳製品製造に用いられる微生物

微生物の存在が初めて確認されたのは，レーウェンフックによって顕微鏡の発明・観察がなされた17世紀後半のことである．その後，19世紀中～後半にはフランスの科学者パスツールが発酵が微生物の作用によることを発見し，さらにコッホによって伝染病と病原菌のかかわりが明らかにされたことをきっかけに，微生物学はその後大きな発展を遂げた．しかし，人類はその存在を知るよりもはるか昔から巧みに微生物の機能を活用し，それぞれの地域で気候・風土・習慣に根ざした数多くの発酵食品を製造してきた．本項では，ヨーグルトやチーズに代表される発酵乳製品の製造に微生物がどのように用いられているか，その特徴や役割を中心に解説する．

a. 微生物の分類と特徴

従来の微生物分類法は，細胞形態や糖分解性状などに代表される表現型（phenotype）によるものであったが，近年のバイオテクノロジーと情報技術の急速な進歩に伴い，遺伝子型（genotype），すなわちDNA相同性および16S rRNA遺伝子の塩基配列に基づく系統解析による分類が主体になっている．したがって，過去の微生物分類の歴史をたどるとグループ再編や名称変更の連続である．最新の分類については“*Bergey's Manual*”を参照されたい．発酵乳製品に用いられる微生物は，分類学上は図3.10のように位置づけられる．加えて，微生物は，生育環境（温度，pH，酸素濃度，塩濃度），生息場所（腸管，植物），商業用途（ヨーグルト，チーズ，プロバイオティクスなど）による区別がなされることも多い．

1） 乳酸菌

乳酸菌（lactic acid bacteria）は分類学上の名称ではなく，乳酸を多量に生成する多様な細菌群の総称であり，パスツールによって初めて発見された．1873年にはイギリスの外科医リスターにより *Lactococcus lactis* が分離され，1881年にはケフィアより乳酸桿菌が発見された．さらに1905年，ブルガリアの医学博士グリゴロフがブルガリアの伝統的ヨーグルトから *Lactobacillus delbrueckii* subsp. *bulgaricus* を発見し，その後1919年にヤンセンによって乳酸菌の分類体系が築か

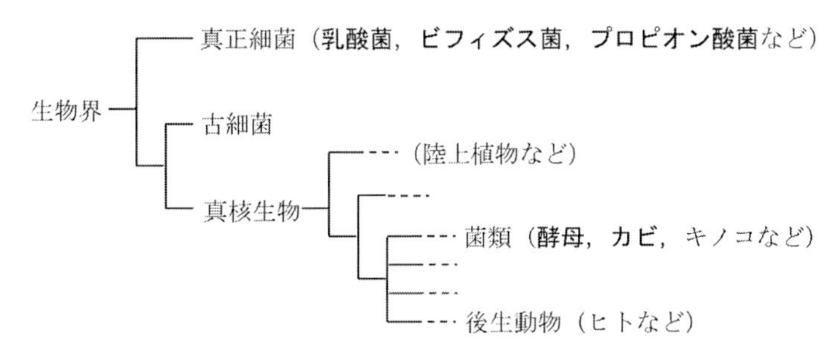

図 3.10 発酵乳製品に用いられる微生物の分類学上の位置づけ
発酵乳製品に用いられるおもな微生物を**太字**で記載した．

れた[4]．それによると，乳酸菌とは多量に乳酸を生産（生成する酸の50％以上）するとともに，炭水化物を含む培地によく繁殖し，グラム陽性で，運動性がなく，胞子を作らない菌群のことを指す．かつ，細菌の形状から，球状の乳酸球菌と桿状の乳酸桿菌に分類され，カタラーゼ陰性で通性嫌気性という性質を有する．また酸性環境に対して耐性を示すことが多く，栄養要求性は複雑で糖類のほかに多くのアミノ酸やビタミン類を必要とする．乳酸菌は，その発酵の様式から下式のようにグルコース（$C_6H_{12}O_6$）から乳酸（$C_3H_6O_3$）のみを最終産物として作り出すホモ乳酸菌と，乳酸以外にエタノール（C_2H_5OH）や炭酸ガス（CO_2）など乳酸以外のものを同時に産生するヘテロ乳酸菌に分類される．

・ホモ発酵形式：　$C_6H_{12}O_6 \rightarrow 2C_3H_6O_3$

・ヘテロ発酵形式：　$C_6H_{12}O_6 \rightarrow C_3H_6O_3 + C_2H_5OH + CO_2$

乳酸菌は自然界に広く分布し，分離源は乳・肉・動物の腸，口腔内・植物・海洋環境などさまざまである．また，ハムやソーセージ，アンチョビなどの畜肉・魚肉製品から，漬物・パン・ワイン・日本酒まで幅広い食品の製造に用いられており，とりわけチーズやヨーグルトといった乳製品の製造に乳酸菌が果たしてきた役割は大きい．これらは20属約300種から構成されている．乳製品の製造に用いられる代表的な菌種とその特徴を表3.6に示した．乳酸菌は，発酵の主たる役割を担う発酵乳用乳酸菌と，ヒトの消化管に由来しおもに健康効果の付与に用いられる腸管系乳酸菌に分けられる．また，至適生育温度が25～30℃付近である *Lactococcus* 属と *Leuconostoc* 属の乳酸菌は中温性乳酸菌（mesophilic lactic acid bacteria）と呼ばれており，おもにチーズ・発酵バター・発酵クリームなどの製

表 3.6　乳製品の製造に用いられるおもな乳酸菌（文献[7]を一部改変）

菌　種		菌形態	発酵形式	ガス産生	好気性発育	常用培養温度（℃）	牛乳中の酸度（%）	おもな用途
発酵乳用乳酸菌	*Lactobacillus delbrueckii* subsp. *bulgaricus*	桿　菌	ホ　モ	−	+	37〜45	1.5〜1.7	発酵乳，乳酸菌飲料
	Lactobacillus delbrueckii subsp. *lactis*	桿　菌	ホ　モ	−	+	37〜45	1.5〜1.7	チーズ，発酵乳
	Lactobacillus helveticus	桿　菌	ホ　モ	−	+	37〜45	2.0〜2.7	チーズ，発酵乳，乳酸菌飲料
	Streptococcus thermophilus	双球菌，連鎖球菌	ホ　モ	−	+	37〜43	0.7〜0.9	発酵乳，乳酸菌飲料
	Lactococcus lactis subsp. *lactis*	双球菌	ホ　モ	−	+	30	0.7〜0.9	バター，チーズ，発酵乳
	Lactococcus lactis subsp. *cremoris*	連鎖球菌	ホ　モ	−	+	20〜25	0.7〜0.9	バター，チーズ，発酵乳
	Lactococcus lactis subsp. *lactis* biovar *diacetylactis*	双球菌	ホ　モ	−	+	30	0.7〜0.9	バター，チーズ
	Leuconostoc mesenteroides subsp. *cremoris*	連鎖球菌	ヘテロ	+	+	20〜25	酸生成微弱	バター，チーズ，発酵乳
腸管系乳酸菌	*Lactobacillus acidophilus* (A1)	桿　菌	ホ　モ	−	+	37〜40	0.3〜1.9	発酵乳，乳酸菌飲料
	Lactobacillus crispatus (A2)	桿　菌	ホ　モ	−	+	37〜40	0.3〜1.9	発酵乳，乳酸菌飲料
	Lactobacillus amylovorus (A3)	桿　菌	ホ　モ	−	+	37〜40	0.3〜1.9	発酵乳，乳酸菌飲料
	Lactobacillus gallinarum (A4)	桿　菌	ホ　モ	−	+	37〜40	0.3〜1.9	発酵乳，乳酸菌飲料
	Lactobacillus gasseri (B1)	桿　菌	ホ　モ	−	+	37〜40	0.3〜1.9	発酵乳，乳酸菌飲料
	Lactobacillus johnsonii (B2)	桿　菌	ホ　モ	−	+	37〜40	0.3〜1.9	発酵乳，乳酸菌飲料
	Lactobacillus casei	桿　菌	ホ　モ	−	+	30〜37	1.2〜1.5	チーズ，発酵乳，乳酸菌飲料
	Lactobacillus rhamnosus	桿　菌	ホ　モ	−	+	30〜37	1.2〜1.5	チーズ，発酵乳，乳酸菌飲料
	Enterococcus faecium	双球菌	ホ　モ	−	+	37〜40	0.5〜0.8	チーズ，発酵乳

A1〜A4，B1，B2 は旧分離における *Lactobacillus acidophilus* のサブグループ名称．

造に用いられる．これに対して，至適生育温度が37〜45℃付近にある *Streptococcus thermophilus*，*Lactobacillus delbruekii* subsp. *bulgaricus*，*Lactobacillus helveticus* などは高温性乳酸菌（thermophilic lactic acid bacteria）と呼ばれている．これらは，高温域における乳酸発酵の主役となり，ヨーグルト

や乳酸菌飲料の製造に用いられたり，中温性乳酸菌と組み合わせてチーズ製造に用いられたりする．

近年，乳酸菌を用いた発酵乳製品の健康効果に関する科学的研究が盛んであるが，その先駆けは20世紀初頭にフランスのパスツール研究所のノーベル賞受賞学者メチニコフが，著書『ヨーグルトによる長寿論』にその健康効果を著したことに始まる．発酵乳を日常的に多く摂取するブルガリアのスモーリアン地方に長寿者が多い理由は，生きた乳酸菌を含む発酵乳の摂取が腸内での腐敗産物の産生を抑制するためとするこの長寿論は，その後の発酵乳の機能性研究に大きな影響を与えた．これ以降の腸内細菌叢の解析研究，細菌分類学研究，さらには近年のゲノム解析研究の進歩とともに，これらの健康効果に関する研究は，プロバイオティクス（probiotics）という概念のもとに大きな発展を遂げている．

2） ビフィズス菌

ビフィズス菌（*Bifidobacterium*）は1899年にフランスのパスツール研究所のティシエによって母乳栄養児の糞便から初めて分離された[5]．Y字，V字，棍棒状などのきわめて多様な形態（Bifido-は「分岐」を意味する）を示す偏性嫌気性のグラム陽性桿菌である．過去*Lactobacillus*属に分類されるなど分類学上ではさまざまな変遷をたどってきたが，乳酸だけではなく酢酸も産生すること，ヘキソースの分解経路や16S rRNA遺伝子配列に基づく分類体系により，現在は独立した*Bifidobacterium*属として分類されている（ただし広義の乳酸菌として扱われる場合もある）．一般的な特徴として，芽胞を形成せず，非運動性，カタラーゼ陰性で，最適発育温度37～41℃，最低発育温度は25～28℃，最高発育温度は43～46℃である．また，最適発育pHは6.5～7.0で，pH 4.5～5.0または8.0～8.5では発育しない．ビフィズス菌はヘテロ発酵であるが，乳酸菌のヘテロ発酵とは異なる，ビフィズス経路と呼ばれる特有の代謝経路をもつ[5]．ビフィズス経路では，2 molのグルコースから最終的に酢酸（CH_3COOH）3 mol，乳酸2 molを生成する（下式）．

・ビフィズス菌の発酵形式： $2C_6H_{12}O_6 \rightarrow 3CH_3COOH + 2C_3H_6O_3$

ビフィズス菌は多くの哺乳類や昆虫の消化管や糞便などに分布しているが，ヒト腸管からは表3.7（次頁）のなかの10菌種が分離されている．そのうち，発酵乳製品に用いられるのは7菌種である．

商業的には，1948年にドイツのマイヤーが乳幼児用の食品としてビフィズスミルクの製造にビフィズス菌を用いたのが初めてといわれており，その後，シューラー（1968）らがヨーグルト・バター・チーズなどの乳製品にビフィズス菌を応用した論文を発表したことを契機に，ヨーロッパ諸国でビフィズス菌を利用した乳製品が生産されるようになった．わが国でビフィズス菌入りの乳製品が生産されるようになったのは1970年代であるが，近年になって整腸作用をはじめとするさまざまな健康機能が明らかとなるとともに，ヨーグルトを中心として多くの製品へ利用されるようになった．

ビフィズス菌の特徴として，乳中での増殖性に乏しいこと，酸素や酸への耐性が低いこと，代謝産物の酢酸が嗜好性に影響することがあげられる．したがって，賞味期限内に一定量の生きたビフィズス菌を維持するために，酵母エキスなどの増殖促進物質を添加する，酸素透過性の低いバリア容器を使用する，風味や生残性などの面で商品適性の高い菌株を選抜・育種するなどの技術的な工夫が必要となっている．

3)　プロピオン酸菌

プロピオン酸菌（*Propionibacterium*）はグラム陽性で胞子を作らない嫌気性細

表3.7　代表的なビフィズス菌種[5)]

菌　種	おもな分離源	発酵乳製品への利用
Bifidobacterium（*B.*）*adolescentis*	成人の糞便，ウシのルーメン，下水	○
B. angulatum	成人の糞便，下水	—
B. animalis subsp. *animalis*	ラット・ニワトリ・ウサギ・子ウシ・モルモットの糞便，下水	—
B. animalis subsp. *lactis*	発酵乳	○
B. bifidum	成人・乳児・哺乳牛の糞便，腟	○
B. breve	乳児・哺乳牛の糞便，腟	○
B. catenulatum	成人・乳児の糞便，腟，下水	—
B. dentium	虫歯，口腔，成人の糞便，腟，膿瘍，虫垂炎	—
B. gallicum	成人の糞便	—
B. longum subsp. *infantis*	乳児・哺乳牛の糞便，腟	○
B. longum subsp. *longum*	成人・乳児の糞便，腟，下水	○
B. pseudocatenulatum	乳児・哺乳牛の糞便，下水	○

菌であり，乳酸菌の生成する乳酸を基質として下式のようにプロピオン酸(C_2H_5COOH)，酢酸，炭酸ガスを生成する．

・プロピオン酸菌の発酵形式：

$$2C_3H_6O_3 \rightarrow 2C_2H_5COOH + CH_3COOH + CO_2 + H_2O$$

スイスタイプのチーズ（エメンタール，グリュイエール，コンテなど）では，乳酸菌とともにプロピオン酸菌が用いられる．熟成初期にチーズを20℃前後で10～15日保持してプロピオン酸発酵を促進し，特有の風味とチーズアイと呼ばれるガス孔を形成させる．チーズから検出されるプロピオン酸菌は，*Propionibacterium freudenreichii* のほか，*P. jensenii*，*P. thoenii*，*P. acidipropionici* などが報告されている．

4) カビ

菌糸体と胞子からなる多細胞微生物で，細菌や酵母よりも大型で，菌糸の幅は5～30 μm である．おもに形態学的特徴によって分類される．自然界に広く分布し，コウジカビ（*Aspergillus* 属）は，味噌・醤油・清酒・焼酎などに用いられることで有名である．なかには食品を変敗させたり，毒素を産生したりする菌種も存在することから，乳製品では汚染菌として扱われる場合が多いが，食経験が豊富で安全性が確認された菌種においては，菌体外へ強力な分解酵素を分泌するという特徴を活かし，乳製品の風味・組織形成に利用される重要な微生物である．カビ利用の代表例を以下に示す．

・ヴィリ（Viili）：　フィンランドの伝統的発酵乳であり，*Lactococcus lactis* や *Leuconostoc mesenteroides* の中温性乳酸菌のほか，糸状菌の *Geotrichum candidum* を含む．原料乳を均質化せずに静置発酵させるので，浮上したクリーム層の上にビロード状にカビが成育する．乳酸菌が産生する菌体外多糖（EPS：exopolysaccharides）により生じる強い粘性が特徴である．

・青カビ系チーズ：　ゴルゴンゾーラ，ロックフォールなどのブルーチーズには，*Penicillium roqueforti* が用いられる．本菌は，低酸素分圧と高塩濃度への耐性が高く，チーズ内部でも成育ができる．タンパク質および脂肪の分解力が強く，菌体外に酵素を分泌してチーズ熟成を促進する．脂肪分解によって生じた遊離脂肪酸を β 酸化してカルボニル化合物のメチルケトンを生成し，青カビ系チーズ特有の刺激風味を付与する．

・白カビ系チーズ： カマンベールやブリーなどのチーズ表面には，*Penicillium cammemberti* が生育し，白い菌糸層を形成する．菌体外タンパク質分解酵素を分泌し，カゼインを大きく切断してチーズに特有の柔らかさを与える．
・微生物レンネット： チーズ製造に用いられる微生物由来の凝乳酵素には，*Mucor pusillus*，*Mucor miehei*，*Endothia parasitica* が使用されている．

5） 酵 母

酵母は自然界に広く分布し，出芽によって増殖する単細胞微生物である．大きさは3～5×3～10 μm，内生胞子の有無や生理学的性状をもとに分類される．パン・清酒・ワインなどの製造に用いられる *Saccharomyces cerevisiae* が最も有名である．乳製品製造においては単体で用いられることは稀であり，乳酸菌との共存のなかで酸度を若干上昇させるほか，タンパク分解や脂肪分解を行ったり，脂肪酸エステルのような揮発性成分を生成したりして乳製品に特徴的な香味を与える．以下に酵母を用いた代表的な乳製品の例をあげる．

・ケフィア（Kefir）： 山羊乳や牛乳にケフィール粒を入れ発酵するコーカサス地方の伝統的発酵乳．ケフィール粒は，酵母，酢酸菌，乳酸菌で構成される弾力ある団粒で，発酵すると産生する炭酸ガスにより上面に浮上する．
・クーミス（Kumis）： 中央アジアで作られるアルコール度数1～3%の馬乳酒．モンゴルではアイラグ（Airag）と呼ぶ．乳酸桿菌や乳酸球菌のほかに，*Candida kefyr*，*Saccharomyces cerevisiae*，*Kluyveromyces marxianus* var. *lactis* などの酵母を含み，強い酸味と特有の香気を有する．
・乳酸菌飲料： 日本でもなじみのある殺菌タイプの乳酸菌飲料は，*Lactobacillus helveticus* と *Saccharomyces cerevisiae* といった乳酸菌と酵母の発酵により，エステル化合物を主体とするフルーティな香気を示すのが特徴である．

b. スターターとしての微生物の役割

スターターとは，発酵乳製品製造に適した状態になるように活力を維持した微生物を培養基質とともに調製した培養素材である．使用対象とする製品によってヨーグルトスターター，チーズスターターなどと呼称される．スターターとしての微生物の役割は，食品に官能的・化学的・物理的・栄養学的な変化を与えるとともに，保存性向上させることにある．以下に詳細を記述する．

1） 有機酸生成

微生物は乳中の主要な糖質である乳糖をβ-ガラクトシダーゼ（ラクターゼ）などの酵素によってグルコースとガラクトースに分解し，最終的に乳酸，酢酸，ギ酸，プロピオン酸などの有機酸を生成する．乳糖の代謝経路は微生物の種や属によって違いがみられる[8)]．おもに乳酸菌によって生成される乳酸は，乳のpHを大きく低下させることでカゼインタンパク質を凝集させ，カード組織を形成させる．チーズ製造においては，レンネットによる凝乳作用や，ホエイ排出，カード粒の結着を促進するほか，熟成中の酵素作用に適したpH環境を提供する．さらに，pHの低下は製造および流通における他の有害微生物による汚染を抑制し，食品の保存性向上に寄与する．

2） タンパク質分解

乳中には遊離アミノ酸が少ないため，微生物は乳タンパク質を分解して利用する．チーズ製造においては熟成中にカゼインタンパク質の分解が進行することによって生成するペプチドやアミノ酸がチーズに特有の舌ざわりや風味をもたらす．また，これらのアミノ酸は乳製品の香気成分の前駆物質として重要なものもある．ヨーグルトにおいては熟成工程を経ないため風味に与える影響はわずかであるが，*Lactobacillus delbruekii* subsp. *bulgaricus* が乳タンパク質を分解することで生成したペプチドやアミノ酸が，*Streptococcus thermophilus* の生育促進物質として働くため，両菌の共生作用による発酵促進として機能していることはよく知られている[3)]．

3） 脂肪分解

おもにカビ系チーズの熟成中に進行し，*Penicillium roqueforti* や *Candida lipolytica* 由来のリパーゼによって乳脂肪から脂肪酸を遊離させ，それ自体がチーズの特徴香となるほか，脂肪酸エステルなどの香気成分の前駆物質となる．また，*Lactococcus lactis* や *Lactobacillus casei* などの一部の乳酸菌も脂肪分解活性を有し，チーズ熟成に関与する．ヨーグルトのような爽やかさを求める製品において脂肪酸は不快臭を与えるため，用いる微生物のリパーゼ活性はきわめて少ない．

4） 風味の生成

上述したタンパク質分解や脂肪分解による風味形成以外に，カルボニル化合物（アセトアルデヒド，ジアセチル，アセトイン，メチルケトン）や揮発性有機酸

（酢酸，ギ酸，カプロン酸，酪酸，プロピオン酸，イソ吉草酸など）の香気成分やエタノールが微生物より産生される．これらの成分は微生物の種類によって生成量やバランスが異なり，少量ながら発酵乳製品の風味特性を決定づける一要因となっている．ヨーグルトにおいては乳酸のもつ酸味は清涼感を与えるとともに，*Lactobacillus delbruekii* subsp. *bulgaricus* と *Streptococcus thermophilus* の働きにより，カルボニル化合物，揮発性脂肪酸，アルコールなどを生じこれらが風味に関与する．ヨーグルトで最も特徴的な香気成分であるアセトアルデヒドは，おもに *L. delbruekii* subsp. *bulgaricus* によって乳糖やアミノ酸から生成される．一方，発酵バター・発酵クリーム・フレッシュチーズなどの発酵乳製品では，ジアセチルやアセトインが重要な香気成分であり，バター様の甘さやコクを与える．これらは，*Lactococcus lactis* subsp. *lactis*，*L. lactis* subsp. *cremoris*，*L. lactis* subsp. *lactis* biovar *diacetylactis* などの中温性乳酸菌によってクエン酸より生成され，欧米の乳製品ではなじみ深い香味である．

5） 組織形成

食品のもつ物性は嗜好性にかかわる重要な要素の1つである．発酵乳製品の組織形成には，原料乳の種類・量や製造工程のほかに，用いる微生物の酸生成速度や発酵温度などの特性が大きく関与する．さらに，微生物が産生する高分子のEPS（exopolysaccharides；菌体外多糖類）は，ヨーグルトに粘度を与え，離水防止やコク味を付与する効果が得られる場合があるため，食感改良として利用される．

6） 消化吸収性の向上

発酵乳製品は微生物の酵素によって乳の栄養成分が予備消化され，効率よい消化吸収がしやすい食品となる．たとえば，乳糖の一部は微生物の β-ガラクトシダーゼによって分解されることで，乳糖不耐症の軽減効果が報告されている[2]．また，乳タンパク質は微生物のタンパク分解酵素によって分解され，発酵前と比較してペプチド，遊離アミノ酸，非タンパク態窒素が増加することで消化吸収性が高まる．

7） 栄養成分や健康機能の付与

発酵乳製品 100 mL 中には，10 億～1000 億個の微生物菌体が含まれている．また，発酵乳中には乳由来の各種栄養成分以外にも，微生物菌体（生菌と死菌），微生物の代謝産物（有機酸，ペプチド，ビタミンB群，葉酸など），菌体細胞壁の構成成分（ペプチドグリカン，EPS，テイコ酸など）が含有されており，これらが多彩な機能性を発揮することが報告されている．詳細については4章を参照されたい．

c. スターターの管理

従来は，発酵乳の一部を種菌として殺菌乳に添加する方法が用いられており，伝統的製法を守り続ける生産者や家庭では現在でもこの方法が採用されている．しかし，工業的に発酵乳製造を行ううえでは，スターターの品質を一定に管理する必要があることから，使用する微生物を菌株レベルで単離したうえで，独立したスターター調製工程を経ることが一般的である．

1) スターターに用いられる微生物の選択基準

発酵乳製品の製造に使用するスターターは，スターターとしての役割を考慮したうえで，目標とする品質（風味・物性）や生産性を具現化できる菌株やその組合せを選択して調製される．特に酸生成能力は，生産効率や発酵中の有害菌汚染リスクに関与するため重要な要素である．そのほかにも，賞味期限内の品質変化や菌の生残性，バクテリオファージ耐性，抗生物質感受性，凍結乾燥耐性，低温感受性なども必要に応じて考慮する．

2) スターターの調製方法

スターターの調製には，フレッシュカルチャー法と濃縮スターター法の2通りがある[1]．フレッシュカルチャー法は，種菌からマザースターターを経て段階的にスケールアップしたうえで最終的にバルクスターターとして製品に添加する伝統的な手法で，わが国でも広く用いられてきた．本法は，高活性のスターターを調製できるため，発酵時間が短縮でき生産性が高いことがメリットであるが，種菌の経代培養や活性維持に時間や労力，熟練技能を要すること，スケールアップに伴う付帯設備が必要なこと，ファージや雑菌による二次汚染のリスクが高いことがデメリットである．これに対して，近年広く採用されている濃縮スターター法は，使用する菌株を大量培養し，遠心分離や膜処理で10^{10}～10^{11}/mL程度まで濃縮した菌液を液体窒素凍結あるいは凍結乾燥したもので，バルクスターターまたは原料ミックスに直接接種する（direct vat inoculation：DVI，またはdirect vat set：DVSと呼ばれる）ことができる．本法は，フレッシュカルチャー法に比べて発酵時間が長いものの，乳酸菌の使用経験が少ない製造者でも容易に利用できることから，乳酸菌の用途拡大に大きく寄与した．濃縮スターターは専門メーカーより用途に合わせて特徴の異なる幅広い商品が販売されており，形態は凍結濃縮菌，凍結濃縮ペレット，凍結乾燥菌がある．

d.　微生物利用における今後の動向

近年は，発酵乳製品製造を行うメーカーと，安定した品質の微生物を供給するスターターメーカーの分業体制が確立してきている．これにより各メーカーは，効率的な製品開発に加えて，菌の組合せ次第では伝統的な発酵乳製品とは異なった微生物叢を作り出し自由な風味設計を行うことが可能となってきている．一方で微生物素材は，乳原料や製法と並んで発酵乳製品に新たな価値を付与できる要因の１つであるため，特にプロバイオティクスのような機能性訴求型の微生物においては，各メーカーが独自の菌株を選抜・利用することで製品差別化を図っている．その過程においては，従来の乳製品製造技術に加えて，近年急速に発展している遺伝子や代謝産物解析技術などを取り入れることで，プロバイオティクスのような付加価値型の発酵乳製品をスピーディかつ効率的に創出する研究開発が求められている．したがって，新規微生物の探索，培養，機能性評価に関する基盤技術の向上は今後も重要と考えられる．また，近年の遺伝子解析技術においては菌株レベルでの判別が可能なことから，微生物利用においては，特許や特定保健用食品などにみられるように「特定の菌株であること」が優位性をもつようになってきている．したがって，今後は微生物資源に対する知的財産権の帰属やそこから生まれる利益配分を公平に行うことを意識した研究開発を行う必要がある．

〔長岡誠二〕

文　　献

1）江本英司（2013）．乳酸菌が生み出す香気とその活用．日本乳酸菌学会誌，**24**：71-77.
2）Gilliland, S. E., Kim, S. H.（1984）. Effect of viable starter culture bacteria in yoghurt on lactose utilization in humans. *J. Dairy Si.*, **67**：1-6.
3）堀内啓史（2012）．ヨーグルト脱酸素発酵技術の開発とその後の展開．生物工学会誌，**90**：334-339.
4）Jensen, O.（1919）. *The lactic acid bacteria*, pp.1-196, Host.
5）上野川修一・山本憲二（2011）．世紀を越えるビフィズス菌の研究—その基礎と臨床応用から製品開発へ—，日本ビフィズス菌センター．

6) 中西武雄 (1983). 牛乳・乳製品の微生物学, 地球社.
7) 佐々木隆・福井宗徳 (2009). ミルクの事典 (上野川修一ほか編), 朝倉書店.
8) 山本憲二 (2010). 乳酸菌とビフィズス菌のサイエンス (日本乳酸菌学会編), pp.129-134, 京都大学学術出版会.

3.2.2 ヨーグルト

a. 発酵乳の歴史とわが国における変遷

発酵乳の起源は紀元前数千年前に遡るといわれており, 乳利用文化とほぼ同時期であると考えられている. 発酵乳は人間が意識的に生み出したものではなく, 乳の中に偶然に入り込んだ乳酸菌の作用によってできあがったものである. その後, 乳を利用・発酵させる技術が伝播・継承されて, 世界各地に広がり, それぞれの気候・風土に適した独特な発酵乳製品が生み出されていったといわれている. 代表的な発酵乳としては, ヨーグルトをはじめとして, 旧ソ連・コーカサス地方原産のアルコール含有発酵乳ケフィア (Kefir), 馬乳酒に代表される中央アジアのクーミス (Kumis), スカンジナビア半島の粘性発酵乳ヴィリ (Viili), インド・ネパールのダヒ (Dahi) 等があげられる.

今日, 世界中で最も消費量の多い発酵乳はヨーグルトである. ヨーグルトの発祥地としては, 中央アジアからブルガリアを中心としたバルカン半島にかけての一帯, トルコ周辺が知られている. ヨーグルトが一躍世界的に脚光を浴びるようになったのは, ロシアのノーベル生理医学賞受賞者であるメチニコフが20世紀初頭に提唱した「不老長寿説[3]」がきっかけである. その中で, ヨーグルトが「不老長寿の妙薬」として紹介され, のちの栄養・生理学的な研究を促すきっかけにもなっていった.

一方, ヨーグルトが日本人の食卓にのぼるのは明治時代半ばのことである. 明治時代末に「凝乳」と称して販売され, 大正時代にはヨーグルトと呼ばれるようになり, 徐々に広まっていったとされている. 本格的なヨーグルトの工業生産が開始されたのは, 昭和に入ってからである. 当時は, 砂糖と香料を加え, 寒天・ゼラチンで固めたガラスビン入りのハードヨーグルトがまず生産され, その後, ソフト (フルーツ), プレーン, ドリンク, フローズンヨーグルトが順次発売された. 近年では, 特定保健用食品やプロバイオティクスとしてのヨーグルトが発売されるなど, 商品の多様化が進んでいる.

b. ヨーグルトの定義と規格

FAO（国連食糧農業機関）と WHO（世界保健機関）により設立された「コーデックス委員会」で，発酵乳の国際規格（コーデックス規格）が規定されている．そのなかで，「ヨーグルト」はサーモフィルス菌（*Streptococcus thermophilus*）およびブルガリア菌（*Lactobacillus delbrueckii* subsp. *bulgaricus*）の 2 菌種を用いたものとなっている．一方，日本では，ヨーグルトという名称は一般名称であって，法律で定められたものではない．ヨーグルトは厚生労働省の「乳及び乳製品の成分規格等に関する省令」（乳等省令）によって，種類別名称の「発酵乳」として取り扱われ，その定義と成分規格が規定されている．それによると，「発酵乳」とは「乳又はこれと同等以上の無脂乳固形分を含む乳等を乳酸菌又は酵母で発酵させ，糊状又は液状にしたもの又はこれらを凍結したもの」と定義され，その成分規格は「無脂乳固形分 8.0％以上，乳酸菌又は酵母数 1 mL 中 1000 万個以上，大腸菌群陰性」となっている．なお，2015 年 1 月より，発酵後殺菌するものについては乳酸菌数または酵母数の成分規格の適用外とする改正が行われ，新たに種類別名称として「発酵乳（殺菌）」が設けられた．（表 3.8）．

ヨーロッパでは，多くの国でヨーグルトの使用菌種をブルガリア菌とサーモフ

表 3.8　乳等省令における「発酵乳」および「乳酸菌飲料」に関する成分規格

<table>
<tr><th colspan="2" rowspan="2">種類別</th><th rowspan="2">定　義</th><th colspan="3">成分規格</th></tr>
<tr><th>無脂乳固形分</th><th>乳酸菌数または酵母菌数</th><th>大腸菌群</th></tr>
<tr><td rowspan="4">発酵乳</td><td>発酵乳</td><td rowspan="2">乳またはこれと同等以上の無脂乳固形分を含む乳等を乳酸菌または酵母で発酵させ，糊状または液状にしたもの，または凍結したもの</td><td rowspan="2">8.0％以上</td><td>1000 万 /mL 以上</td><td>陰　性</td></tr>
<tr><td>発酵乳（殺菌）</td><td>—
（発酵後殺菌）</td><td>陰　性</td></tr>
<tr><td>乳製品乳酸菌飲料</td><td rowspan="2">乳等を乳酸菌，または酵母で発酵させたものを加工し，または主要原料とした飲料</td><td rowspan="2">3.0％以上</td><td>1000 万 /mL 以上*</td><td>陰　性</td></tr>
<tr><td>乳製品乳酸菌飲料（殺菌）</td><td>—
（発酵後殺菌）</td><td>陰　性</td></tr>
<tr><td>乳等を主原料とする食品</td><td>乳酸菌飲料</td><td>（同上）</td><td>3.0％未満</td><td>100 万 /mL 以上</td><td>陰　性</td></tr>
</table>

*：ただし，発酵後において 75℃以上で 15 分間殺菌するか，またはこれと同等以上の殺菌効果を有する方法で殺菌したものは，この限りではない．

ィルス菌の2菌種と限定しているのに対し，日本では乳酸菌の種類に特定がなく，前述の国際規格とは異なったものになっている．

c. ヨーグルトの種類

一般的に，日本のヨーグルトはプレーン，ハード，ソフト，ドリンク，フローズンの5タイプに分類され，製造方法からは後発酵タイプと前発酵タイプに分けられる（表3.9）．プレーンおよびハードヨーグルトは，後発酵タイプと呼ばれ，乳原料ベースを小売容器に充填後，発酵室で静置したままで発酵して製造される．一方，ソフト，ドリンク，フローズンヨーグルトは，前発酵タイプと呼ばれ，あらかじめタンク中で発酵させ生じた凝固（カード）を破砕し，これに糖類，香料，安定剤，果肉・果汁などを混合してから，小売容器に充填して製造される．前者の方法で製造したヨーグルトを静置型（セット）ヨーグルト，後者の方法によるものを攪拌型ヨーグルトと表現することもある．

d. ヨーグルト製造に使用される乳酸菌とスターター

乳酸菌はヨーグルトの品質にきわめて大きな影響を及ぼすことから，適切な乳酸菌の選択が重要である．ヨーグルトに使用する乳酸菌は，おもに①生産性（乳中での発酵速度），②風味・物性（香気成分・増粘多糖類生成能，組織形成能），③保存性（保存中の酸生成能，菌数維持）等を指標として選択される．また，近年は乳酸菌やビフィズス菌の保健機能に関する研究の進展に伴い，プロバイオティクス特性を指標に選択されることも多くなっている．

ヨーグルト製造を安定させるために，生産に適した乳酸菌を人為的に培養して使用する．このときの培養基質をスターターという．スターターは試験管培養レベルのストックカルチャーから，マザースターターを経て段階的に活性が高められ，最終的に製品に添加するバルクスターターが調製される．このように継代培

表3.9 製造法によるヨーグルトの分類

種　類	形　状	製造法	安定剤
プレーン	固　形	後発酵型（静置型）	−
ハード	固　形	後発酵型（静置型）	±
ソフト	固　形	前発酵型（攪拌型）	±
ドリンク	液　状	前発酵型	±
フローズン	凍結固形	前発酵型	+

養により活性を高めていく方式は，わが国の乳業メーカーで従来から採用されてきたが，近年は煩雑なスターター管理を必要としない凍結濃縮菌や凍結乾燥菌による方式も広く普及している（3.2.1 項 c. 参照）.

e.　ヨーグルトの品質に及ぼす製造工程因子の影響

1)　原料乳の選択

わが国ではおもに牛乳が使用される．品質のよいヨーグルトの製造には良質の原料乳の選択が不可欠であり，異味異臭（酸化臭，酸敗臭等）がないものを使用する．脂肪分解によるランシッド臭は牛乳よりヨーグルトの方が感じやすいため，原料乳脂肪の状態には注意が必要である．また，乳房炎治療に由来するペニシリン等の抗生物質，殺菌剤，バクテリオファージ等，乳酸菌の生育阻害物質を含まない原料乳を使用する．抗生物質が混入すると，乳酸菌の生育が阻害され，発酵遅延や風味・カード不良の原因となる.

2)　ヨーグルトミックスの標準化

「ヨーグルトミックス」とは，ヨーグルトの原材料である乳・乳製品等を混合溶解した発酵前のベースのことであり，原料ミックスあるいはベースミックスとも呼ばれる．ヨーグルトの無脂乳固形分（SNF）は，乳等省令の規定により，8.0% 以上である．後発酵ヨーグルトではカード強化のため，脱脂粉乳，全脂粉乳，濃縮乳，ホエイ粉，ホエイタンパク濃縮物等の乳製品が添加される．タンパク含量を高めると，カードが固くなり，ホエイ分離が少なくなる．また，SNF を過度に高めると，ミネラル由来の塩味・雑味が生じやすく，粉っぽい風味となる．一方，乳脂肪分についての規定はないが，0.5〜3.5% であることが多い．無脂肪ヨーグルトでは酸味をシャープに感じるが，脂肪を加えるとコクが高まり，酸味の和らいだ風味となる．乳脂肪分としてバターや全脂粉乳を使用する場合には，風味への影響を十分考慮する必要がある．なお，全固形分を高める方法として，膜分離法を利用して製造工程中で濃縮する方法も採用されている.

3)　均質化

均質化のおもな目的は，乳脂肪球を機械的に細かく分散させ脂肪浮上を防止することと，ヨーグルトの粘度・硬さを高めてホエイ分離を防止することにある．十分に均質化したヨーグルトミックスから調製した製品は，脂肪球が細かいため光散乱によって白く見え，クリーミーでマイルドな風味となる．均質化では通常

60〜70℃，15〜25 MPa の条件が適用される．

4) 殺 菌

殺菌の目的は，病原菌等の有害菌を死滅させること，乳酸菌の培地としての性質を改善すること，ヨーグルトのホエイ分離を防ぎカードを硬くすることにある．乳等省令によると，発酵乳の原料は，混合した後に 63℃で 30 分間加熱殺菌するか，またはこれと同等以上の殺菌効果を有する方法で殺菌することと規定されている．一般的な加熱条件は 85〜95℃にて 2〜15 分である．ホエイタンパク質の変性は 72〜75℃・16 秒以上の加熱で開始する．その結果，κ-カゼイン，β-ラクトグロブリン，α-ラクトアルブミン等の相互作用が誘導され，結合水が増加するとともに，ヨーグルトの粘度や硬度が改善され，ホエイ分離も抑制される．ヨーグルトミックスの加熱条件（加熱温度，保持時間）としては，ホエイタンパク質を 90〜99％変性できる範囲が適切である．なお，UHT 処理にて殺菌すると後発酵ヨーグルトのカード強度が軟弱化することがケスラーによって報告されている．

5) 発 酵

ブルガリア菌単独あるいはサーモフィルス菌単独で発酵すると，酸生成や風味・組織形成が不十分となり，典型的なヨーグルトは得られない．ブルガリア菌とサーモフィルス菌の間には共生作用があり，ヨーグルト製造には両菌種の併用が好ましい．2 菌種の混合スターターでは，それらの菌数バランスが風味・物性上重要であり，1：1〜1：2 の比率で酸生成が速くなる．スターター接種量は通常 2〜3％であり，SNF 9.5％相当のヨーグルトでは 42〜43℃で 3〜4 時間発酵すると酸度が 0.65〜0.80％に達する．

発酵においては，酸生成を速めるため，乳酸菌の生育至適温度よりもやや高めの温度が採用されることが多い．発酵温度は，製品の風味・物性，スターターの特性等を考慮して設定されるが，一般的には 40〜45℃であり，より好ましくは 42〜43℃である．一方，ヨーグルトの発酵法の 1 つに，37℃程度の低温でじっくりと発酵を行う「低温発酵法」がある．この製法では，なめらかな組織が得られる反面，発酵時間が遅延し，生産性が低下する．そこで，近年「低温発酵」を工業化するための新たな発酵技術として，「脱酸素発酵法」が提案されている[1,2]．これは，通常 6〜7 ppm 程度のヨーグルトミックス中の溶存酸素濃度を 4 ppm 以下に低減してから発酵する製法のことで，低温発酵時の発酵時間短縮に有効である．

なお，発酵の終点はpH 4.6付近であるが，SNFによって終点pHに相当する酸度が異なるため，発酵を酸度管理する際には注意が必要である．

・共生作用：　サーモフィルス菌は発酵の初期に著しく増殖し，酸度の上昇に伴いpHが5.5～5.0に低下すると発育が緩慢となる．以後，ブルガリア菌の発育が旺盛となる．この間に，両菌種には共生作用が存在し（図3.11），酸生成と芳香の主要成分であるアセトアルデヒドの生成が著しく促進される．サーモフィルス菌は，無酸素または酸素分圧が4 mg/kg以下のときにギ酸を生成し，また，尿素から二酸化炭素を生成する．これらの物質はブルガリア菌の発育を促進する．一方，ブルガリア菌は乳タンパク質を分解して，ペプチドと遊離アミノ酸を蓄積し，それらがサーモフィルス菌の発育促進物質として働く[7,8]．ヨーグルト用乳酸菌としては，共生作用の強いブルガリア菌とサーモフィルス菌の選択が好ましい．

・乳酸発酵：　乳酸菌は，発酵によってエネルギーを得ている．乳酸発酵はホモ型発酵とヘテロ型発酵に大別され，ヨーグルト用乳酸菌は前者である．エネルギーのおもな供給源としては乳糖を利用する．ブルガリア菌，サーモフィルス菌等では，パーミアーゼによって乳糖を細胞内に取り込み，菌体内酵素のβ-ガラクトシダーゼでグルコースとガラクトースに分解する[6]．グルコースとガラクトースの代謝性を比較すると，多くの菌ではグルコースを優先的に代謝する傾向がある．グルコースは，ピルビン酸までの解糖経路によって，最終的に乳酸に転換される．代謝経路の詳細については成書[4]を参照されたい．

・芳香の生成：　発酵過程の副産物としては，アセトアルデヒド，ジアセチル，アセトイン，ブタンジオール-2，3等のカルボニル化合物，エタノール，揮発性

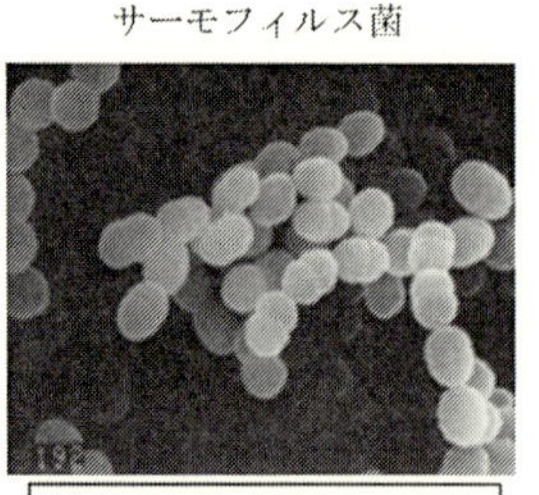

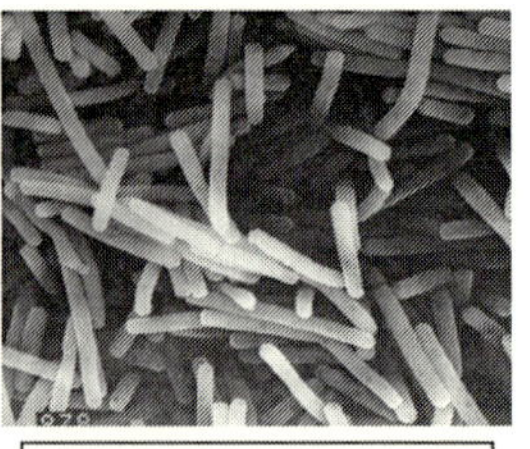

図3.11　ヨーグルト用乳酸菌の共生作用

脂肪酸（酢酸，ギ酸，カプロン酸，カプリル酸，カプリン酸，酪酸等）が生成される．これらのなかでヨーグルトの主要な芳香成分はアセトアルデヒドであり，そのほかのジアセチルや揮発性脂肪酸は微妙な芳香の調和に関与している．発酵中に，アセトアルデヒドはpH 5付近で生成が始まり，pH 4.4〜4.3で急激に増加し，pH 4でストップする．

・カードの形成：　ヨーグルトのカードは，乳酸菌の生育によるpHの低下に伴うカゼインの等電点沈澱ゲルのことである．発酵中のカード形成はpH 5.5頃から始まり，pH 5.0でゲルの形成が認められ，pH 4.6以下になると，しっかりとした安定した組織となる．ゲルを形成しつつあるpH 5.5からpH 4.6までの間に振動や剪断を受けると，なめらかな組織が形成されずに，ホエイ分離等の品質不良を起こしやすくなるため，この間の物理的刺激は避けなければならない．

6）　冷　却

発酵を終了したヨーグルトは，振動を与えないように速やかに冷却する．酸生成は品温が約15℃に低下するまで持続するため，冷却能力を加味して発酵終了酸度を設定する．冷却中の振動はカードの破壊とホエイ分離を引き起こす原因となるため，避けなければならない．一般的に，ブルガリア菌はpH 3.5〜3.8，サーモフィルス菌はpH 3.9〜4.3で酸生成をストップするが，ヨーグルト保存開始時のpHは約4.2〜4.5であるため，冷蔵保存中にも乳酸菌による酸生成が進行する．ブルガリア菌はD(−) 乳酸，サーモフィルス菌はL(+) 乳酸を生成し，ヨーグルト保存中にはD(−) 乳酸の比率が高くなる．

f. ヨーグルトタイプ別の製造方法

ヨーグルトの基本的な製造工程を図3.12に示す．

1）　プレーンヨーグルト

プレーンヨーグルトは，乳・乳製品のみを発酵したヨーグルトの基本型である．元来，差別化が図りにくいが，製法，使用菌株等を工夫して付加価値を高めた商品が増加している．また，伝統的な2菌種に，ビフィズス菌等の腸内定住菌種を併用して，より健康効用を高めた商品が増加の傾向にある．

図3.12には，殺菌済みのヨーグルトミックスを40〜45℃に冷却後，スターターを接種する工程を示したが，ヨーグルトミックス殺菌後に，いったん10℃以下まで冷却する工程がとられることもある．この工程では，低温貯乳されたミック

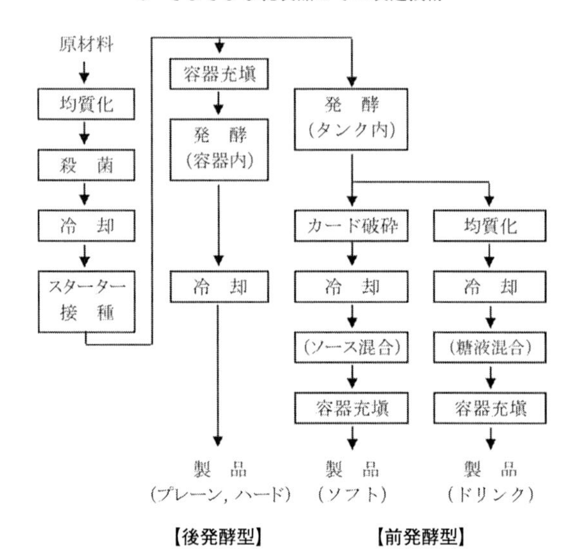

図 3.12 ヨーグルトの一般的な製造工程

スを加温プレート等により所定温度まで加温し，スターターを接種する．

ヨーグルトの欠陥の1つにホエイ分離（離水）がある．プレーンヨーグルトには安定剤を使用しないことから，その防止のために乳固形分を増強することが多い．また，多糖体を生成する粘性菌株を用いて，風味・組織の良好なホエイ分離の少ないヨーグルトを製造する方法も検討されている[9]．

2） ハードヨーグルト

ハードヨーグルトは，乳・乳製品に糖類，香料，安定剤などを加えて，プリン状に固めたものである．まず主原料（乳・乳製品）を混合溶解し，それに糖類，あらかじめ膨潤したゼラチン，溶解した寒天溶液，香料等を混合後，均質化を行って殺菌する．殺菌以降の工程はプレーンヨーグルトと同様である．

甘味料の添加はヨーグルトの酸味を和らげるのに効果的であり，砂糖，異性化糖等が使われる．また，低カロリー化のため，高甘味度甘味料（スクラロース，アスパルテーム，ステビア，アセスルファム等）も使用される．糖の種類・添加量はヨーグルトの発酵性に影響を及ぼす．砂糖（ショ糖）添加量を増加させると乳酸菌の増殖が抑制され，12%以上では発酵が著しく阻害される．また，異性化糖はグルコースやフルクトース等の単糖類が主体であり，ショ糖よりも浸透圧が高いため，乳酸菌の発酵性に及ぼす影響が大きい．

一般的にハードヨーグルトの乳固形分はプレーンヨーグルトよりも低いため，安定剤を添加してカードを補強することが多い．ゼラチンはおもにウシやブタ，あるいは魚の骨や皮を構成するコラーゲンを分解・精製したものである．また，寒天はテングサ，オゴノリ等の紅藻類に存在する粘性物質を熱水抽出して得られる多糖類である．ゼラチンゲルは弾力性に富むが保形性が悪く，寒天ゲルは保形性が高いものの弾力性に乏しく脆いため，両者を併用して食感・物性を調整することが多かった．最近では従来と異なる機能を有するゼラチン，寒天が開発され，新たな安定剤の利用も積極的に進められている．

3) ソフトヨーグルト

ソフトヨーグルトは，フルーツの果肉や果汁を加えることが多いため，フルーツヨーグルトとも呼ばれる．まず，主原料である乳・乳製品類を加温溶解する．安定剤を使用する場合には，あらかじめ溶解しておいたゼラチン溶液，LM ペクチン溶液等を混合し，均質化，殺菌後，所定温度まで冷却する．これにバルクスターターを接種して，ファーメンターにて発酵を行う．バルクスターターを 2.5〜3%接種した場合の発酵時間は，42〜43℃にて 3〜4 時間であるが，凍結濃縮菌あるいは凍結乾燥菌を直接接種した場合には誘導期が長くなるため，4〜6 時間を要する．発酵が終了した発酵乳ベースは，攪拌あるいはフィルター等にてカード破砕した後，プレートあるいはチューブラークーラーにて冷却し，サージタンクに投入する．次いでこの発酵乳ベースに所定の比率でプレパレーションを混合し，容器に充填して最終製品とする．後発酵タイプと異なるのは，ファーメンター内で発酵し，発酵終了後にカードを破砕して充填する点である．後発酵タイプはカードの硬さ・保形性が重要であるが，ソフトヨーグルトでは粘度が組織的特徴としてあげられる．発酵乳ベースの SNF は 11〜15% 程度であるが，カード破砕後に十分な粘度を確保するため，乳タンパク質や安定剤が使用される．

フルーツプレパレーションでは，果肉を安定的に分散させるための粘度付与が必要である．おもな安定剤としては，ペクチン，グアーガム，キサンタンガム，ローカストビーンガム，スターチ等が使用される．果肉分散性に加え，発酵乳との混合性，製品の粘度，食感等も考慮して，複数の安定剤を組み合わせて使用することが多い．近年では，フルーツを必要最低限の加熱で殺菌できるような製造技術が確立され，フルーツ本来の風味，色調，食感等を保持したプレパレーションの製造が可能になった．

4)　ドリンクヨーグルト

ドリンクヨーグルトは，カードを均質化により細かく破砕し，液状にしたものである．発酵・カード破砕後に糖類・安定剤等を含む糖液と混合する「糖液混合型」と，カードを破砕してそのまま充填する「全量発酵型」の2通りに大別され，図3.12には，前者の工程を示した．ソフトヨーグルトと同様にファーメンターにて発酵を行うが，発酵終了後，均質化によりカードを微細に破砕し，バッチ式もしくは冷却プレートにて冷却する．

ドリンクヨーグルトでは離水，沈澱を防止するため，糖液に安定剤としてペクチンを使用することが多い．ペクチンは，緑色の陸上植物に含まれる多糖類であり，おもにレモン，ライム等の柑橘類の果皮から抽出したものが使用される．ペクチンは，分子量5〜15万のポリガラクチュロン酸である．構成糖であるガラクチュロン酸にはフリー型とメチルエステル型があり，メチルエステルとして存在するガラクチュロン酸の割合をエステル化度（DE）という．また，DEが50%以上のものをHMペクチン，50%未満のものをLMペクチンと呼んでおり，酸性乳ドリンクの安定化にはHMペクチンが使用される．ペクチンによる酸性カゼイン粒子の安定化メカニズムについては成書を参照されたい[5]．

均質化した発酵乳ベースに対して，殺菌した糖液を所定の比率で加え，十分に攪拌，混合して最終製品とする．なお，発酵乳ベースと糖液を混合してから均質化する工程も採用されている．

g.　保存規準と保存性

賞味期限とは，「その食品を開封せず正しく保存した場合に味と品質が充分に保てると製造業者が認める期間」である．社団法人 発酵乳乳酸菌飲料協会の「発酵乳等の期限設定のガイドライン（平成7年4月20日制定）」によると，賞味期限設定にあたり，微生物試験として大腸菌群および乳酸菌数（または酵母数），理化学試験として酸度またはpH，官能試験として風味および外観を検査することになっている．市販ヨーグルトの賞味期限は10〜24日であるものが多い．

ヨーグルトの保存性には，保存条件，光，包装材料，保存開始pH，乳酸菌の代謝活性等の要因が影響する．ヨーグルトは，生きた乳酸菌を含むため，保存期間中に徐々に酸味が強くなる．特に，酸生成能の高い乳酸菌を使用すると顕著であり，生菌数の減少や風味の劣化につながる．また，ヨーグルトの流通，保存中には，横倒しや振動に伴うホエイ分離や組織不良，冷蔵庫内での凍結に伴う組織不良，不適切な保管状態による臭いの吸着や雑菌の混入等が発生することもあるため，製品の取り扱いには十分留意する必要がある．〔福井宗徳〕

文献

1) 堀内啓史ほか（2003）．特許公報-3644505.
2) 堀内啓史ほか（2004）．特許公報-3666871.
3) 細野明義（1988）．乳技協資料，**37**：19-32.
4) 細野明義編（2002）．発酵乳の科学 乳酸菌の機能と保健効果，pp.224-229，アイ・ケイコーポレーション.
5) 國崎直道・佐野征男（2011）．食品多糖類―乳化・増粘・ゲル化の知識，pp.66-69，幸書房.
6) 森地敏樹（1990）．微生物 特集乳酸菌，**6**(1)：27-34, 医学出版センター.
7) 日本乳酸菌学会編（2010）．乳酸菌とビフィズス菌のサイエンス，p.371，京都大学学術出版会.
8) 乳酸菌研究集談会編（1996）．乳酸菌の科学と技術，pp.267-270，学会出版センター.
9) 植村　仁ほか（1993）．日本畜産学会報，**64**(3)：288.

3.2.3 チーズ

チーズはウシやヒツジ，ヤギなどの乳を利用して作られる栄養価の高い食品である．チーズの歴史は紀元前数千年前に遡り，西アジアで発見されたといわれ，その後ヨーロッパに伝わり，各地で風土・気候に応じたさまざまな種類のナチュラルチーズが作られるようになった．ナチュラルチーズが工業的に作られるようになったのは19世紀頃からで，ナチュラルチーズを殺菌する技術とともにプロセスチーズ製造技術が確立した．チーズはナチュラルチーズとプロセスチーズに大別でき，日本においては1930年代，工業的にプロセスチーズが作られ最初に普及した．1990年代頃のワイン，グルメブームとともにナチュラルチーズは認知度が高まり，急速に普及してきている．

a. ナチュラルチーズの定義と分類

ナチュラルチーズは，乳を凝固させた後，乳清（ホエイ）を除去するという共通の工程を基本として製造されるが，原料乳の種類から始まり，乳酸菌による発酵工程，カードメーキング工程，熟成工程のなかのさまざまなバリエーションにより，数多くの種類が存在する．日本でのナチュラルチーズの定義は厚生労働省が所管する「乳及び乳製品の成分規格等に関する省令」（乳等省令）のなかに記載されており，「ナチュラルチーズとは乳を凝固させ，乳清を除去したもの，またはこれを熟成させたもの」と定義されている．世界中にナチュラルチーズは1000種類以上存在し，その分類法も数多く存在するが，図3.13に示す製造方法の特徴により分類した「ナチュラルチーズの7タイプの分類法」が比較的わかりやすい．

ヨーロッパには農産物，酪農品の品質を保証する地理的表示保護制度があり，フランスではAOC（Appellation d' Origine Contrôlée），イタリアではDOP（Denominazione di Origine Protetta），EU全体ではPDO（Protected Designations of Origin）と呼ばれ，一定の条件を満たしたナチュラルチーズに認定マークがつけられている．AOCは「指定産地」ならではのオリジナリティをもつことが必須であり，①原料乳の種類・生産地域，②製造地域および方法，③熟成地域および期間，④製品の品質と外観的特徴，を満たさなければならない．すなわち，AOCマークは産地，原材料，製造方法の確かさと品質の高さの証明となっている．また，AOCにはコピー商品の乱造を防ぎ，消費者が安心できる商品を提供するという目的もある．

b.　ナチュラルチーズの分類

図3.13に示したナチュラルチーズ7タイプの品質と製造方法の特徴を述べる．

1）　フレッシュタイプ

クリームチーズ，カッテージ，モッツァレラ，クワルク等が代表的であり，乳

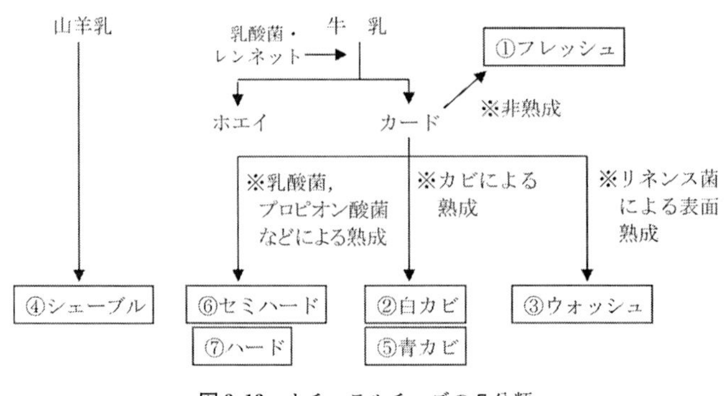

図3.13　ナチュラルチーズの7分類

の凝固は酸生成が主体で，凝乳酵素（レンネット）は補助的に使用されることが多い．凝固物は豆腐様のゲルであり，ホエイを所定量排除し，熟成しないで食されることが特徴である．水分は比較的高いものが多い．

フレッシュタイプは総じてミルク感があり，フレッシュな風味と軟らかくなめらかな食感を有している．

2）白カビタイプ

カマンベール，ブリー等が代表的であり，外皮に白カビ（*Penicillium camemberti*）を接種して熟成させる手法が特徴である．接種した白カビは，1週間ほどでチーズ表面を覆い，この白カビに由来する酵素によりタンパク質が分解され，チーズの組織がソフトになるとともに，うま味成分であるグルタミン酸などのアミノ酸が生成され，独特の風味が形成される．

白カビの品質を特徴づける製法として①伝統製法（traditional）と②スタビライズ製法（stabilized）の2タイプがある．伝統的製法は乳酸発酵で生成した乳酸により，翌日カードのpHを4.6〜4.8まで低下させることが特徴である．熟成初期はカマンベールの中心に芯と呼ばれるやや硬めで脆い組織がみられるが，この組織は熟成とともに消失し，なめらかで流れ出すような組織に変化する．また，熟成とともに独特の香りを有する風味が形成される．この製造法では白カビの過剰生育により苦味が発生するため，白カビの過剰生育を抑制することが品質管理のうえで重要となっている．

一方，スタビライズ製法は伝統製法にみられるようなカマンベールの中心の芯がなく，熟成しても組織が流れ出さないことが特徴である．スタビライズ製法では伝統製法よりもカードメーキング時のpH低下を抑制させる．スタビライズ製法のチーズはタンパク質の分解が抑制されるため，伝統製法よりも風味が淡白になる傾向がある．

白カビタイプのチーズは日本において認知度が高く，年々，さまざまな食シーンに使用されてきている．

3）ウォッシュタイプ

外皮がオレンジ色をしており強い香りをもつ．ウォッシュタイプは外皮にリネンス菌（*Brevibacterium linens*）を植え付け，熟成させる際に，ワイン，ブランデー，ビールなどの地酒やうすい塩水で外皮を洗いながら熟成を促進し，独特の風味に仕上げる．このチーズの製法の特徴である外皮を洗う（ウォッシュ）目的は，①リネンス菌の生育をコントロールし，②雑菌の繁殖を防ぎ，③独特の風味を形成させるためである．ウォッシュの外皮はやや硬く，特有の強い香りをもつものの，中身はしっとりとした組織で，比較的穏やかな風味となっているものが多い．塩分が比較的高く，熟成が進むと表皮の独特の香りが強くなる．

4） シェーブルタイプ

山羊乳を原材料にしたチーズをシェーブルタイプというが，シェーブルとはフランス語でヤギである．原料の山羊乳に由来する独特な香りと酸味が特徴である．

5） 青カビタイプ

ゴルゴンゾーラ，ロックフォール，スチルトン，ダナブルーなどに代表され，青カビ（*Penicillium roqueforti*）の胞子を，ウシやヒツジの乳に直接，または凝固させてできたカードに混ぜて熟成させることが特徴となっている．熟成とともにカード間の空隙部分に青カビが生育し，青カビに由来する酵素により，脂肪やタンパク質が分解され，独特の濃厚な風味が形成される．また，青カビ以外の微生物の生育を抑制するために，塩分が高い（約 4%）ことも特徴である．

世界中には約 60 種類の青カビタイプのチーズがあるが，そのなかでフランスのロックフォール，イタリアのゴルゴンゾーラ，イギリスのスチルトンが世界三大ブルーといわれ人気が高い．青カビタイプのチーズはピリピリとした刺激的で濃厚な風味と，なめらかな食感をもつ魅力的なチーズである．また，料理に使用すると味の深みやコクを増すため，調味素材用途の需要も大きい．

6） セミハードタイプ

ゴーダ，エダム等が代表的であり，乳酸菌による熟成を行う．後述するハードタイプとの明確な区分けはないものの，セミハードはハードよりもカードメーキング時のカードのシネリシス（収縮）を抑制させている．ホエイ排除後，モールド（成型容器）に入れたカードを圧搾し，水分を 38〜46% まで低下させる．セミハードタイプのチーズはクリーミーでキメ細かく，香りも穏やかである．熟成期間は 2 ヶ月と比較的短いものから 12 ヶ月以上熟成させるものもある．プロセスチーズの原料用チーズには，セミハードタイプのチーズとハードタイプのチーズをブレンドして使用されることが多い．

7) ハードタイプ

パルメザン，チェダー，エメンタール，グラナ等が代表的であり，カードメーキング時にカードを高温でクッキングしたり酸生成を進めることにより，カードのシネリシス（収縮）を促進させるのが特徴である．ホエイ排除後，モールド（成型容器）に入れたチーズを圧搾し，水分を38%以下にした硬いチーズである．一般に大型で重量があり，半年～2年間以上熟成され，濃厚な旨味を有する．長期間熟成させる場合には，熟成中に外皮をブラッシングしたり，洗ったりして熟成管理をすることがある．

c. ナチュラルチーズの製造方法

ナチュラルチーズの基本製造工程を図3.14に示した．成分調製後の乳からスタートし，加熱殺菌・冷却後，乳酸菌スターターと凝乳酵素（レンネット）を添加し凝固させる．凝固物（ジャンケットと呼ばれる）を切断（カッティング）し，攪拌・加熱によりカードの収縮（シネリシス）を促進し，カード（固形）とホエイ（液体）を分離する．カードは成型・圧搾・加塩した後，熟成を行う．

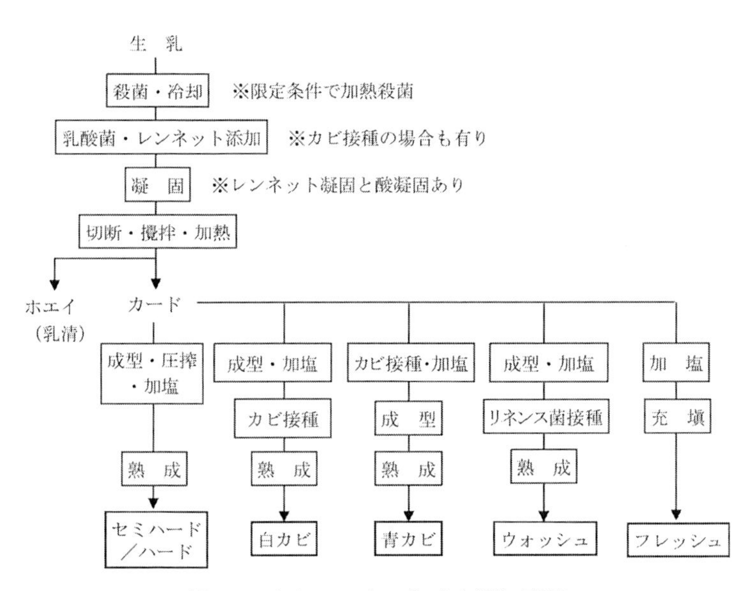

図3.14 ナチュラルチーズの基本製造工程図

1)　原料乳〜乳酸菌添加

チーズ製造には良質の原料乳を調達することが大切である．原料乳は新鮮なうちに生乳の特性をできるだけ保持させた条件で加熱殺菌する．チーズ製造での加熱殺菌は通常，75℃・15秒間加熱，または63℃・30分間加熱する条件で行われる．飲用乳などで使用されている超高温殺菌を行った場合，乳中のホエイタンパク質が熱変性し，乳の凝固阻害が起こる．

殺菌・冷却後の乳に乳酸菌スターターを添加する．乳酸菌は乳の凝固，ホエイ排除の促進，チーズの風味・物性の形成に密接に関連する．チーズ製造では表3.10に示した乳酸菌が一般的に使用されている．

2)　凝固（レンネット凝固）〜切断（カッティング）

ナチュラルチーズ製造において乳の凝固はチーズの品質を決定する重要な因子である．ナチュラルチーズ製造における乳の凝固機構は，①凝乳酵素作用によるレンネット凝固と，② pH 低下による酸凝固の2タイプがある．多くのチーズは凝乳酵素を主体とした凝固を実施しており，仔牛の第4胃から作られる凝乳酵素，微生物から作られる凝乳酵素などが使われている．

牛乳中のタンパク質の1つであるカゼインは通常，20〜600 nm の大きさで表面部分が親水性となるミセル構造をとり，乳中でコロイドを形成して分散している．

レンネット凝固は，図3.15に示したように牛乳中のカゼインミセル構造に凝乳酵素が作用した後，疎水性相互作用により凝固が起こる2段階反応と考えられている．第1段階はレンネット（主成分はタンパク質分解酵素であるキモシン）によるミセルの外側にある κ-カゼインの特定部位（1次構造の105番目と106番目

表3.10　ナチュラルチーズ製造で使われるおもな乳酸菌

菌　名	菌形状	乳酸醱酵	培養温度（℃）	タンパク質分解性
① *Lactococcus lactis* subsp. *lactis*	球　菌	ホ　モ	30	強
② *Lactococcus lactis* subsp. *cremoris*	球　菌	ホ　モ	20〜30	強
③ *Lactococcus lactis* subsp. *diacetylactis*	球　菌	ホ　モ	30	弱
④ *Leuconostoc mesenteroides* subsp. *cremoris*	球　菌	ヘテロ	20〜25	弱
⑤ *Streptococcus thermophilus*	球　菌	ホ　モ	37〜43	弱
⑥ *Lactobacillus delbrueckii* subsp. *bulgaricus*	桿　菌	ホ　モ	37〜43	強
⑦ *Lactobacillus helveticus*	桿　菌	ホ　モ	37〜43	強

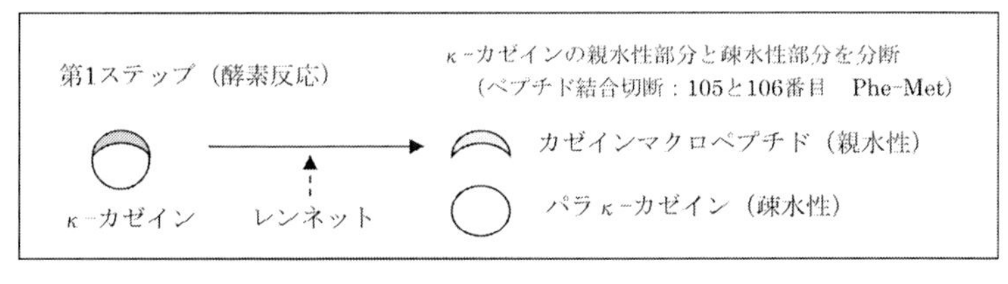

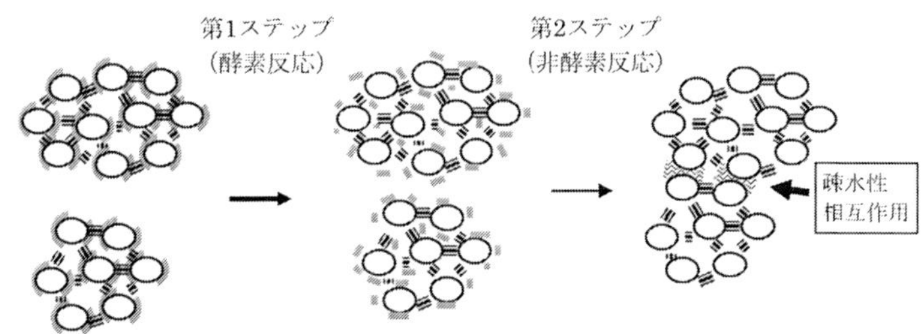

図 3.15 レンネット凝固機構

のペプチド結合）を切断する酵素反応である．この酵素反応で κ-カゼインが切断されると，ミセルの分散を安定化させていた親水性部分（カゼインマクロペプチド）が切り離され，表面には疎水性部分（パラ κ-カゼイン）が露出し不安定化する．第 2 段階ではこの不安定化したミセルの疎水性部分が互いに結合し凝固物が形成される．このミセル間の結合には，カルシウム架橋，疎水性相互作用などが関与していると推察されている．

一方，フレッシュタイプチーズは酸凝固を主体としており，おもに乳酸菌スターターの乳酸醗酵による酸生成により，カゼインミセル表面の静電的な反発力が低下することにより凝固が起こる．

凝固物（ジャンケット）は所定の条件（硬度，pH など）に到達した時点で切断（カッティング）し，カードメーキングと呼ばれるホエイ排除工程へと進む．カッティングのタイミングは適切なカードメーキングを実施するため，経験に基づく技術的な要所となっている．たとえば，カマンベールやブルーなどのソフト系チーズは遅めのタイミングでカッティングを実施し，チェダー，グラナ等のハード系チーズでは早めに実施する．

3)　カードメーキング

切断後，カードの収縮（シネリシス）を進行させ，カードからホエイを排除する．このときのホエイ排除条件（水分，pH など）により，カゼインミセルからのリン酸カルシウムの遊離状態やカゼインのネットワーク構造が変化し，チーズの組織が決定される．

たとえば，エメンタールやゴーダチーズは加塩工程前の pH が比較的高くなるようカードメーキングを行うため，カード中のカルシウムの遊離が少なく，カゼインミセルにおいてリン酸カルシウム架橋構造が多く残存することとなる．このため，加熱時には硬く強い糸引きを示すものの，チーズが冷えると糸引き性が消失し，ガム様の硬い食感となる．

伝統製法のカマンベールでは，カードメーキングを実施した後，翌朝にはカードの pH は 4.6～4.8 まで低下する．この pH 低下によりカード中のカルシウムが遊離し，リン酸カルシウム架橋構造が減少する．このため，製造直後のカマンベールは弾力性のない脆い組織となる．

カードメーキング後，カードをモールドと呼ばれる容器に型詰めし，圧搾等によりカード粒子を結着させる（成型）．成型前後に加塩を行うことで，チーズに適度な塩味と保存性を付与し，熟成を開始する．

4)　熟　成

熟成工程では所定の温度，湿度条件下で一定期間保管することで，チーズに特有の風味・組織を形成させる．熟成中，図 3.16 に示したようにチーズ中の主成分であるタンパク質，脂肪，乳糖は各酵素により分解し呈味物質，香気物質が生成される．熟成条件（温度，湿度，期間）により，チーズ中の菌叢が変化し，それに伴い酵素の種類や活性が変化し，呈味物質や香気物質は多様化する．タンパク質の分解においては乳酸菌に由来するペプチダーゼの作用が大きく，その活性の高い乳酸菌を選定してアミノ酸の生成による風味発現を促進する研究などが行われている．

d.　プロセスチーズの定義と分類

プロセスチーズは，元来，ナチュラルチーズを殺菌し保存性を高めることを目的に開発されたものであり，現在では図 3.17 に示したような工程で製造されている．日本でのプロセスチーズは乳等省令にて「ナチュラルチーズを粉砕し，加熱

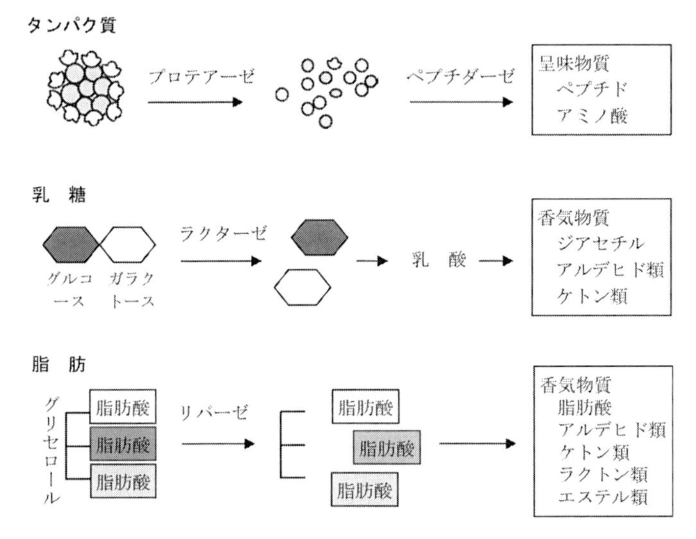

図 3.16　ナチュラルチーズ熟成中の成分変化

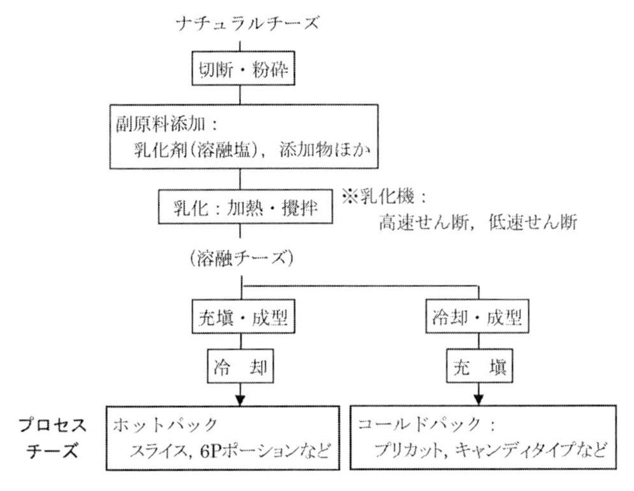

図 3.17　プロセスチーズの基本製造工程

溶融し，乳化したもの」と定義されている．さらに詳しくは，チーズ公正取引協議会が定める公正競争規約のなかで定義されている．プロセスチーズは保存性に優れるばかりでなく，その使用用途に応じてスライス，ポーション，カップ，プリカット，キャンディタイプなど，さまざまな形状に加工できることも特徴の1

つである．また，乳化技術の進歩とともに，曳糸性，熱溶融性，耐熱性等の機能性を付加させたプロセスチーズが開発されている．

e.　プロセスチーズの製造方法

プロセスチーズはナチュラルチーズを原料とし，溶融塩と呼ばれる乳化剤を添加し，加熱溶融後，冷却成型するという工程で製造される．プロセスチーズ製造において原料とするナチュラルチーズ，使用する溶融塩，加熱攪拌条件，および充填・成型・冷却技術がチーズの品質（物性，風味，食感）を特徴づける重要な因子となっている．

1)　原料ナチュラルチーズ

原料として使用するナチュラルチーズとしてはゴーダ，チェダー等のセミハード，ハードタイプが一般的である．また，プロセスチーズに曳糸性（とろけるスライスチーズなど）やプロセスチーズどうしの剥離性（切れてるチーズなど）を付与するために，グリーンチーズと呼ばれる製造後約1ヶ月以内の未熟成で，カゼインの分解が進行していないチーズを使用する場合もある．

2)　乳化剤（溶融塩）

プロセスチーズに使用する乳化剤は溶融塩と呼ばれ，クエン酸塩，リン酸塩，リン酸塩を脱水縮合して得られる縮合リン酸塩等を単独，あるいは複数種類組み合わせて使用される．クエン酸塩およびリン酸塩ともに，おもにナトリウム塩が使用されるが，低ナトリウム化などの目的で，カリウム塩やカルシウム塩が使用される場合もある．図3.18に示したように，これらの溶融塩のイオン交換作用により，ナチュラルチーズ中のカゼインサブミセル間のコロイド状リン酸カルシウム架橋が分断され，カゼインが水和，可溶化される．カゼインは，その分子内に疎水性領域と親水性領域を有しており，溶融塩により可溶化されることで，その両親媒性に起因する乳化作用が発現することとなる．

このように，プロセスチーズで使用する溶融塩は乳化剤とは呼ばれるものの，直接水と油を均一に分散させる界面活性剤とは異なり，チーズ中のカゼインを可溶化し，カゼインが本来有する乳化力を発現させることで，間接的に乳化に作用している．カゼインを水和，可溶化する作用はクエン酸塩よりも縮合リン酸塩の方が強く，縮合リン酸塩を使用したプロセスチーズはクエン酸塩を使用したチーズよりもなめらかで均一な組織となる傾向がある．また，クエン酸塩は，プロセ

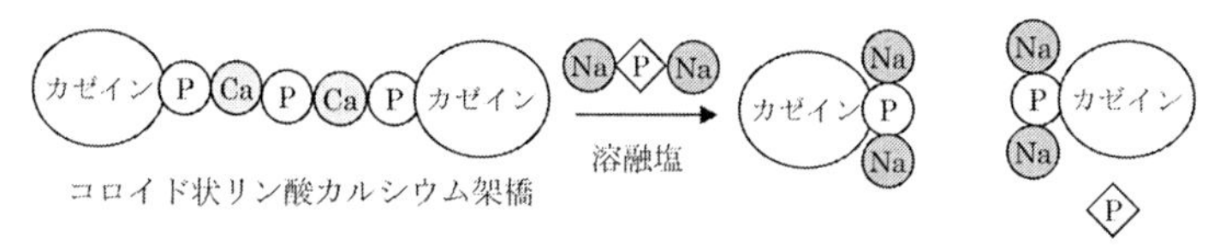

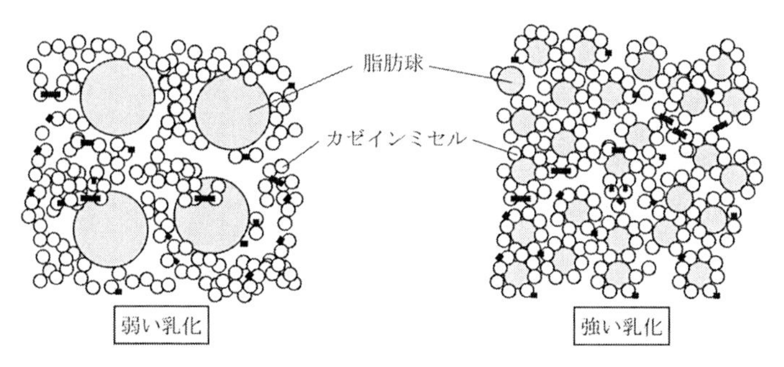

図 3.18 プロセスチーズの乳化機構

スチーズに熱溶融性，曳糸性等の特徴的な物性を付与する目的で使用される場合もある．

3）加熱・攪拌工程

加熱・攪拌工程では，原料となるナチュラルチーズに，前述の溶融塩などの副原料を加え，通常 80～100℃ 程度の温度帯にて加熱攪拌しチーズを溶融する．使用される加熱攪拌装置には連続方式とバッチ方式があり，連続方式には掻き取り式熱交換器や直接蒸気加熱式乳化機などがあり，バッチ方式にはステファンタイプ，クスナータイプと呼ばれるものがある．実際のプロセスチーズの製造では，加熱温度や攪拌速度を調整し，目的とする物性，食感のプロセスチーズを得る．低速で加熱攪拌し，比較的せん断を加えずに製造したプロセスチーズでは，原料ナチュラルチーズ由来のカゼインのネットワーク構造が残存するとともに，脂肪球径も比較的大きな組織となり，熱溶融性，曳糸性の良好なプロセスチーズとなる．一方，高速で加熱攪拌し，高せん断を加えたプロセスチーズでは，カゼインのネットワーク構造が緻密になるとともに，脂肪球も小さく均一に分散し，均一でなめらかな組織のプロセスチーズとなる．

4)　冷却および充塡・包装工程

加熱乳化により溶融したプロセスチーズは充塡・冷却され商品となる．加熱溶融したプロセスチーズを高温状態のまま容器に充塡した後，冷却するホットパック製法（6P チーズ，フィルムに包まれたスライスチーズなど）と，加熱溶融したプロセスチーズを掻き取り式熱交換器あるいはドラム式冷却成型装置などを使用して冷却した後，容器に充塡・包装するコールドパック製法の２通りの製法がある．冷却速度は，プロセスチーズの硬度，耐熱保形性，食感などに影響を与え，一般に冷却速度が遅くなると硬度や耐熱保形性が増加し，硬く脆い組織のチーズとなることが知られている．

日本においては欧米諸国と比較し，ナチュラルチーズ，プロセスチーズともにまだ歴史が浅く，また消費量も低い水準である．今後，チーズ製造技術の進歩により，日本人の食習慣，嗜好に合った新しい付加価値をもった商品が開発されることで，チーズがさらに食卓に普及していくことが期待される．

〔小泉詔一・近藤　浩〕

文　　献

1)　足立　達（1987）．乳とその加工（足立　達・伊藤敞敏），pp.332-337，建帛社．
2)　阿久澤良造（2008）．*New Food Industry*，**50**(1)：61-69.
3)　チーズ公正取引協議会．ナチュラルチーズ，プロセスチーズ及びチーズフードの表示基準に関する公正競争規約及び関連規則集．
4)　Fox, P. F. (2004). *Cheese Chemistry Physics and Microbiology* 3rd edition 1 (Fox, P. F., McSweeney, P. L. H. eds), pp.271-273, Academic Press.
5)　橋本英夫（2008）．*New Food Industry*，**50**(2)：36-39.
6)　上野川修一（1995）．ミルクのサイエンス（上野川修一・菅野長右ェ門・細野明義編），pp.170-183，全国農協乳業プラント協会．
7)　川崎功博（2008）．現代チーズ学（斎藤忠夫・堂迫俊一・井越敬司編），pp.211-233，食品資材研究会．
8)　Kosikwski, F. V. (1982). *Cheese snd Fermented Milk Foods* 2nd editon, pp.186-187, Brooktondale.
9)　田中穂積（2004）．香料，**222**：65-85.
10)　種谷真一（1986）．食品タンパク質の科学（山内文男編著），pp.103-106，食品資材研究会．
11)　Walstra, P. (1987). *Dairy Chemistry and Physics* (Walstra, P., Jenness, R., Badings, H. T.), pp.229-253, John Wiley & Sons.

3.2.4 乳酸菌飲料

a. 乳酸菌飲料の定義

日本では，1919 年（大正 8 年）に，国内初となる殺菌したタイプの乳酸菌飲料が発売され，その後，1935 年（昭和 10 年）には，生きた乳酸菌を含むものが発売された．そのような乳酸菌飲料は日本独自のものであるが，現在では，諸外国でも多くの人々に飲まれるようになっている．

乳酸菌飲料の規格は，食品衛生法に基づく厚生省令の「乳および乳製品の成分規格等に関する省令」（乳等省令）に定められている．1951 年（昭和 26 年）12 月の乳等省令制定時は，無脂乳固形分 3.0％以上のものを一括して発酵乳としていたが，1957 年 12 月の改正時に乳酸菌飲料が初めて規格化され，1969 年 9 月の乳等省令改正時に現在の分類が定められた[1]．乳等省令において乳酸菌飲料は，「乳等を乳酸菌又は酵母で発酵させたものを加工し，又は主要原料とした飲料（発酵乳を除く．）」と定義され，さらに，無脂乳固形分が 3.0％以上のものを「乳製品乳酸菌飲料」（乳製品）に，無脂乳固形分が 3.0％未満のものを「乳酸菌飲料」（乳等を主原料とする食品）として細分される（表 3.8 参照）．

海外では，乳製品ではなく清涼飲料水として扱われることが多いが，2011 年第 33 回国際食品規格委員会（コーデックス委員会）総会にて，製品に 40％以上の発酵乳を含む「発酵乳を基にした飲料（Drinks based on fermented milk）」として，乳酸菌飲料に相当する国際規格が認められた．今後，諸外国においても，乳酸菌飲料が乳製品として認められることが期待される．なお，コーデックスにおける発酵乳（fermented milk）の乳成分規格は，無脂乳固形分ではなく，乳タンパク量（2.7％以上）と乳脂肪量（10％未満）が設定されている．

乳酸菌飲料は，無脂乳固形分が 3.0％以上のものに限り，殺菌タイプも認められている点が特徴であったが，2014 年（平成 26 年）12 月に乳等省令の一部が改正され，発酵乳にも殺菌タイプが認められるようになった．

生菌タイプの乳酸菌飲料は，製品に含まれる乳酸菌または酵母の生菌数が乳等省令の規格を満たすことが必要であり，乳原料を発酵した後に砂糖や香料を加えて，小型のプラスチック容器に充填したものが古くから知られている．生きた乳酸菌や，乳酸菌の代謝物による健康効果を訴求し，小容量容器として毎日継続して飲まれるように設計されたものが多い．また，別途培養した乳酸菌やビフィズス菌を乳に添加した牛乳風味のものもある．

なお，乳酸菌飲料は名前の通り飲料であり，無脂乳固形分や生菌数が乳酸菌飲料の規格に合致しても，食べるタイプ（糊状）のものは該当しない．

殺菌タイプの乳酸菌飲料は，製品流通時の乳酸菌や酵母の代謝による品質変化がなく，常温流通や長期の賞味期限設定が可能というメリットがある．そのまま飲用するタイプと，希釈して飲用するタイプとがあり，乳酸菌と酵母で発酵した後，殺菌してから充填し，希釈して飲用するタイプが古くから知られている．現在では，嗜好や機能性を高めるために，果汁やビタミン，ミネラルなどの栄養強化成分を添加したものなど多種多様の商品がある．

なお，乳等省令では，無脂乳固形分が3.0%未満の乳酸菌飲料は，生菌タイプしか認められていないため，殺菌したものは食品衛生法における清涼飲料水に分類される．

b.　乳酸菌飲料の製造方法

基本的な製造工程を図3.19に示す．

一般的には，乳原料を乳酸菌や酵母で発酵したものに，甘味料や安定剤などを含むシロップを混合して製造する．製品の無脂乳固形分が低いため，製品よりも濃い「原液」を製造し，水で希釈して充填する場合があり，乳等省令の乳酸菌飲料の規格も，このような製造方法を想定した基準を定めている．

1)　乳原料

乳酸菌飲料の乳原料は，生乳や脱脂乳，脱脂粉乳，全粉乳が一般的に使用される．これらの乳原料の品質は，乳牛の餌や搾乳する季節，搾乳から加工に至るま

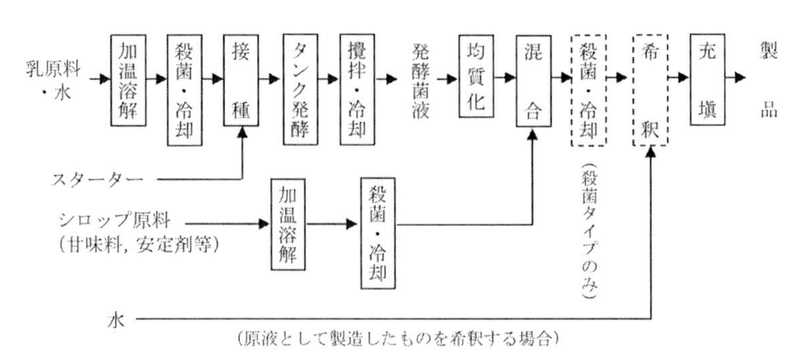

図3.19　乳酸菌飲料の製造工程

での取り扱いなどによって影響を受けるが，乳原料自体が乳等省令の規格を満足するとともに，発酵性が良好であること，加熱殺菌時の熱変性によりタンパク凝集物を生成しないこと，外観・風味に異常がなく異物を含まないことなどが求められる．

なお，培養時間の短縮や生菌数の向上を目的として，乳原料のほかに酵母エキスや，炭素源となる糖質，窒素源となる各種ペプチド等を発酵助剤として添加する場合がある．

2） 殺　菌

乳等省令では「乳酸菌飲料の原液の製造に使用する原料（乳酸菌及び酵母を除く．）は，摂氏六十三度で三十分間加熱殺菌するか，又はこれと同等以上の殺菌効果を有する方法で殺菌すること」と定められており，スターターを除くすべての原料はこの基準に従い殺菌する必要がある．殺菌には，熱効率が高く，連続的に殺菌処理ができるプレート式の熱交換機を用いることが多い．

殺菌は，原料由来の微生物によって起こりうる危害を確実に防ぐことができる条件を設定する必要があるが，乳原料の殺菌条件の設定では，発酵中の pH 低下速度を考慮するとともに，加熱過多によるカゼインタンパク質の熱変性に伴う製品の分離・沈澱が生じないように配慮する必要がある．

また，シロップの殺菌は，安定剤や他の成分の耐熱性を考慮して，風味や外観の変化，栄養成分の減少等の品質劣化を生じない殺菌条件を設定する必要がある．なお，カゼインタンパク質の分離・沈澱を防止する目的で用いられる安定剤の多くは多糖類であるため，過度に加熱すると加水分解等により低分子化し，安定効果が損なわれる場合がある．

3） 発　酵

殺菌後の乳原料を発酵温度に冷却した後に，発酵用のタンクに送液し，乳酸菌や酵母のスターターを添加して発酵を開始する．用いられるスターターは，基本的にはヨーグルトと同じである．

ヨーグルトでは，*Lactobacillus delbrueckii* subsp. *bulgaricus* と *Streptococcus thermophilus* が典型的に使用され，これら 2 種類の乳酸菌の共生作用により，乳酸生成と生菌数増加速度が速められ，発酵は 4〜6 時間程度で終了する．

乳酸菌飲料ではしばしば *Lactobacillus casei* が単独で使用されるが，この場合は，乳酸生成と生菌数増加が比較的緩慢で発酵に長時間を要し，汚染菌による競合が起こりやすいため，原料の微生物管理や，原料ならびに培養装置の殺菌を念入りに行う必要がある．

また，酵母を使用すると独特の風味が付与できるが，酵母は至適生育温度が乳酸菌より低く，エタノールと二酸化炭素を産生する点を考慮する必要がある．至適生育温度の違いに対しては，乳酸菌の発酵至適温度で発酵した後に，酵母の発酵至適温度まで下げる２段階の発酵が行われることがある．また，酒税法上，エタノールの生成量は1％未満とする必要があるが，酵母は嫌気条件下でエタノールを産生するため，発酵中に通気や攪拌を行い好気的条件にすることでエタノール生成量を抑えられる．なお，充填製品に酵母の生菌とその発酵に必要な糖類が残存していると，低温流通下でも二酸化炭素を発生し容器の膨張や破裂の原因になりうるが，充填前に殺菌（パスチャライゼーション）することで防ぐことができる．

偏性嫌気性菌であるビフィズス菌を使用する場合は，乳酸菌よりも嫌気度要求性が高いため，スターターの調製から発酵，充填に至るまで，高い嫌気度を維持する必要がある．また，栄養要求性も高いため，発酵助剤として乳タンパクの加水分解物を使用したり，タンパク分解酵素を有する乳酸菌との共生を利用した培養がしばしば行われる．なお，ビフィズス菌は，乳等省令が定める乳酸菌数の測定法では，B・C・P・加プレートカウント寒天培地でコロニーを形成できず菌数を測定できないため，生菌タイプでは乳等省令の規格を満足するために乳酸菌を併用する必要がある．また，乳酸菌に比べ耐酸性が低いため，低 pH の製品でビフィズス菌の生菌数を維持することは困難である．

所定の pH または酸度まで発酵した後，冷却して培養を停止し，発酵菌液とする．無脂乳固形分が少ない乳酸菌飲料では，発酵菌液の使用量が少なく，製品に適度な酸味を付与するために，高酸度まで培養を行うことが多い．また，発酵により十分な酸度が得られない場合は，乳酸やクエン酸などの酸味料を追加する場合もある．

カードを形成した発酵菌液を発酵タンクから取り出すためには，攪拌等でカードを崩す必要がある．攪拌は，発酵後に行う場合と，発酵中に継続的または断続的に行う場合とがあるが，後者の場合は，カード形成を開始する pH 5.5 からカゼインタンパクの等電点に至るpH 4.6までの間に，撹拌によるせん断力を与えると，カゼインタンパクの粒子径が大きくなり，製品において分離や沈澱を生じやすくなるため注意が必要である．

なお，乳原料の濃度を高めると，乳タンパク質による緩衝作用が高まり，発酵中の酸生成に対するpH低下速度が緩慢になるため，適当な濃度を設定することで，菌の濃度を高めるとともに発酵時間を調整することができる．ただし，濃度が高すぎると強固なカードを形成し，発酵後にカードを崩せなくなることがあるため注意が必要である．

4) 均質化

乳酸菌飲料は，無脂乳固形分が低く液状であるため，カゼインタンパク質の凝集によって生じるホエイ分離，乳成分の沈澱をいかに防止するかが重要な課題である．そこで，カゼインタンパク質粒子を十分に小さくし分散性を高めるために，発酵菌液を撹拌してカードを崩した後，さらに均質化処理を行う．発酵菌液を単独で均質化する場合と，シロップと混合後均質化する場合とがあるが，生産効率やカゼインタンパク質の安定性を考慮して，最適な均質化条件を設定する必要がある．

5) 混合・充塡

甘味料や安定剤等の原料をシロップとして別途溶解・殺菌し，発酵菌液と混合した後に容器に充塡する．

シロップには，果汁やビタミン，ミネラルなどの栄養強化成分，香料などを適宜添加して製造することができる．

乳酸菌飲料は，製品よりも濃い原液を製造し，希釈して充塡することで，生産や輸送の効率化を図ることができる．この場合，使用する希釈水については，乳等省令で「乳酸菌飲料の原液を薄めるのに使用する水等は，使用直前に五分間以上煮沸するか，又はこれと同等以上の効力を有する殺菌操作を施すこと．」と定められている．水は透過率が高いため，UV殺菌が効率的な手段である．

また，殺菌してから充塡するタイプについては，乳等省令で「発酵させた後において，摂氏七十五度以上で十五分間加熱するか，又はこれと同等以上の殺菌効果を有する方法で加熱殺菌」すると定められている．

発酵乳および乳酸菌飲料で使用できる充塡容器は乳等省令で定められており，

1959 年 12 月の改正時は「清潔で着色していない透明なガラスびんの使用を原則とした」が，その後，改正が進み規制が緩和されると，取り扱い性がよいポリスチレンやポリエチレン等のプラスチック容器や紙容器が普及し，2002 年の改正では新たにポリプロピレン樹脂製容器や PET 樹脂製容器が認められ，容器形態の多種多様化が進んでいる．また，最近では，容器を薄肉化して包装原料を削減したり，容器やキャップを同じ素材としてリサイクルしやすくするなどして，環境面への配慮が進められている．

c.　乳酸菌飲料の品質安定性

乳酸菌飲料の品質安定性の評価は，一般社団法人 全国発酵乳乳酸菌飲料協会が定める「はっ酵乳，乳酸菌飲料の期限表示設定のためのガイドライン」に標準的な指標が定められている．このガイドラインでは，乳等省令の規格に基づく微生物試験と，理化学試験，官能試験を実施し，消費期限または賞味期限を設定することとしている．官能試験の検査項目には，風味と外観があるが，乳酸菌飲料は，無脂乳固形分が低く液状であるため，ホエイ分離や乳成分の沈澱による外観変化の防止が重要な課題となる．

ホエイ分離や乳成分の沈澱は，おもにカゼインタンパク質の凝集・沈澱によって生じる．カゼインタンパク質は牛乳中でミセルを形成し，中性付近ではその表面がマイナスに帯電しており，電気的反発力によってコロイド状に安定的に分散している．しかし，乳酸発酵に伴い pH が低下すると，表面電荷は次第に減少し，カゼインの等電点（pH 4.6）付近では，電気的反発力が失われ，ミセルどうしが凝集してカードを形成する．さらに，等電点よりも pH が低くなると，カゼインミセルはプラスに帯電するようになり，pH 3.5 付近では，均質化処理により微細化すれば安定的に分散するまでに表面電荷は増大する（図 3.20）．pH が約 4～5

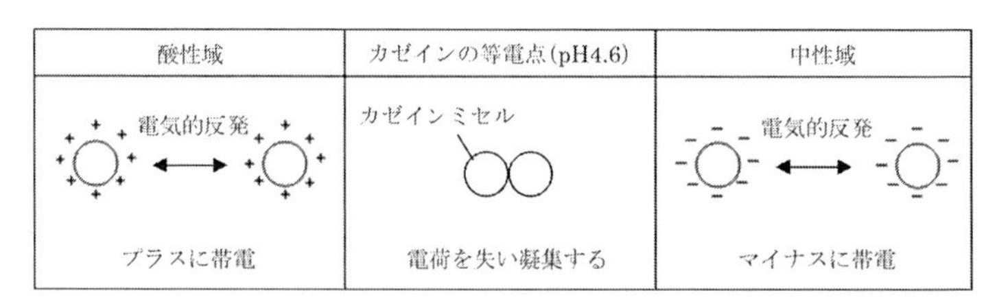

図 3.20　カゼインミセルのモデル図

の領域では，カゼインミセルの表面電荷が低く，反発力が十分でないため，均質化処理によりカードを微細化しても，再び凝集して粒子径が増大し分離・沈澱を生じるため，安定剤が必要となる．

乳酸菌飲料の安定剤としては，大豆多糖類，HMペクチン，CMC-Na，アルギン酸プロピレングリコールエステル（PGA）等が用いられる．これらはカルボキシル基を有する多糖類で，溶液中では水素を乖離してマイナスに帯電するため，カゼインの等電点以下の製品では，プラスに帯電したカゼインミセルの表面にマイナスに帯電した安定剤が吸着することで，次のような機構でカゼインミセルの凝集・沈澱を防ぐと考えられる．

・カゼインミセルどうしの直接的な接触を防ぐとともに，カゼインミセルの水和性を高める．
・カゼインミセルに負の表面電荷を与え，電気的反発力を高める．
・カゼインミセルに吸着しない安定剤は，溶液中で網目構造を形成して粘度を高め，カゼインミセルの移動を制限する．

ただし，これらの効果は，安定剤を構成する多糖類の構造（構成糖の種類，分子量，カルボキシル基の数や分布，分岐鎖の割合等）によって異なることや，安定剤自体の風味や粘度は，製品風味に影響するため，商品設計に適した安定剤の選定が必要である．

また，製造工程においても以下の点を防止することが重要である．

・水溶性のカルシウムやマグネシウムなどの栄養強化成分による，カゼインタンパク質の凝固や安定剤の架橋形成に伴う製品の分離・沈澱や粘度上昇
・加熱過多によるカゼインタンパク質の熱変性に伴う製品の分離・沈澱
・発酵中（特にpH 5.5からpH 4.6に至るまでの間）の攪拌や振動によるカゼインタンパク質粒子の増大に伴う製品の分離・沈澱

d. 乳酸菌飲料の機能性

乳酸菌飲料は，嗜好性に加え，整腸効果などを訴求するものが多く，消費者庁長官の許可を受けた特定保健用食品もある（表3.11）．

腸内菌叢のバランスを改善することによりヒトに有益な作用をもたらすことが確認されている乳酸菌やビフィズス菌，もしくはそれらを利用した製品は，「プロバイオティクス（probiotics）」と呼ばれる．プロバイオティクスによる整腸効果

表 3.11　特定保健用食品として認められた乳酸菌飲料の機能と成分（2013 年 7 月現在）

表示内容	保健機能成分（関与成分）
お腹の調子を整える食品	乳酸菌シロタ株（L. カゼイ YIT9029） ビフィドバクテリウム・ロンガム BB536 L. アシドフィルス CK92 株 L. ヘルベティカス CK60 株 カゼイ菌（NY1301 株） 大豆オリゴ糖 イソマルトオリゴ糖 乳果オリゴ糖 キシロオリゴ糖
血圧が高めの方に適する食品	ラクトトリペプチド（VPP，IPP） γ-アミノ酪酸（GABA）

は，摂取した乳酸菌やビフィズス菌が生きたまま腸まで到達し，腸内で乳酸や酢酸などを産生することが肝要である．しかし，腸内細菌が多く生息する小腸下部から大腸に到達すためには，胃や十二指腸で分泌される殺菌力の強い胃液や胆汁への耐性が高い菌を使用することが必要である．生きて腸まで届くことは，プロバイオティクスを飲用した後に糞便中からそれらの菌が生きたまま回収されることで証明できる．

プロバイオティクスの効果は，整腸効果のほかに免疫調節作用，感染防御作用等の新たな研究成果が報告されており，近年あらためて見直されている．このような性質は菌株特異的であり，同じ菌種間で共通するものではないため，特定保健用食品の保健機能成分は，菌株を特定して標記される．

また，オリゴ糖のように，消化管上部で消化・吸収されず，大腸に共生する有益な細菌の選択的な栄養源となって，腸内菌叢のバランスを改善することによりヒトに有益な作用をもたらすことが確認されている食品は，「プレバイオティクス (prebiotics)」と呼ばれ，プロバイオティクスとプレバイオティクスの併用は「シンバイオティクス（synbiotics)」と呼ばれる．プロバイオティクスやシンバイオティクスの健康効果は，医療現場においても手術後の感染症予防などに利用され，副作用がほとんどないものとして評価されている．

一方，乳酸菌の産生する物質が，腸内細菌を介さずに直接的に健康効果をもたらすこともわかっている．たとえば，プロテアーゼ活性が高い乳酸菌が産生する

表 3.12 栄養表示基準（一部抜粋）

	含まないむねの表示は，次の基準値に満たないこと （食品 100 g あたり）*	低いむねの表示は，次の基準値以下であること （食品 100 g あたり）**
熱 量	5 kcal	40 kcal（20 kcal）
脂 質	0.5 g	3 g（1.5 g）
糖 類	0.5 g	5 g（2.5 g）

*：一般に飲用に供する液状での食品にあっては 100 mL あたり．
**：（ ）内は一般に飲用に供する液状での食品 100 mL あたりの場合．

特定のアミノ酸配列を有するオリゴペプチドには，血圧降下作用が確認されている．また，*Lactococcus lactis* に属するある菌株は，遊離グルタミン酸から GABA（γ-aminobutyric acid）を産生し，プロテアーゼ活性の高い乳酸菌と併用することで，GABA を豊富に含む製品を製造でき，この方法で製造した乳酸菌飲料は血圧降下作用が確認されている．

なお，特定保健用食品とすることで，商品のパッケージに乳酸菌の菌種名と菌数を表示することが公正競争規約で認められている．

また，生活習慣病の増加に伴い熱量や脂質，糖類が少ない商品のニーズが高まっているが，そのむねを表示するためには，健康増進法が定める栄養表示基準を満たす必要がある（表 3.12）．乳酸菌飲料は，無脂乳固形分が低く乳原料の使用量が少ないため，この栄養表示基準を満たすことが比較的容易である．

脂質は，脱脂した乳原料の使用によって，含まないむねの基準を満足できる．熱量および糖類は，甘味料として使用する糖類を減らすことで，低いむねの基準を満足することができる．この場合，アスパルテームやスクラロース，アセスルファムカリウム，ステビアといった高甘味度甘味料で甘味を補うことが多いが，これらは砂糖とは異なる独特の甘味質を有するため，組み合わせるか糖類を併用するなどして，より自然な甘味質となるように工夫される．

また，糖類を減らして溶液の密度が低下すると，カゼインタンパクが沈澱しやすくなるため，糖アルコールや水溶性食物繊維などの難消化性の糖質を併用することもある．この場合，糖アルコールの過剰摂取は，緩下作用を招くため，最大無作用量を考慮して使用する必要がある．

なお，健康増進法と食品衛生法，日本農林規格（JAS）法における食品表示の一元化を図るため，2015 年 4 月から食品表示法が施行された．

以上のような乳酸菌飲料の機能性に対するニーズは海外でも高まっており，今後，乳酸菌飲料が世界的に広がっていくことが期待される．　〔**松井彰久**〕

文　献

1）一般社団法人 全国発酵乳乳酸菌飲料協会 創立 50 周年記念誌.

3.3 バ　タ　ー

バターとは乳を原料とした食用油脂であり，乳製品の 1 つである．冷蔵では薄い黄色味を帯びた固体であり，常温に置いておくと黄色味が強くなり軟らかくなる．バターはホテル，プロの洋菓子店だけでなく，家庭でも一般的に料理や菓子に使用されている身近な食品である．特に，乳脂肪の香り，風味は豊かであり，さまざまな食品をおいしくすることが知られている．

バターの生産量は原料である生乳の生産量に左右される．生乳の生産量は牛乳が余剰となった場合の生産調整や生産地の天候などの影響を受けて変化する．近年はバター不足と余剰の状態を交互に繰り返しており，バター不足の状態に陥った際は，価格が高騰する．

3.3.1　バターの定義

バターは生乳（ウシから絞った乳）などから分離したクリームを激しく攪拌した際に生じる乳脂肪の塊，その他微量な乳成分等を練り上げて，成形した乳製品である．次項に述べるとおりさまざまな種類のバターがあるが，乳等省令の定義とその成分規格は以下の通りである．

【定　義】

「バターとは生乳，牛乳または特別牛乳から得られた脂肪粒を練圧したもの」

【成分規格】

「乳脂肪分 80％以上，水分 17％以下，大腸菌群陰性」

3.3.2 バターの分類

バターの名称はその成分，製法の特徴，あるいは形態の特徴によって分類される．

a. 成分による分類

1）食塩不使用バター

食塩を添加していないバター．製菓，製パン用

2）有塩（加塩）バター

無塩バターに食塩を加えたもの．塩分として約 1.0〜2.0%程度．無塩バターに対して保存性も向上する．

3）発酵バター

乳酸菌による発酵で特有の香気を有するバター．酸味と発酵風味の程度は使用する乳酸菌や製法によってさまざまである．

4）その他

ホエイバター（チーズホエイ中の乳脂肪分を分離回収したクリームから作るバター），ジャージーバター（ジャージー種の牛乳のクリームから作ったバター）があるが，詳細は成書を参照のこと．

b. 製法の違いによる分類

1）甘性バター

クリームを原料として攪拌して練った通常のバター．英語名 sweet cream butter の訳語だが，現在では一般的に「甘性バター」という表現は使われなくなっている．

2）ホイップドバター

ホイップバターともいわれる．ガスを吹き込むなどしてオーバーラン（空気含有率）を調整したもの．通常のバターに比べて軟らかく展延性のよいものになる．

3）その他

無水バター脂肪（乳脂肪 99.5%以上のバター，通常バターオイルと呼ばれる），粉末バター（乳脂肪分の高い粉末クリームのこと）があるが，詳細は成書を参照のこと．

3.3.3　バターの製造方法

一般的なバターの製造方法を図 3.21 に示した.

バターの製造法には，比較的少量生産に適するチャーン式製造法と，大量生産用として多量の原料を連続的に処理する連続式製造法がある．チャーン式も連続式も，原料である生乳等からクリームを分離して殺菌→冷却→エージングする工程まではほぼ同じである．2つの製法の違いは，この後のチャーニング，ワーキングの工程にある.

チャーン式の場合は，一定量のクリームをチャーンの中に入れて，チャーニング→ワーキングの工程を経てバターを得る．この間が1つの独立した工程になっている.

それに対して連続式の場合，クリームをバター製造機に供給している間は連続的にバターが製造されるため，効率的に大量生産が可能になる．わが国の大手乳業メーカーによるバター製造の多くは，連続式バター製造法が採用されている．以下に詳細を述べる.

a.　チャーン式によるバターの製造法

1)　クリームの分離

クリーム分離機によるクリームの分離工程は，原理的に乳脂肪球のクリーミング現象を加速して，クリームと脱脂乳に分離される時間を短縮する工程である．分離される速度（V_g）については以下のストークスの式に基づく.

$$V_g = d^2(\rho_p - \rho_1)/18\eta \cdot g$$

d：粒子径［単位 m］，ρ_p：粒子密度［kg/m^3］，ρ_1：連続相の密度［kg/m^3］，
η：連続相の粘度［kg/m·s］，g：地球の重力加速度（=9.81 m/s^2）.

すなわち，脱脂乳に比べて比重の軽い乳脂肪球はクリーム分離機による遠心分離操作によって内側に分離されるので，乳脂肪分の高いクリームが得られる．他方，

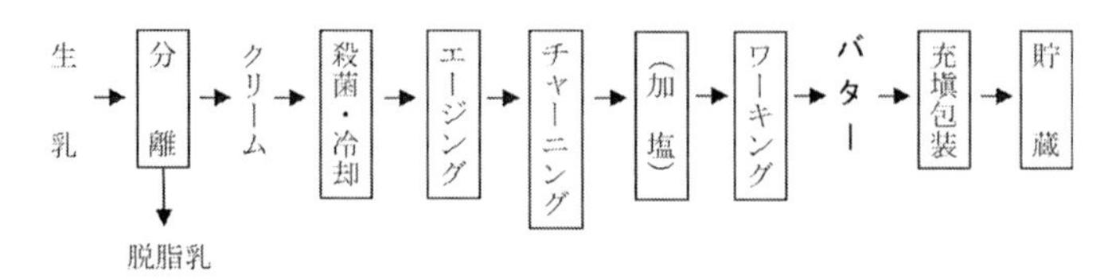

図 3.21　一般的なバターの製造工程

脱脂乳は外側に分離される．

この比重の差を大きくするため，分離する生乳の温度を50〜60℃程度に加温することが一般的に行われている．分離温度が高いと分離効率はよくなるが，生乳中の乳タンパク質の変性やリン脂質の脱脂乳側への移行が進み，分離されたクリームの物性が悪くなることがある．

また，乳脂肪分については，低すぎても生産効率が悪く，高すぎてもバター製造機の適性が悪くなるので，通常40％前後で実施される．

これら分離温度，脂肪率については諸説あるので，参考と考えていただきたい．

2)　クリームの殺菌・冷却

殺菌の目的は，微生物に関して衛生レベルを向上させること，および脂肪分解臭を発生させるリパーゼを完全失活させることである．冷却の目的は，微生物を増殖させないこと，殺菌後のクリームの結晶化状態を一定にして物性を安定化させることである．

クリームの殺菌・冷却の工程については，チャーン式，連続式に限らず，製造量が少ない場合，タンク保持によるバッチ殺菌法が用いられる．殺菌条件は75〜85℃で5〜10分間，タンク内のクリームが攪拌され均一に保持される．

1回1t以上のクリームを処理してバターを製造する場合は，洗浄性がよく効率的なプレート式熱交換機等を使用したHTST方式が用いられる．この場合の殺菌条件は85〜95℃で15〜60秒程度が一般的である．過度の殺菌条件は加熱臭の原因となるため注意が必要である（加熱臭は，タンパク質のスルフィド基の加熱により発生する硫化物に由来する）．

一般的に固形分が増すと比重や粘度が増加する一方，比熱と熱伝導率は低下する．このため，クリームは牛乳に比べて熱伝導率が低い．これはクリームの加熱・冷却には牛乳の場合より多くの熱量が必要になるということである．チューブ式熱交換機は熱伝導率が低いので粘度の高いクリームの殺菌には推奨されない．バター用のクリーム製造でも注意する必要がある．

クリームは殺菌後，ただちに10℃以下（望ましくは5℃以下）に冷却する必要がある．後述するエージングとともに冷却条件は脂肪の結晶コントロールに影響を与え，バターの物性にも影響する．

以上の殺菌・冷却の条件についても諸説あるので，あくまで参考と考えていただきたい．

3)　クリームのエージング

クリームに含まれる乳脂肪は，殺菌によって乳脂肪球被膜の中で液状となり，冷却により再度結晶化する．冷却直後のクリーム中の乳脂肪は過冷却の状態にある．過冷却とは，脂肪球の表面は冷却されているが，中心部はまだ冷却温度に達していない状態（結晶化は生じるがその進行が十分でない状態）である．このため，一度冷却しても脂肪球中心部の熱が徐々に脂肪球の外側に出てきてクリームの温度が上がる．これが潜熱である．エージングの最大の目的は，乳脂肪の結晶化を促進して，脂肪の結晶形，大きさを安定化させることにある．この乳脂肪球の結晶化状態の安定化により，後工程のチャーニング条件が一定になる．

乳脂肪球中の脂肪（トリアシルグリセロール）中の脂肪酸の組成は飼料によって変動するが，一般的に夏季には配合飼料より牧草を多く食べるため，脂肪酸組成は不飽和脂肪酸が多くなる（牧草はβ-カロチンを多く含むためバターの色調は黄色くなる）．逆に冬季には配合飼料を多く食べるため，脂肪酸組成は不飽和脂肪酸が少なくなる（配合飼料はβ-カロチン含量が少ないのでバターは白くなる）．後述のようにバターの硬さは不飽和脂肪酸の量の影響を受ける．そこで，エージング条件により脂肪の硬さを調整して後工程のチャーニング条件を一定にする必要がある．このため，夏季のエージング温度は冬季より低めに設定して脂肪を硬くする．

そのほか，脂肪の結晶化が進むことで液体脂が減りバターミルク中への脂肪の損失が少なくなる，およびチャーニング時に生じるバター粒に取り込まれる水分が少なくなる，ということもエージングの効果である．

4)　チャーニング

チャーニングとは，チャーンという容器（図3.22）の中にクリームを入れて，その容器をゆっくりと回転させることにより，その中に入れたクリームがぶつかり合う（クリーム中の乳脂肪球どうしが激しく衝突する）状態を一定時間維持する工程である．その衝突の繰り返しによって個々の乳脂肪球表面の膜が部分的に破壊され，乳脂肪球中に含まれる一部結晶化した脂肪および液体状態の脂肪どうしが付着した状態になる．このような現象がチャーンの中のクリームのあちこちで起こり，それによって大豆くらいの大きさの無数の乳脂肪の塊が生じる．生じ

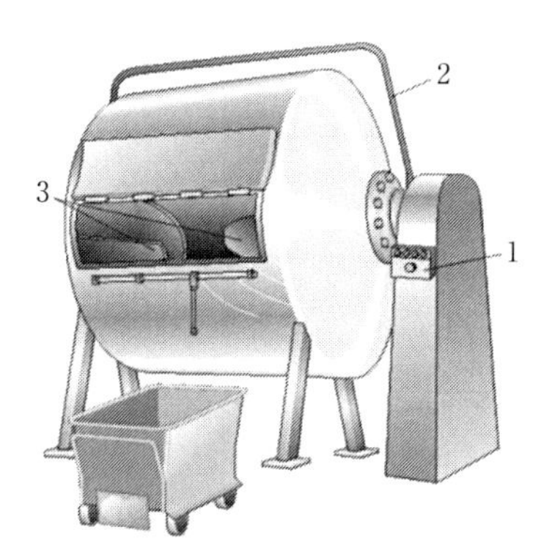

図 3.22　バターチャーン[1)]
1：操作盤，2：緊急停止バー，3：ローラー．

た大豆くらいの乳脂肪の塊をバター粒という．この脂肪の凝集に際して，液状の脂肪は結晶化した脂肪のバインダーの役目を果たしている．

チャーニング時の原料クリームの温度については，夏季で 7～11℃，冬季で 10～13℃である．この温度はバターミルクへの脂肪の損失を最小にして，かつ，チャーニング時間を適切にする温度である．一般的にクリームは酸度の高い方がチャーニングが容易である．したがって，発酵クリームの方が通常クリームよりもチャーニングしやすい．原料クリームの濃度は濃いほどチャーニングしやすいが，過度に濃いクリームを使用するとチャーン内壁に付着しやすくなり，チャーニングが困難になることがある．クリームの脂肪率は 40% 前後が最適である．チャーンに投入するクリームの量はチャーン容量の 1/3～1/2 を標準とする．この量より多すぎても少なすぎてもクリームの衝突頻度が少なくなり，チャーニングしにくくなる．また，乳脂肪球の大きいジャージー種の乳の方が，ホルスタインよりもチャーニングしやすい．

チャーニングの終了の判定は，経験的には音によって判断される．チャーンの中のクリームの音が「バシャ，バシャ」という音から，チャーン内にバター粒が形成されると「チャポン，チャポン」という分離されたバターミルク中にバター粒が落ちる音に変わる．

チャーニングの終了時のバター粒の大きさは大豆くらいの大きさが標準である．これより大きすぎると，バター粒内に残留するバターミルクが多くなり，水分が高い軟らかいバターになりやすい．逆に小さすぎるとバター粒子間に保有されるバターミルクが少なくなって，最終的に水分の低い硬いバターになりやすい．

5)　バターミルクの除去

バターミルクの除去は，バター粒が流れ出さないようにストレーナー（濾過機）を通して行う．排除されたバターミルク中の乳脂肪分は0.4～0.8%である．

6)　加　塩

バター粒の総量に対して，1.0～2.0%程度の食塩を添加することを加塩という．加塩の方法として，パウダー状の食塩をそのまま添加する「乾塩法」，いったん水で湿らせた食塩を添加する「湿塩法」，高濃度の食塩水の形で添加する「ブライン法」がある．加塩の目的は，①塩味付与，②微生物の増殖抑制（保存性向上）である．

7)　ワーキング

加塩後のバター粒を練圧（捏ねて練り上げる）して，均一な組織の塊にすることをワーキングという．この操作により，バター中に存在する水分と食塩は均一に分散するようになる．同時に，バター中に残存する水分量を調節して硬い組織をもつバターを得る．このワーキング操作は，チャーニング後に同じチャーンで行う．ワーキングを行う際は，その回転数をワーキング用に切り替えて，その中に取り付けられたローラーを回転させて，ローラーとローラーの間にバターを通して行う．

ワーキング時のバターの温度を14～16℃とすることで，適度な硬さのバターが得られる．この温度より低い温度ではバターが硬くなり，高い温度では軟らかくなる．

8)　成型，包装

ワーキング後，バターは200 g（おもに市販用），400 g（おもに業務用）などに計量され，アルミパーチ紙（市販用，業務用），硫酸紙（おもに業務用），フィルム（おもに業務用）で包装される．また，業務用ではポリエチレンの袋に20～30 kg充填，包装し段ボールに詰める「バラバター」と呼ばれるものもある．バターは脂肪主体の製品なので，脂肪の酸化を防ぐため，アルミパーチ紙等の光を遮蔽する包装材が使用される．

9) 保　管

バターの保管は短期間であれば，要冷蔵 10℃以下（好ましくは 5℃以下），長期間の場合は，−18℃以下とする．保管中はできるだけ温度変化を避けることが重要である．温度変化はバターの性状を変えて，水滴の結合による離水発生，カビの原因となる．

b. 連続式バター製造法

連続式バター製造法は，バッチ式製造法のチャーニング〜ワーキング工程を自動化・高速化したものである．したがって，「クリームの分離」〜「クリームのエージング」までの工程はバッチ式と変わらない．ただし，連続式は処理量が多くなるので，前工程も効率的に処理することが必要である．

この連続式バター製造の特徴は，バッチ式のチャーンに変わるバター製造機の効率性と高い能力にある．連続式バター製造機の種類はいくつかあるが，共通するのはチャーニングを行う「チャーニングシリンダー部」とワーキング・バターミルク除去を行う「ワーキング部」があることである（図 3.23）．日本でも導入例の多い Simon 社のコンチマブについて説明する．

まず，35〜45%の脂肪率のクリームは殺菌・冷却・エージング後，図 3.23 のクリーム入口から 1 で示されたチャーニングシリンダーへと送られる．チャーニングシリンダー内ではシャフトに付いた 4 枚の回転刃（ブレード）が高速回転しており，クリームが激しく攪拌されて，バター粒とバターミルクに分かれる．バターミルクはシリンダーから出るとフィルターで濾過され，2 の分離セクション下部の孔から排出される．一方，バター粒は 2 の分離セクションで，スクリューで

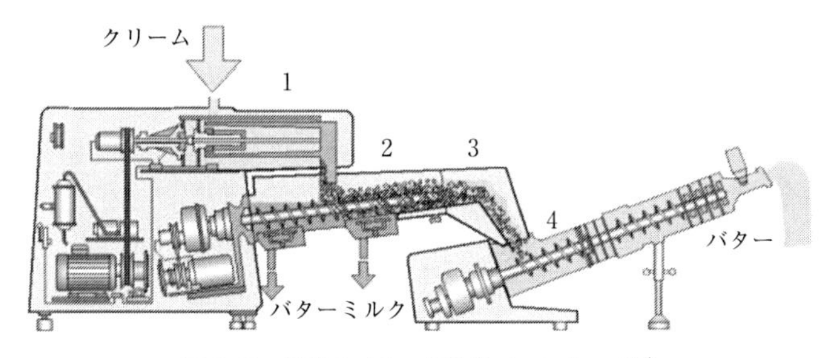

図 3.23 連続式バター製造機（コンチマブ）[1)]
1：チャーニングシリンダー，2：分離（第 1 ワーキング部），3：移送，4：第 2 ワーキング部．

前方へと押し出され，フィルターでさらに除去されたバターミルクが排出される．この分離セクションでバター粒は練圧されて塊になることから，第1ワーキング部とも呼ばれる．

その後，4の第2ワーキング部に送られる．この第2ワーキング部の拡大図が図3.24である．5は入口部，6はバキューム部で，真空ポンプでバターの塊の中の空気を抜いて，その後の練圧工程で練られるバター中の空気含有率を低くする．空気含有率が多いとバターの組織がボソボソになる．

7は最終ワーキング部である．この部分は穴の開いた板（多孔板）で区画に仕切られており，各区画には形状の異なる羽根車（インペラ）がある．多孔版の穴の大きさは各部で異なる．この多孔板とインペラおよびワーキングスクリューの回転数（押し込み圧力）により練圧を受けて，均一なバターの組織になる．

8は測定機（塩分，水分，密度など）である．7の最終ワーキング部の最初の区画には水分調整のための水注入器が設置され，0.1%単位でバターの水分調整を行う．8で示された測定機の水分値に基づき，水添加量を調整し，水分値を制御する．

加塩が必要なバターでは，5の入口部の高圧注入機で食塩濃度40～60%の濃厚な懸濁液を少量注入する．

最終的にこの連続式で製造されたバターは，末端のノズルからバターサイロ（バターをいったん貯めておく容器）に押し出されて，包装機へと送られる．この連続式のバター製造能力は，1時間あたり200～10000 kgの範囲になる．

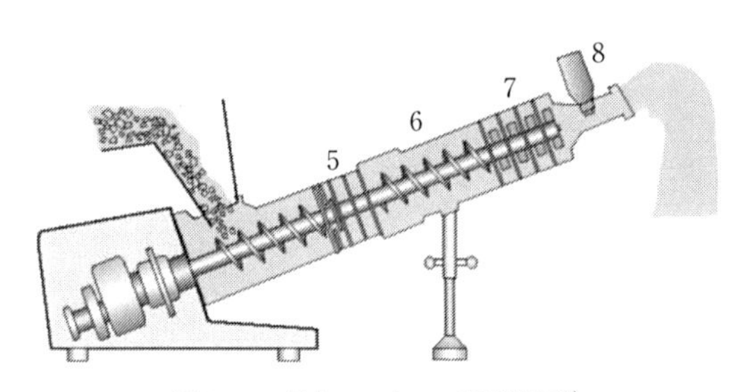

図3.24　最終ワーキング部詳細図[1)]
5：入口部，6：真空ワーキング部，7：最終ワーキング部，
8：測定機．

3.3.4 発酵バター

原則として，クリームに乳酸菌スターターを添加後，その乳酸菌の生育に適した温度で一定時間発酵させ，良好な芳香と酸味を有するクリームにしたものをチャーニング，ワーキングしてバターにしたものである．

a. 発酵バター用の乳酸菌スターターの種類

発酵バターの風味成分は，乳糖が乳酸発酵されることにより生成する芳香性のジアセチル，アセトイン，アルコール類，揮発性の低級脂肪酸等であり，乳脂肪由来の特有の香りである．なかでもジアセチルの香りの寄与が大きい．発酵バター用に使用される乳酸菌のなかには，乳酸生成に主眼をおいた菌種（例：*Lactococcus lactis* subsp. *lactis*）や芳香性物質生成に主眼をおいた菌種（例：*Leuconostoc mesenteroides* subsp. *mesenteroides*）が見いだされており，酸味・香りの強さなどの目的に応じて組み合わせて使用する．

b. 発酵バターの製造法

乳酸菌スターターの添加タイミングの違いによって，以下の2通りの製造法がある．

①クリームに乳酸菌スターターを添加して発酵する方法：　クリームに2～8%の割合で乳酸菌スターターを添加し，20～25℃で数時間発酵させて，クリームの酸度が0.3～0.4%程度になるまで発酵させてからチャーニングを行う．また発酵温度を5～10℃と低温で発酵して酸度が0.2～0.3%程度になってからチャーニングする方法もある．前者の方が乳酸生成量やジアセチル生成量が多く，香りも強い．

②チャーニング時に発酵液をバターに添加する方法：　殺菌したクリームに対し，あらかじめ脱脂乳の培地で発酵した乳酸菌スターターを添加してチャーニングする方法である．クリームを発酵せずに乳酸菌スターターだけで発酵バターの酸味と香りを付与する方法である．合理的ではあるが，風味が劣る傾向がある．

これらの方法を比較すると，生産効率の観点からは②がより合理的な方法であり，多くのメーカーが採用している．①の方法で発酵したクリームは通常のバターに比べて酸度が高いため，チャーニングしやすい．

3.3.5　バターの品質[2)]

a.　品　質

1)　成　分

バターは乳脂肪を主成分として，水分，タンパク質，乳糖，灰分，ビタミン類からなる（有塩バターでは食塩も含まれる）．これらの成分は，原料であるクリーム，製造条件により変化する．

2)　脂肪酸組成

バターの性状はその80%を占める乳脂肪の性質に大きく影響される．乳脂肪は数種の脂肪酸とグリセリンが結合してできたグリセリドからなる．脂肪酸の種類は，酪酸（C4），カプロン酸（C6），カプリル酸（C8），カプリン酸（C10），ラウリン酸（C12），ミリスチン酸（C14），パルミチン酸（C16），ステアリン酸（C18），オレイン酸（C18:1），リノール酸（C18:2）など多数ある．脂肪酸は飽和脂肪酸（ラウリン酸，パルミチン酸など）と不飽和脂肪酸（オレイン酸，リノール酸など）に分かれる．飽和脂肪酸の大部分は常温で固体，不飽和脂肪酸は常温で液体である．したがって，軟らかいバターは不飽和脂肪酸が多く，硬いバターは飽和脂肪酸が多い．乳脂肪中の脂肪酸組成は，乳牛の品種，泌乳期，季節および飼料により影響を受ける．夏はオレイン酸の比率が高く，冬はパルミチン酸の比率が高い．このため，一般的に夏のバターは軟らかく，冬のバターは硬いが，乳脂肪のヨウ素価を測定することで不飽和脂肪酸の量を測定して，製造条件の調整によりある程度バターの硬さをコントロールできる．

3)　微細構造

バターは連続相である脂肪中に無脂乳固形分と塩分を含む水相が水滴となって分散したW/O型エマルジョンである．脂肪相は液体脂肪および結晶脂肪からなり，液体脂肪中に結晶脂肪が分散して網目構造を形成している．水相は直径1～25 μmの大きさの水滴となってバター中に分散している．また，ワーキング中に微量混入した空気も気泡として一部存在している．

b.　バターの品質の異常と原因

1)　風味に関する問題

1-a)　使用するクリーム由来

飼料の香気成分が生乳に移行する場合，不潔な搾乳処理による牛体・牛舎の匂いが生乳に移行する場合，リパーゼ酵素による脂肪分解由来のリパーゼ臭が生じる場合がある．

1-b)　製造方法由来

殺菌機に問題があったり，高酸度のクリームを高温で加熱したときに生じる加熱臭やチーズ臭が移行する場合，鉄・銅などの金属塩による金属臭が移行する場合，ワーキング時の過度の水洗により無脂乳固形分が流出して風味が弱くなる場合がある．

1-c)　酸　化

バター中の不飽和脂肪酸が保存中に酵素，空気，光等によって酸化されて脂肪酸化臭（ランシッド臭）を生じる場合がある．

1-d)　微生物

バターは80%以上が脂肪であること，水層が微細な水滴となって分散していること，有塩バターでは水相の食塩濃度が約10%であることなどから，微生物の生育は抑制される．しかし，保存温度が高いなど保存環境が悪いとカビが発生する．カビは風味上の問題とともに，衛生上も大きな問題になる．

2)　組織に関する問題

組織上の問題は乳脂肪の結晶状態によるものであり，製造工程の温度条件，ワーキング条件の違いによって発生する．粘着力がなく組織がもろく粒状の脂肪の塊を感じさせるバターの状態をクランブリー（crumbly）という．この状態のバターの切断面をバターナイフでこするとなめらかに伸びずにボロボロになり，展延性が劣る．冬季に製造したバターは高融点の脂肪が多くなるため，低温でエージングするとクランブリーになりやすい．バターの切断面をバターナイフでこすったときに水滴が現れる状態をリーキー（leaky）といい，ワーキング不足のときに起こりやすい．有塩バターの場合，加塩後のワーキングが十分に行われないと食塩が結晶で残り，貯蔵中に溶解するため遊離水が現れる．また，リーキーバターは，カビなどが発生して問題となる．

3)　色調に関する問題

バターの色調は季節によって異なる．前述したように一般的に夏季に製造したバターは黄色く，冬季に製造されたバターは白くなる．これは季節による飼料の差で夏は牧草，冬は配合飼料が多いためである．バターの色調は色の濃淡だけでなく，光沢，均一性などもある．これらは水滴の大きさ，練圧の程度によって影響を受け，問題が起きるのはおもにワーキングの不適切によるものである．ワーキング不足の場合は濃淡がまだらに現れた斑紋状，ワーキング温度が高すぎる場合には水滴や空気が細かく分散された鈍色の色調が発生する．　〔**渡邊俊夫**〕

文　献

1）Bylund, G.（2003）. *Dairy Processing Handbook*, p.288, Tetra Pak Processing Systems AB.（日本語訳：明治乳業株式会社）
2）伊藤大和（2009）．ミルクの事典（上野川修一ほか編），pp.92–95，朝倉書店．

3.4　クリーム

3.4.1　クリームの種類と成分組成

食品の分野において一般的にクリームという用語は水中油型乳化物全般で使用される．ここでは，乳製品として食品衛生法に基づく「乳及び乳製品の成分規格等に関する省令」（乳等省令）に定められている「クリーム（乳製品）」と，その派生として存在する「コンパウンドクリーム」および「ノンデイリークリーム」について述べる．

クリーム（乳製品）は，乳等省令により「生乳，牛乳，特別牛乳から脂肪分以外のものを除去したもの」と定義されており，乳のみから製造される．一方，コンパウンドクリームは，乳脂肪を他の脂肪に一部置き換えており，ノンデイリークリームは乳脂肪を他の脂肪に全量置き換えている．どちらも原料として，植物油脂，糖類等の食品素材や乳化剤，安定剤等の食品添加物を使用することで，人工的にクリーム様の水中油型乳化物を形成している．乳以外の素材を使用することから，乳等省令上の「クリーム（乳製品）」とは認められず「乳等を主要原料とする食品」として区分されており，使用原料によって種々の製品がある．なお，「乳等を主要原料とする食品」では乳成分を一定以上含むように決められており，乳成分量が下回る場合には一般食品扱いとなる．

これらのクリーム類の使用用途は，おもに，加糖して泡立てたものをホイップドクリームとして洋菓子等に使用する製菓向け用途，パスタソースやコーヒー用クリームなどの調理向け用途に分かれる．前者は冷蔵下で撹拌することにより泡立ち，半固形状に硬くなるホイップ性が必要とされ，後者は，調理による加熱を受けても乳化状態を維持する乳化安定性が必要とされる．なお，コーヒーへの使用に特化したクリーム（コーヒーホワイトナー）では，コーヒーの酸や熱に対する乳化安定性が高いが，ホイップ性はない．表3.13に日本食品標準成分表（五訂増補）に記載されている標準的なクリーム類の組成を示す．

3.4.2 クリーム類の製造方法

a. 「クリーム（乳製品）」の製造方法

一般的なクリームの製造工程を図3.25に示す．乳等省令で定められている「クリーム（乳製品）」の原材料として認められているのは，生乳，牛乳，特別牛乳のみである．ここでは，生乳からクリームを製造する工程について記述する．

1）生乳の受入，管理

クリームに使用する生乳は，殺菌や均質処理をしていない新鮮な生乳を用いる．生乳は地域，季節により，組成や色調が変動するため，乳質を把握したうえで適切に使用することが求められる．原乳の脂肪率が高ければクリームの出来高も増加し，脂肪率が低ければ出来高は減少する．一般的に生乳の脂肪率は夏季に低下

表3.13 クリーム類の組成（%）[4]

クリーム類	クリーム	コンパウンドクリーム	ノンデイリークリーム	コーヒーホワイトナー
水　分	49.5	41.7	50.0	69.2
脂肪（乳脂肪）	45.0	36.2	—	—
脂肪（植物性脂肪）	—		39.2	21.6
タンパク質	2.0	3.8	6.8	4.8
炭水化物	3.1	17.7	2.9	3.7

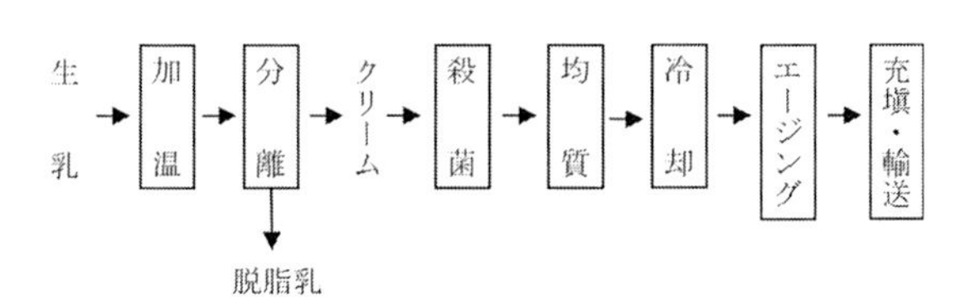

図3.25 クリームの製造工程

し冬季に上昇する．生乳の色調はわずかに黄色を帯びた乳白色であり，黄色の程度は，おもに脂溶性のカロテン類の含量に依存している．そのため脂肪を多く含むクリームでは，黄色味が強くなる．

2)　クリームの分離

脂肪分が水よりも軽いことを利用し，図 3.26 のような遠心力を利用した連続式分離装置（セパレーター）により，脂肪を多く含むクリーム分と脂肪をほとんど含まない脱脂乳分とに分離される．

分離は，加温によって流動性を上げることと脂肪と水溶液との比重差を上げることにより効率的に行われる[3]．一般的に作業は 50℃付近で実施されるが，この付近の温度は微生物や酵素（リパーゼ）の活性が高く，クリームが変質しやすいため，分離後にできるだけ速やかに殺菌処理を実施することが望ましい．また，低温で分離を行うコールドセパレーターもあり，上述の懸念点を防ぐことができるが，脂肪分と脱脂乳との比重差が減少することや液粘度が高いことにより，分離効率は低下する[4]．

クリームの分離時の脂肪率は 48％付近が上限とされる．これは脂肪率が高くなると脂肪球どうしの衝突頻度が増加しクリーム中の乳化安定性が低下することでクリームの粘度が高くなったり，脱脂乳側に脂肪が漏出し，クリームの歩留まりが低下するためである．

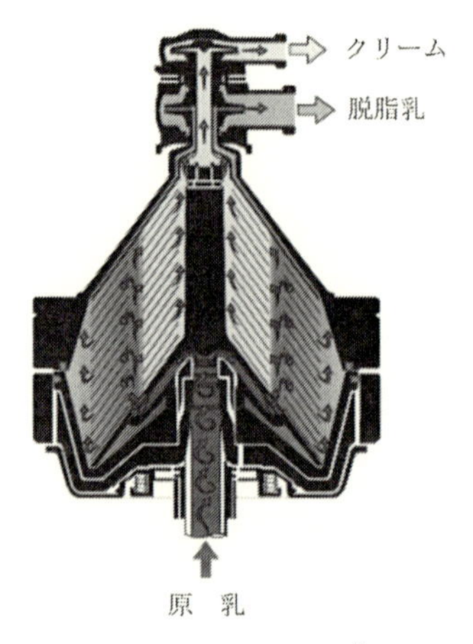

図 3.26　遠心分離機[1]

3)　クリームの殺菌

分離直後のクリームには生乳由来の微生物や酵素（おもにリパーゼ）活性が残存しているため，速やかに殺菌処理する必要がある．

殺菌は，通常プレート式の熱交換機を使用して，HTST や UHT 条件による連続殺菌が行われる．

4)　クリームの均質

クリームにおける均質とは，クリームを強制的に狭い間隙を通液させ，その際に生じる渦流やキャビテーションにより脂肪球を微細化することで脂肪球サイズを整え乳化状態を一定にする工程である．間隙の通液に要する圧力（均質圧）が高いほど，脂肪球サイズは細かく，脂肪球の数は多くなり，総脂肪球の合計表面積は増加する．均質することにより増加した脂肪球表面は新たにクリーム中のタンパク質で覆われる．特に高脂肪のクリームを高圧で処理すると，増加した脂肪球表面を覆う乳タンパク質が不足するため脂肪球がうまく乳化されずに，脂肪球どうしの接着（脂肪凝集）が生じる[6]．このためクリームは，一般的に低圧で均質される．この均質条件はホイップ物性に大きな影響を与える．均質圧が高いとホイップ時間が長くなり，オーバーラン（OR；次式で計算され，ホイップされたクリーム（ホイップドクリーム）の気泡の含有割合を示す．OR(%)＝{(ホイップ前クリーム密度－ホイップドクリーム密度)／ホイップドクリーム密度}×100）が高く，ホイップ時に急に硬くなるクリームとなる．一方均質圧が低いと上述とは逆のホイップ物性を示す．均質工程は殺菌前に行われることもあるが，乳化状態を良好に制御するうえでは，殺菌後に実施するのが望ましい．おもに使用される均質機は，定量性の得られるプランジャーポンプと2段階の均質バルブを用いたホモジナイザーである．なお，原料用のクリームでは，均質処理を省くこともある．

5)　クリームの冷却

殺菌後のクリームは急速冷却する．クリーム中の脂肪球内の結晶状態は，この冷却の条件によって大きく影響を受ける．固体となった乳脂肪には，通常 α 型，β' 型，β 型の3つの結晶形が存在するが，乳化が安定なクリームの場合，脂肪球の結晶形は細かい針状結晶で構成される β' とされている[2]（α 型は微細結晶であるが，すぐに β' 型に変化してしまう）．冷却速度が遅い場合や，十分な低温で冷却が行われない場合には，粗大結晶の β 型が生じることで脂肪球の乳化皮膜が損傷を受ける．このようなクリームでは，乳化が不安定なため，保管中に粘度の増加や固化を生じる場合がある．急速に低温まで冷却するために，クリームではプレート式熱交換機やチューブラー式熱交換機が用いられる．

6） クリームのエージング

加温，殺菌工程で熱を受け液体油であった脂肪球は，冷却工程を経て固体脂になる過程で徐々に結晶化する．脂肪の結晶化にはある程度の時間が必要であり，この間，低温保持して脂肪の結晶化を進行させる．この工程をエージングと呼ぶ．結晶状態を一定にするためには，冷却，エージングの工程を一定条件にすることが重要となる．一般的にはエージングはタンク内でクリームを低温保持することで行われる．十分に結晶化が進んでいないクリームは未結晶の液体油が多く存在しているため不安定で，脂肪球どうしが凝集しやすく過度の攪拌や振動を与えると粘度の増加や固化を生じる懸念がある．このためエージング中は不必要に物理的ストレスを与えないことが重要であり，タンク内の攪拌は最小限にとどめる．エージングは，数時間～十数時間必要とされ，エージング中は脂肪の結晶化熱により冷却直後よりもクリーム品温が1～3℃程度上昇する．エージングが終了し脂肪球の結晶状態が定まることで，ホイップ性や保存性等のクリームの特性が決まる．

7） クリームの容器充塡

エージングが終了し，安定な乳化状態となったクリームは容器に充塡される．この時点でクリームは比較的安定であるが，充塡時の物理的なストレスも最低限に抑えることが望ましい．このため，ポンプの使用や，充塡ノズルからの噴出等の操作は避け，気泡の混入，圧力・温度変動を最小限に抑えて容器に充塡する．

流通しているクリーム容器は，容量により種々の形態がある．100～1000 mL 量ではゲーブルトップ型の紙容器，10 kg 程度の量では段ボールの外装に樹脂製内袋を使用したバックインボックス容器，5 ガロン容量（約 18 kg）では金属缶が使用されている．大口の取引においては，1 t 程度の金属製カセットタンクや，頑丈な外枠に樹脂内袋を使用した容器が使用され，数 t 程度の場合にはローリーが使用される．

8） クリームの保管・流通

上述のように，クリームは製造工程において脂肪球の結晶状態を制御し安定な乳化状態を維持するように作られている．保管・流通においては，この乳化状態を保持することを念頭に取り扱われる．具体的には，温度変化，振動，気泡の混入を最小限にすることが重要である．

クリームが昇温すると，脂肪球の結晶が一部融解する．融解が生じて液体油の割合が増えた脂肪球は不安定となり，脂肪球どうしが凝集しクリームの粘度が高くなる．また，一度昇温したクリームは再冷却しても脂肪球内の融けた液体油が再冷却の際に粗大結晶に移行しやすく，元の結晶状態とは異なるため，物性の異なるクリームとなる．クリームに振動を与えた場合は，脂肪球どうしの衝突が促進されること，微細な気泡の混入で脂肪凝集が促進されることで乳化が不安定となる．

b. 「コンパウンドクリーム，ノンデイリークリーム」の製造方法

コンパウンドクリーム，ノンデイリークリームは，乳脂肪を植物油脂などの他脂肪に置き換えたクリーム製品であり，クリーム（乳製品）とは異なり，植物油脂等の油脂から人工的に乳化物を形成させて製造する．図 3.27 にコンパウンドクリームの製造工程を示す．

1） コンパウンドクリーム，ノンデイリークリーム原料の選定

一般的に使用される原料には，植物油脂，脱脂粉乳等の乳製品，糖類，乳化剤，安定剤，pH 調整剤，香料がある．以下に原料の役割，特徴を述べる．

植物油脂は原料の主要部分を占め，クリーム類の乳化特性，口どけ，ホイップ後のデコレーション（装飾，造花）の保持力（保形性）に大きな影響を与える．植物油脂は構成要素の脂肪酸の種類や，配置によって固体脂含量（solid fat content）や，結晶状態が決まる．よく使用される植物油脂は，パルミチン酸・オレイン酸主体のパーム油，ラウリン酸を多く含むヤシ，パーム核油（ラウリン系油脂），大豆油，ナタネ油，コーン油などである．これらの油脂は各温度での SFC

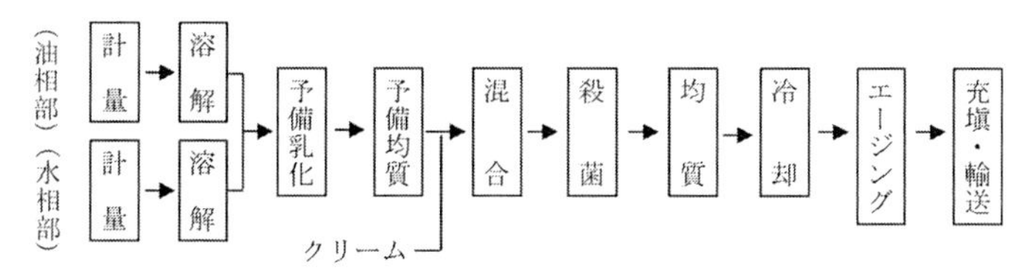

図 3.27 コンパウンドクリームの製造工程

(SFC 曲線) を調整するために水素添加処理が行われることが一般的であったが, 水素添加で生じるトランス脂肪酸が, ヒトへの健康影響として LDL コレステロールを増加させること[8] が問題視されるようになり, 昨今はあまり行われていない. 水素添加以外の SFC 調整方法としては, 脂肪酸のグリセリンとのエステル結合配置を変えるエステル交換や, 融点の違いを利用した融点分画法が行われている. これら種々の油脂の結晶形成の仕組みは複雑であり, たとえば同じ SFC 曲線へ調整しても, 同じ特性の油脂になるとは限らない. パーム油やカカオ脂の場合には, グリセリンに対して脂肪酸の並びが SUS 型 (S は飽和脂肪酸 (saturated fatty acid), U は不飽和脂肪酸 (unsaturated fatty acid) を表し, グリセリンの 1, 3 位に飽和脂肪酸, 2 位に不飽和脂肪酸がエステル結合していることを示す) のトリグリセライドが多く含まれており, 構造的に粗大結晶を生じやすく乳化が不安定となる傾向がある[2]. ラウリン系の油脂では, 温度に対して SFC 変化が激しく[9] (SFC 曲線が縦型), 口どけがよい反面, 温度変化に敏感で容易に粗大結晶へ移行するため扱いにくい. 一般的に, 脂肪酸構成やグリセリンへの脂肪酸の配置が多様で適度に混在している油脂は乳化が安定な場合が多いが, これは, トリグリセリド構成が多様なことが, 規則正しい結晶配列を阻害し粗大結晶の形成を妨げるためと考えられる[7].

乳製品は, 乳風味の付与や乳化目的のために乳タンパク質を含む原料が用いられる. おもに脱脂粉乳や濃縮乳, および乳製品ではないがカゼイン, カゼインナトリウム等の乳タンパク質が用いられる. また, コンパウンドクリームの乳脂肪原料としてバターやバターオイル等の乳製品が用いられる.

乳化剤は, おもに油脂を安定に乳化するためと, ホイップ操作の際に乳化を壊す (解乳化) ための, 相反する 2 つの目的で使用される. 相反する特性の 2 つの乳化剤を使用すると効果が相殺されるように感じられるが, 乳化剤の機能を発現する場面に応じて適性に配合することで使い分けることができる. 乳化の安定性に寄与する乳化剤は, 油脂の結晶制御, 液状クリームでの安定性, ホイップドクリームでのオーバーラン上昇に寄与する. 解乳化特性のある乳化剤は, ホイップ等の機械的な操作の際に乳化破壊を促進し, 脂肪凝集を引き起こすことでホイップドクリームの保形性向上に寄与する. 日本では, これらクリーム類に使用される乳化剤として, レシチンに代表される天然乳化剤, グリセリン脂肪酸エステル,ショ糖脂肪酸エステル，ソルビタン脂肪酸エステル，プロピレングリコール脂肪酸エステル，ステアロイル乳酸カルシウムがある．2008年より，使用料に制限があるものの乳化剤としてポリソルベートの使用が認められるようになった．

安定剤は，クリームの水中油型乳化物中の連続相である水相部に作用し，適度な粘度を与える．これにより液状クリーム保存中の脂肪浮上の抑制や，ホイップドクリームの舌ざわり，つや，ボディ感を良好なものにする．おもに，多糖類が使用されるが，ゲル化能力が高すぎるものは，液状クリームの保存中に固化する懸念があるため避ける．

pH調整剤は，おもにクリーム中のタンパク質安定化のために使用される．クリーム類は油分が主要な構成成分であるため相対的に水分が少なく，種々の乳原料や添加物を溶解する水相部では，タンパク質，糖類，ミネラルが比較的高濃度になるため，pHが偏る傾向がある．pH調整剤によりpHを安定化することで，溶解しているタンパク質の水和性や電荷を安定させる．また，pH調整剤の種類によっては，水相部のカルシウムイオンやマグネシウムイオンをキレートする作用があり，これらイオンとの反応性の高い乳タンパク質を安定化させる効果をもつ．

香料は，好ましい風味の付与，好ましくない風味のマスキングに使用される．水溶性の香料，油溶性の香料があり，それぞれ原料の水相部，油相部に溶解して使用される．水溶性香料については，製造工程の後半で混合することで，製造中に香料力価の減衰を防ぐことができる．

2) コンパウンドクリーム，ノンデイリークリーム原料の溶解・混合

原料の溶解では，大きく油溶性原料と水溶性原料に分けてそれぞれを溶解する．

植物油脂は液体油となる温度まで溶解し，油溶性の乳化剤，香料等を溶解する．水溶性原料は加温した溶解水に溶解する．脱脂粉乳，乳化剤，安定剤，pH調製剤，香料等が完全に溶解するように，温度・時間を調整する．

3) 予備乳化液の作製

それぞれ別個に混合，溶解された油溶性原料と水溶性原料を混合し，予備乳化液を作る．混合は，タンク，ミキサー，ラインミキサーなど種々の方法がある．乳化をより均一で細かくするために，ホモジナイザーを使用して均質する場合もある．

4) クリームとの混合（コンパウンドクリームの場合）

クリーム（乳製品）を原料として使用する場合には，加温して予備乳化液と混合し最終乳化液とする．

最終乳化液完成後は，クリーム（乳製品）と同じ工程・方法により殺菌，均質，冷却，エージングの処理を実施し製造する．

c. 「コーヒーホワイトナー」の製造方法

コンパウンドクリーム，ノンデイリークリームと同様の工程で製造する．コーヒーホワイトナーでは，ホイップ性は必要とされないが，コーヒーの熱や酸に対する乳化安定性を重視して乳化剤，pH 調整剤，タンパク質，油脂を使用する．このため，多くのコーヒーホワイトナーでは，常温流通が可能な乳化安定性を保持している．

容器は，5 mL の樹脂製ポーション容器が主流だが，業務用としてゲーブルトップ容器の製品も流通している．

d. 「ホイップ済みクリーム」の製造方法

「ホイップ済みクリーム」は，使用時に解凍するだけで簡便にホイップドクリームが得られる点に特徴がある．コンパウンドクリーム，ノンデイリークリームをホイップ，充填，冷凍することで製造される．ホイップ工程では，大型ミキサーや連続式のホイップマシンを使用し一定のオーバーランと硬さにホイップする．大型ミキサーでは，ホイップドクリームの物性を制御するためにミキサー羽根の回転数，ボールのサイズ，クリーム量，温度を調整する．連続式のホイップマシンの場合，空気の混合量，ホイップ装置の攪拌条件（速度，圧力，温度）を調整することで，オーバーラン，硬さを自在に調整できる．このようにしてホイップされたクリームは，容器へ充填される．充填容器は先端に口金が付き造花絞り使用を前提とした 500～1000 mL の三角樹脂袋や，スクープ使用に適した 400～1000 mL のカップ容器がある．充填後はスパイラルクーラーや冷凍庫を使用して凍結される．凍結速度が遅いと氷結晶が成長し，ホイップドクリームの組織が傷むため，急速凍結が望ましい．

凍結後は製品として冷凍で流通・販売され，購入先で使用前に解凍し，ホイップドクリームとなる．通常のホイップドクリームは，凍結・解凍することで，組織のひび割れ，離水，保形性低下といった不具合が生じるが，ホイップ済みクリームでは，これらを防ぐために，油脂をはじめ，乳化剤，糖類，安定剤等に工夫を凝らして製造されており，冷凍・解凍しても，本来のホイップドクリームの特徴である気泡を含んだなめらかな半固形状の状態を維持できる．添加物や生乳以外の素材が使用できない「クリーム（乳製品）」においては，このような性質を付与することは技術的に難しく，現在までに製品化された例はみられない．

e. 「発酵クリーム」の製造方法

クリームに乳酸菌を添加し30～40℃で発酵して製造する．発酵によりpHが下がるとともに，カードの形成，脂肪球の凝集が生じ，粘度が増加する．流動性のある状態でカップなどに充填し，冷却して製品とする．発酵後に殺菌する場合には，pH調整剤，乳化剤等を処方し，殺菌時の乳化安定性を維持する必要がある．

用途としては，酸味の必要なデザート，料理へ使用される．製品特性上，ホイップ性は必要とされない．　〔羽原一宏〕

文　献

1）Bylund, G（2003）. *Dairy Processing Handbook*, Tetra Pak Processing Systems AB.
2）藤田　哲（2000）．食用油脂―その利用と油脂食品，幸書房．
3）伊藤肇躬（2011）．乳製品製造学（増補版），光琳．
4）上野川修一ほか編（2009）．ミルクの事典，朝倉書店．
5）文部科学省（2005）．五訂増補日本食品標準成分表．
6）Moran, D. P. J., Rajah, K. K.（1994）. *Fat in Food Products*, Blackie Academic & Professional.
7）新谷　勛（1989）．食品油脂の科学，幸書房．
8）食品安全委員会（2004）．トランス脂肪酸に関するファクトシート．
9）加藤秋男編（1990）．パーム油・パーム核油の利用，幸書房．

3.5　アイスクリーム

本節ではアイスクリームの種類，法規，製造方法・工程の概略，アイスクリームの物性に影響を与える諸要因について述べる．

ここでアイスクリームとは，特別に指定する以外は食品衛生法の規定に基づく「乳及び乳製品の成分規格等に関する省令」でいうアイスクリーム類のことを指し，その他は氷菓と表現する．また，一般的に冷たい菓子全体を表す場合は冷菓と表現する．

3.5.1 アイスクリーム類の種類

一般的にアイスクリームは規格，組成，風味や形状などにより，さまざまな種類がある．

a. 成分規格による分類

1) アイスクリーム類

乳脂肪分や無脂乳固形分の量により，アイスクリーム，アイスミルク，ラクトアイスの3種類に分類される．詳細は後述する．

2) 氷 菓

アイスクリーム類を除くものである．

b. 形態による分類

1) カップ

紙カップ，樹脂カップに大別される．50 mL から 300 mL 程度の容器入りで蓋あるいはシールがされる．

2) スティック

木製あるいは樹脂製の棒を刺したもの．製造方法はモールドタイプとエクストルードタイプがあり，アイスクリームの形状も角柱型，円柱型，楕円形型や，立体型（3D タイプ）など多岐にわたる．

3) コーン

円錐形状のシュガーコーンあるいは成形されたコーン形状のモナカ生地などにアイスクリームを盛り上げて充填したもの．樹脂容器，紙スリーブ，ピロー包装されたものなどがある．

4) モナカ

モナカ生地を可食容器として使用したもの．

5) その他

一口タイプ，サンドイッチタイプ，デコレーションタイプなどがある．

c. 内容成分別の分類

1) プレーンタイプ

プレーンな味を楽しむアイスクリーム類で，主要フレーバーはバニラである．オーバーランは 40～100％の場合が多い．

2)　風味タイプ

風味原料を混合したもので，チョコレート，コーヒー，フルーツ，ナッツ，抹茶，カスタードなどがある．

3)　シャーベット

糖液に果汁，酸，安定剤などを加えて凍結（フリージング）したもので，若干の脂肪分や乳固形分を含む場合もある．オーバーランは30～50%程度が適当である．

4)　かき氷

砕氷にいちごやメロン風味のシロップを加えて凍結したものである．練乳，抹茶，小豆などを使った和風タイプも多い．

5)　プレミアムアイスクリーム

明確な法令上の規格は存在せず，メーカーの責任において高品質アイスクリームに対して称されている．各メーカーの実態としては，プレミアムアイスクリームは生乳やクリーム，濃縮乳などの比較的加工度の低い乳原料と，高価な風味原料を使った高乳脂肪分（10%以上程度）かつ高無脂乳固形分（10%程度）のアイスクリームが多い．スーパープレミアムアイスクリームは，さらに高乳脂肪分（12%以上）である場合が一般的である．どちらもオーバーランは低く（20～30%程度），安定剤や乳化剤が添加されていない場合が多い．

d.　販売上の分類

1)　ノベルティパック

60～300円程度の価格で，1個単位で購入できる．

2)　マルチパック

300～500円程度の価格で，やや小さめの製品を数個～十数個，カルトンや袋に詰めた商品であり，いくつかのフレーバーを詰め合わせたものも多い．

3)　ホームタイプ

500～2000円程度の価格で，家に持ち帰って家族やグループで切り分けたり，盛り付けたりして食べる商品である．大型容器入りやケーキタイプなどがある．

4)　業務用

ファストフード，レストラン，ホテル，喫茶店などで盛り付け販売に使用する業務用の商品である．2～10Lの樹脂製または紙製の大型容器入りが一般的である．

3.5.2 アイスクリーム類の定義

アイスクリーム類は，法令により定義されている.「乳及び乳製品の成分規格等に関する省令」(乳等省令) によれば，アイスクリーム類とは,「乳またはこれらを原料として製造した食品を加工し，または主要原料としたものを凍結させたものであって，乳固形分 3.0%以上を含むもの (発酵乳を除く)」をいう.

アイスクリーム類とは,「アイスクリーム」,「アイスミルク」および「ラクトアイス」の総称であり，乳固形分や乳脂肪分量により分類される (表 3.14).

一方，乳固形分が 3.0%未満のものはアイスクリーム類ではなくて「氷菓」と呼ばれ,「食品衛生法の規定に基づく食品，添加物等の規約基準 (昭和 34 年厚生省告示第 370 号) に適合し,「液糖はこれに他食品を混和した液体を凍結したものまたは食用氷を粉砕し，これに液糖もしくは他食品を混和し再凍結したもので，凍結状のまま食用に供するもの」と規定されている.

その他に公正取引委員会で規定された業界の自主規約として,「アイスクリーム類及び氷菓の表示に関する公正競争規約」が制定されている.

3.5.3 アイスクリームの組織構造

アイスクリームは，おもに気泡，脂肪球，氷結晶および未凍結相から構成される複雑な食品コロイドである[6]. 凍結前の状態であるアイスクリームミックスは

表 3.14 アイスクリーム類の定義と成分規格

〈乳等省令〉

製品区分および名称	定義	種類別	成分規格			
			乳固形分	乳脂肪分	大腸菌群	細菌数*
アイスクリーム類 (乳製品)	乳またはこれらを原料として製造した食品を加工し，または主要原料としたものを凍結させたものであって，乳固形分 3.0%以上を含む (はっ酵乳を除く) をいう.	アイスクリーム	15.0%以上	8.0%以上	陰性	10 万 /g 以下
		アイスミルク	10.0%以上	3.0%以上	陰性	5 万 /g 以下
		ラクトアイス	3.0%以上	—	陰性	5 万 /g 以下

〈食品，添加物等の規格基準〉

一般食品		氷菓	上記以外のもの		陰性	1 万 /mL 以下

*：ただし，発酵乳および乳酸菌飲料を原料として使用したものにあっては，乳酸菌または酵母以外の細菌数をいう.

O/W 型エマルジョンであるが，製造工程中のフリージング工程での攪拌および冷却によってアイスクリーム組織が形成される（図 3.28）．氷結晶はおよそ直径 1～150 μm 以上（平均 35 μm），脂肪球は 2 μm 前後，気泡は 20～50 μm であるとされている[3]．これらの要素が互いに影響を及ぼし，食品としてのおいしさに重要な影響を与える．

アイスクリームの組織は原料，配合比率，製造工程などに大きな影響を受ける．そのため，原料および製造工程の複雑な相関関係を理解し，制御することが重要である．

3.5.4　アイスクリーム類の製造方法

おもな原料とその役割，製造工程，製造機器，および製造条件がアイスクリームの品質に及ぼす影響について述べる．

a.　冷菓に使用する原料とその役割

1）　脂　肪

冷菓に使用される脂肪は乳脂肪と植物性脂肪に分類される．アイスクリームでは乳脂肪以外の食用油脂の併用は認められていない．ただし，卵脂肪，カカオ脂肪などの風味原料由来の脂肪は例外である．脂肪はアイスクリーム類の組織，風味，保形性に大きな影響を及ぼす．乳脂肪分は乳特有の風味を与える．植物性脂肪分はアイスクリームの特性に合った油脂の選択ができる特徴があるが，風味の特性に乏しい．

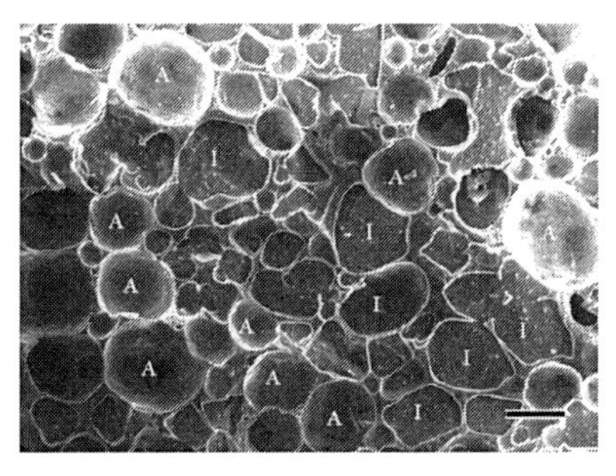

図 3.28　アイスクリームの電子顕微鏡写真
A：気泡，I：氷結晶．バーの長さ＝33.3 μm．

2)　無脂乳固形分

乳固形分から乳脂肪分を除いたものをいう．粉乳，濃縮乳，練乳などの乳原料から供給される．組織をなめらかにし，乳風味を向上させるが，過剰に添加した場合は塩味を増し，風味への影響が大きい．また，保存中の乳糖結晶の発生を促進する．

3)　糖　類

糖類は甘味を与えるばかりではなく，組織改善の目的でも使用される．糖類の組合せ次第により，糖度（甘味），組織，保形性などに違いが出る．一般的に，砂糖，ブドウ糖，果糖，異性化糖，でんぷん加水分解物（水あめ，粉あめ），糖アルコールなどが使用される．

4)　安定剤

おもにフリージング前のミックス中の成分を均一に分散し，フリージングや保存中の品質劣化を防止する目的で使用する．一般的に，ローカストビーンガム，カラギナン，グアーガム，ペクチンなどが使用される．

5)　乳化剤

乳化剤はフリージング前のミックスの乳化安定性向上に加えて，フリージング時の脂肪凝集（解乳化）をコントロールする目的で使用される．均質工程によって乳化された脂肪球はフリージング工程で乳化が破壊され，ブドウの房状に凝集する．この凝集した脂肪が気泡を取り囲み，半連続相の網目構造を形成することで，なめらかな保形性のよいアイスクリームとなる．一般的に，グリセリン脂肪酸エステルやショ糖脂肪酸エステルなどが使用される．

6)　卵固形分

起泡性を増し，風味を改善する．カスタードアイスクリームには必須であり，公正競争規約により，重量百分率で卵黄固形分 1.4%以上または液体卵黄分 2.8%以上を含むことと規定されている．

7)　香　料

香気を付与し，製品特徴を強化し，嗜好性を向上させる．

8)　着色料

色調を整え，製品特徴を強化し，嗜好性を増加させる．

b.　工程別の製造機器と製造工程の概要

アイスクリームの製造工程の概要を記す（図 3.29）.

1）　混合・溶解

計量された原料を攪拌機能のある溶解タンクなどで加熱しながら高速で攪拌し，強いせん断力を与えながら完全に溶解する．溶解温度は 50～80℃が適当である．特に安定剤および乳化剤などは，十分な温度を確保し，完全に溶解することが必要である．ただし，液糖類，生乳，濃縮乳などの液状原料は，直接ブレンド用タンク内で混合される場合も多い.

2）　濾　過

溶解・混合後，バスケットフィルターまたはラインフィルターによって混入している夾雑物および不溶解物を除去する．フィルターのサイズは 60～80 メッシュが適当である.

3）　ホールディング

溶解・混合した原料は完全に溶解していても，水和が完全でない場合があるため，攪拌しながら保持する工程をとる．たとえば，安定剤などの増粘多糖類は，水和することにより機能を十分に発揮する．ホールディングは殺菌前の工程であるので，微生物の繁殖，酵素の作用が起きない温度で行う必要がある．一般的には約 70℃で 30 分間程度である.

4）　均　質

アイスクリームの均質は，ホモジナイザーと呼ばれる均質バルブを備えた高圧ポンプを使用し，ミックス中の脂肪球を微細に粉砕し（1 μm 以下），安定な乳化

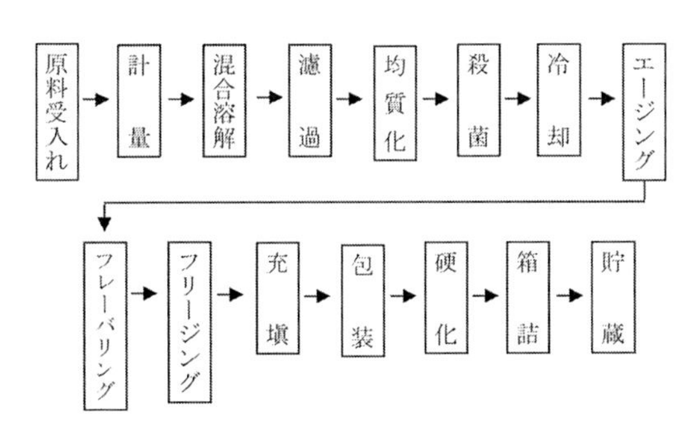

図 3.29　アイスクリーム類の製造工程

状態を作り出す目的で行う．同時に脂肪以外の成分も均一に分散させる．アイスクリームの空気の取り込みやすさや食感のなめらかさなどに影響を与える．使用原料や配合割合によって異なるが，一般的に温度は70℃以上，圧力は12〜15 MPaが適当である．

5) 殺菌・冷却

ミックス本来の性質を損ねることなく，有害菌や変敗の原因となる微生物を死滅させると同時に，酵素類も失活させるのが目的である．乳等省令では，「68℃・30分以上または同等以上の殺菌効果を有する方法で殺菌すること」と定められている．アイスクリームの製造工場では，高温短時間殺菌（HTST殺菌）または超高温瞬間殺菌（UHT殺菌）が採用されている場合が多い．それぞれ，85℃以上・15秒以上，110〜130℃・2〜3秒という条件が一般的である．

殺菌後は速やかに10℃以下，望ましくは5℃以下に冷却する．

6) エージング

殺菌，冷却したミックスを一時保管し，脂肪分の結晶状態を安定化するのがおもな目的である．攪拌機およびジャケット付きタンクが使用され，チルド水で5℃以下に保持される．

7) フリージング

アイスクリームを製造するうえで最も特徴的で重要な工程である．

アイスクリームミックスから急速に熱を奪って凍結させると同時に適当量のエアーを混入し，気相（エアーセル），固相（氷結晶，脂肪球），液相（未凍結部分）を均一に分散させてアイスクリームの組織を形成する．Kloserら[10)]やBergerら[2)]は安定に乳化された脂肪球が空気とともに攪拌，急速凍結される過程で凝集し，組織に影響を与える，とそのメカニズムを説明している．

この工程は連続式フリーザーまたはバッチ式フリーザーが使用される．フリージングシリンダーは周囲が二重構造になっており，冷媒の蒸発熱によって冷却される（図3.30）．

冷媒はアンモニアまたはフロン（代替フロン）圧縮液が使用される．連続式フリーザーのシリンダーの内部にはダッシャーがあり，スクレーパーブレードと呼ばれるナイフ状の金属刃が回転しながら，シリンダー表面に凍結したアイスクリームを削り取り，微細な氷結晶を形成するとともに熱交換を行う（図3.31）．

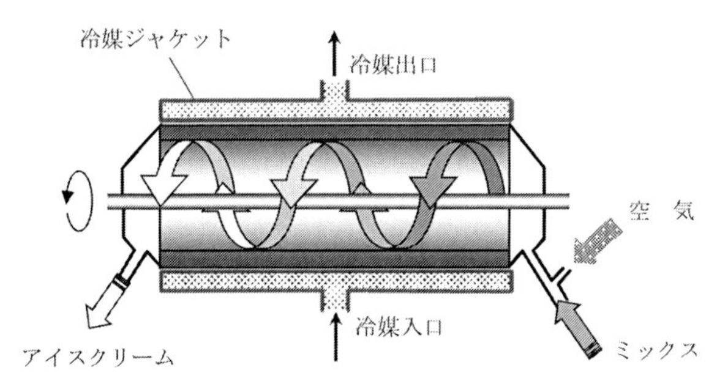

図 3.30 連続式アイスクリームフリーザーの流れ

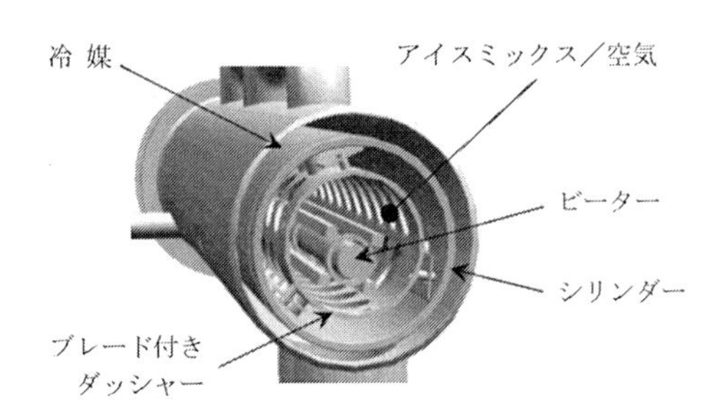

図 3.31 シリンダー内の構造

アイスクリームの排出温度は冷媒の蒸発圧力によりコントロールされるが，一般的な温度である－2～－6℃はミックス中の凍結水分率が大きく変化する温度帯であり（図 3.32），アイスクリーム中の氷結晶の大きさ，アイスクリームの組織，なめらかさなどに大きく影響する．

フリーザーから排出される温度が低いほど，ミックス中の脂肪は解乳化し，脂肪球が凝集する割合（以下，脂肪凝集率）が高くなる．アイスクリームを製造するうえで，フリージング工程で解乳化が生じることは重要な現象であり，脂肪の解乳化が適度に進むことによって，製品の保形性が向上する傾向にある[11]．

また，空気の混入率もアイスクリームの組織，食感，保形性，風味に影響する．アイスクリームに占める空気の含有容量比率のことをオーバーラン（以下 OR と記す）と呼ぶ．

OR の計算方法を示す．容量法と重量法があり，工程の管理に重要である．

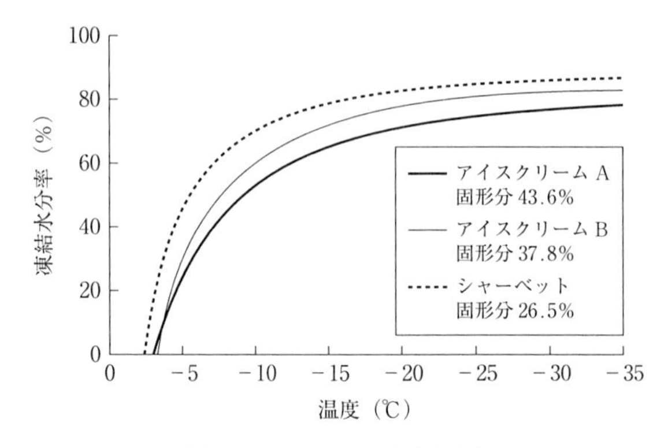

図 3.32　ミックスの凍結水分率

①容量法：　$$\mathrm{OR}(\%)=\frac{(\text{アイスクリームの容量})-(\text{もとのミックスの容量})}{(\text{もとのミックスの容量})}\times 100$$

②重量法：　$$\mathrm{OR}(\%)=\frac{(\text{ミックスの重量})-\left(\begin{array}{c}\text{ミックスと同じ容量の}\\\text{アイスクリームの重量}\end{array}\right)}{(\text{ミックスと同じ容量のアイスクリームの重量})}\times 100$$

アイスクリームの品質は，製造条件に大きな影響を受ける．井上ら[8,9]は，均質条件およびフリーザーの運転条件に注目し，アイスクリームの組織特性（脂肪凝集率，氷結晶径および気泡径）や物性との相関関係を統計学的に解析することで，アイスクリームの品質をコントロールするために効果的な操作因子を定量的に明らかにしている．

フリージング条件のオーバーラン（%）とアイスクリームの排出温度（℃）の2条件を因子とし，アイスクリームの脂肪凝集率と氷結晶径，気泡径に与える影響を示した等高線図を示す（図3.33）．脂肪凝集には，排出温度の影響が大きいことがわかる．また，氷結晶をより微細にするためには，排出温度を低くすることが有効であり，かつオーバーラン（空気の含量）を高めに設定することがさらに望ましいことがわかる．これは空気の存在が物理的な障壁となり，氷結晶の合一を妨害するためと考えられる[5]．気泡径は，オーバーランを高くせず，排出温度を下げたときに小さくなる．気泡はフリージング中にせん断されると同時に合一も起こる[7]ため，排出温度の低下による粘度上昇が気泡の微細化に効果的であると考えられている．

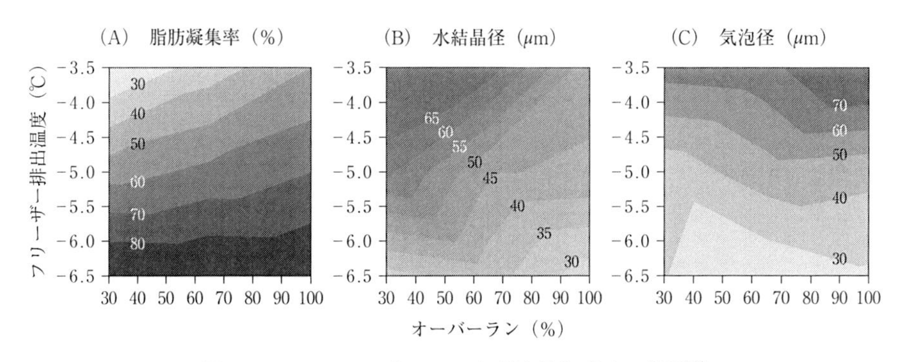

図3.33　オーバーランとフリーザー排出温度（℃）の影響[8,9]

フリーザーは排出温度，OR，ダッシャー回転数，シリンダー内圧などがコンピューターにより設定できるものが多く，さまざまな製造条件の設定が可能である．

8)　充　塡

目的とするアイクリームの形状により種々の充塡機が使用される．充塡方法としてホッパー充塡，直充塡（圧力充塡），エクストルード充塡などがある．

ホッパー充塡とは，ホッパーに一度アイスクリームを受けてからピストンシリンダーで定量充塡するもので，流動性のあるアイスクリームの充塡に適している．直充塡は，フリーザーの吐出圧力に基づきシャッターバルブの開閉により充塡するもので，低温で高粘度のアイスクリームを一定の形状に充塡する製品に適している．エクストルード充塡は，フリーザーの吐出圧力により一定形状のノズルからアイスクリームを一定形状で押し出し，一定の長さにカッターなどで切断する．充塡方法は，製品形状および包装形態によっても区分される．一般的な充塡ラインである容器充塡は，カップおよびコーン，モナカ（可食容器）などのように，ノズルから容器へ直接充塡するタイプである．また，スティック製品などに用いられるモールド充塡は，氷結管（モールド）に充塡して硬化したあと，モールドから抜き取って包装するタイプである．

また，プレート充塡は，ノズルから一定形状でエクストルードしたアイスクリームをプレートへ充塡して硬化した後，プレートからはがして包装するタイプである．

9) 硬 化

充填時は半流動性であるアイスクリームを凍結し，完全な製品に仕上げる工程である．一般的に，−35℃程度で冷風を攪拌するファンを備えたトンネルを30〜60分かけて通過させ硬化する．一般的に，より短時間で硬化させることにより氷結晶の大きさを小さく保つことができ，アイスクリームの組織をなめらかに仕上げることができる．モールド充填した製品は，ブラインと呼ばれる塩化カルシウム溶液の冷媒に浸漬し急速凍結を行うのが一般的である．

10) 貯 蔵

硬化後の製品をダンボールに詰め，硬化を完全に行うと同時に，商品として保管する工程である．−25℃以下で管理することが望ましい．−25℃まで硬化すると80〜90％の水分が凍結する．庫内の温度が変化すると（ヒートショック），氷結晶が粗大化し，組織・食感等の品質が劣化するので，注意が必要である．

3.5.5 アイスクリーム類の保存基準

アイスクリーム類および氷菓は−18℃以下（営業冷凍庫は−25℃以下）で保存されるのが一般的である．この保存条件であれば微生物的危害の発生のおそれがないことから，消費者庁所管の「食品衛生法施行規則」，「乳等省令」および「加工食品品質表示基準」のいずれにおいても，賞味期限の表示が免除されている．

なお，「アイスクリーム類及び氷菓の表示に関する公正競争規約施行規則」においては，保存上の注意として「ご家庭では−18℃以下で保存してください」などの文言を製品に表示することを規定している．

3.5.6 アイスクリームの保存性

製品の輸送中または保存中の状態が不良である場合は，外観・風味・食感などに影響するさまざまな理化学的な変化が起こることが知られている．おもなものでは氷結晶の粗大化，体積の収縮，乳糖結晶の発生などがあげられる．

a. 氷結晶の粗大化

保存中における代表的な組織変化は温度の変動（ヒートショック）による氷結晶の粗大化である．保存中に温度が上昇すると小さい氷結晶は溶けて消失するが，大きな氷結晶は完全に溶けずに残り，その後再び温度が低下したときに，溶け残った大きい氷結晶を核としてさらに大きい氷結晶を生成する．この工程を繰り返すことで，氷結晶が粗大化する．氷結晶の大きさは，食感に大きく影響する．微細なほどなめらかで，クリーミーに感じられ，粗大であればざらつき，より冷たく感じられる．したがって，アイスクリーム中に微細な氷結晶を生成させ，維持することは，アイスクリームの品質を決定する重要な要素の1つである．さまざまな食品添加物などで氷結晶の粗大化を抑制することが研究されている．一例として，乳化剤であるプロピレングリコールモノステアリン酸エステル（PGMS）を使用したアイスクリームの保存中にヒートショックを与えた実験結果を示す[1]（図3.34）．PGMSを添加したアイスクリームでは，氷結晶の粗大化がほとんどみられない．

b. 体積の収縮（シュリンケージ）

輸送中に生じやすい組織変化に体積の収縮（シュリンケージ）がある．これは，温度変化や気圧変動などによってアイスクリーム中の気泡粒子の構造が崩壊し，組織から空気が抜けて体積の収縮が起こる現象である．この現象はおもに2種類に分類される．1つは，容器の中に沈み込むものと，もう1つは，全体的に容器から剥離し，表面組織が乾燥していくものである．Dubeyら[4]は体積の収縮が発生する要因として，コーティングされていない紙製の包装容器の使用，高すぎる

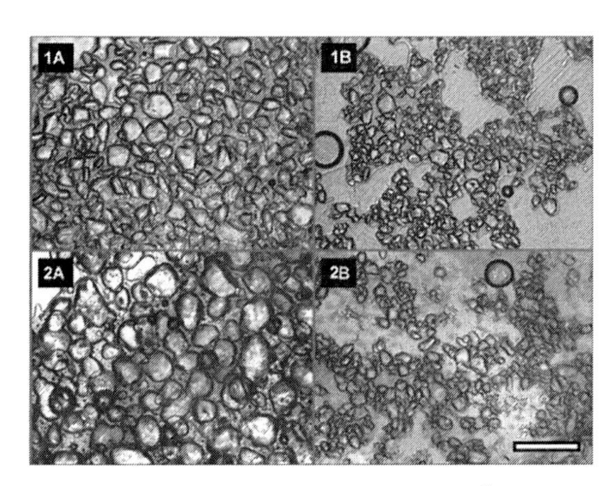

図3.34 PGMSの氷結晶成長抑制効果[1]
1A：PGMS 0.0% 保存試験前，1B：PGMS 0.3% 保存試験前，2A：PGMS 0.0% 保存試験後，2B：PGMS 0.3% 保存試験後．バーの長さ＝200 μm.

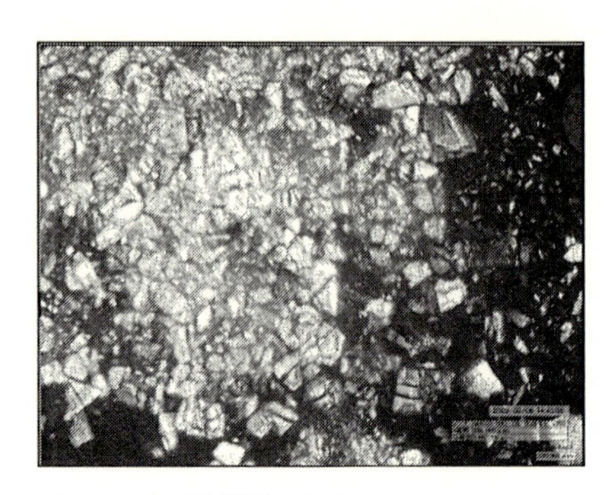

図 3.35　偏光顕微鏡で観察したアイスクリーム中の乳糖結晶

オーバーランの設定，輸送中のドライアイスの使用，細かすぎる気泡や氷結晶，保存温度の変動や不完全な硬化などをあげている．

さらに原料の影響などについても述べており，糖類を多量に添加することによる凍結点降下効果による組織の軟化や過剰な無脂乳固形分によっても生じるとしている．

c.　乳糖結晶

乳糖は無脂乳固形分やその他の糖原料に含有されているが，過剰に乳糖を含むアイスクリームが不安定な温度条件で長期間保存された場合，乳糖が結晶化することがある（図 3.35）．乳糖の結晶は氷結晶に比較し溶けにくく，乳糖結晶が発生したアイスクリームを食べると口内でざらざらした食感を感じる．

〔竹塚真義〕

文　献

1)　Aleong, J. M. *et al.* (2008). *J. Food Sci.*, **73**(9)：E463.
2)　Berger, K. G. *et al.* (1972). *Dairy Industry*, **37**：493-497.
3)　Cook, K. L. K., Hartel, R. W. (2010). *CRFSFS*, **9**：213.
4)　Dubey, U. K., White, C. H. (1997). *J. Dairy Sci.*, **80**：3439-3444.
5)　Flores, A. A., Goff, H. D. (1999). *J. Dairy Sci.*, **82**：1399.
6)　Goff, H. D. (1997). *Int. Dairy J.*, **7**：363.
7)　Hanselmann, W., Windhab, E. (1999) *J. Food Eng.*, **38**：393.
8)　Inoue, K. *et al.* (2008). *J. Dairy Sci.*, **91**(5)：1722.

9) Inoue, K. *et al.* (2009). *J. Dairy Sci.*, **92**(12) : 5834.
10) Kloser, J. J., Keeney, P. G. (1959). *Ice Cream Rev.*, **42**(10), 36-60.
11) Sakurai, K. *et al.* (1996). *Milchwissenschaft*, **51**(8) : 451-454.

3.6 粉　　乳

科学技術が飛躍的に発達した今日においても，現代生活に欠かせない電気等のライフラインが災害など何らかの理由で断絶され，生鮮食品の供給・保存が困難になる状況は想定しておかなければならない．その場合，保存性がよくて栄養価の高い粉乳を利用することは食糧確保の重要な選択肢の１つとなる．実際，多くの自治体で脱脂粉乳（スキムミルク）や調製粉乳といった粉乳が非常事態に備えて備蓄されている．さらに歴史的にみると，マルコ・ポーロの東方見聞録中に，モンゴルのジンギスカンの兵士は遠征に際して乾燥乳を食物の一部として携帯し，食べるときにはこれを水に溶かして飲むと記されている[1]．この記述は，すでに13世紀中頃には中央アジアやモンゴルの遊牧民が粉乳の一種である乾燥乳を保存食として有効利用していたことを示している．すなわち，古来から現代に至るまで粉乳は代表的な保存食品の１つなのである．

今日の日本で常温保存可能なLL牛乳（ロングライフミルク）の賞味期限は3ヶ月間程度しかないことから，粉乳を溶解して牛乳に匹敵するおいしい乳飲料が簡単にできれば，おおむね半年から２年程度の賞味期限のある粉乳の利用価値はきわめて大きくなる．こうした面での粉乳研究は，第二次世界大戦や朝鮮戦争の際に新鮮な食品の供給が困難となる状況に直面した米国陸軍の後方部隊も1950年代に取り組んでおり，さまざまな大学と共同で全粉乳の風味や溶解性等の改善を実施している[2]．

その一方で，近年の食品工業の発達により，粉乳はそのまま飲用等に供されるよりも他の加工食品の原料として使用されることが圧倒的に多くなってきた．このような目的で利用される粉乳にはさまざまな種類があり，利用法もきわめて多岐にわたっている．

3.6.1 粉乳の規格

一般の粉乳の規格は食品衛生法中の「乳及び乳製品の成分規格等に関する省令」

表 3.15 粉乳の規格（乳等省令）[3]

	乳固形分	乳脂肪分	乳タンパク量*	水 分	細菌数**	大腸菌群	糖 分
全粉乳	95.0%以上	25.0%以上	—	5.0%以下	5万以下	陰性	—
脱脂粉乳	95.0%以上	—	—	5.0%以下	5万以下	陰性	—
クリームパウダー	95.0%以上	50.0%以上	—	5.0%以下	5万以下	陰性	—
ホエイパウダー	95.0%以上	—	—	5.0%以下	5万以下	陰性	—
タンパク質濃縮ホエイパウダー	95.0%以上	—	15.0%以上 80.0%以下	5.0%以下	5万以下	陰性	—
バターミルクパウダー	95.0%以上	—	—	5.0%以下	5万以下	陰性	—
加糖粉乳	70.0%以上	18.0%以上	—	5.0%以下	5万以下	陰性	25.0%以上（乳糖を除く）
調製粉乳	50.0%以上	—	—	5.0%以下	5万以下	陰性	—

*：乾燥状態において．**：標準平板培養法で1gあたり．

（乳等省令）で定められている．乳等省令の記載事項を表3.15に示した．

3.6.2 粉乳の種類と特徴

生乳の加工の流れからみた粉乳の種類を図3.36に示した．この図において，太字で示した製品は乳等省令で乳製品に区分されたものであり，それぞれ以下のように定義されている．

・全粉乳： 生乳，牛乳または特別牛乳からほとんどすべての水分を除去し，粉末状にしたもの

・脱脂粉乳： 生乳，牛乳または特別牛乳の乳脂肪分を除去したものからほとんどすべての水分を除去し，粉末状にしたもの

・クリームパウダー： 生乳，牛乳または特別牛乳の乳脂肪分以外の成分を除去したものからほとんどすべての水分を除去し，粉末状にしたもの

・ホエイパウダー： 乳を乳酸菌で発酵させ，または乳に酵素もしくは酸を加えてできたホエイからほとんどすべての水分を除去し，粉末状にしたもの

・タンパク質濃縮ホエイパウダー： 乳を乳酸菌で発酵させ，または乳に酵素もしくは酸を加えてできたホエイの乳糖を除去したものからほとんどすべての水分

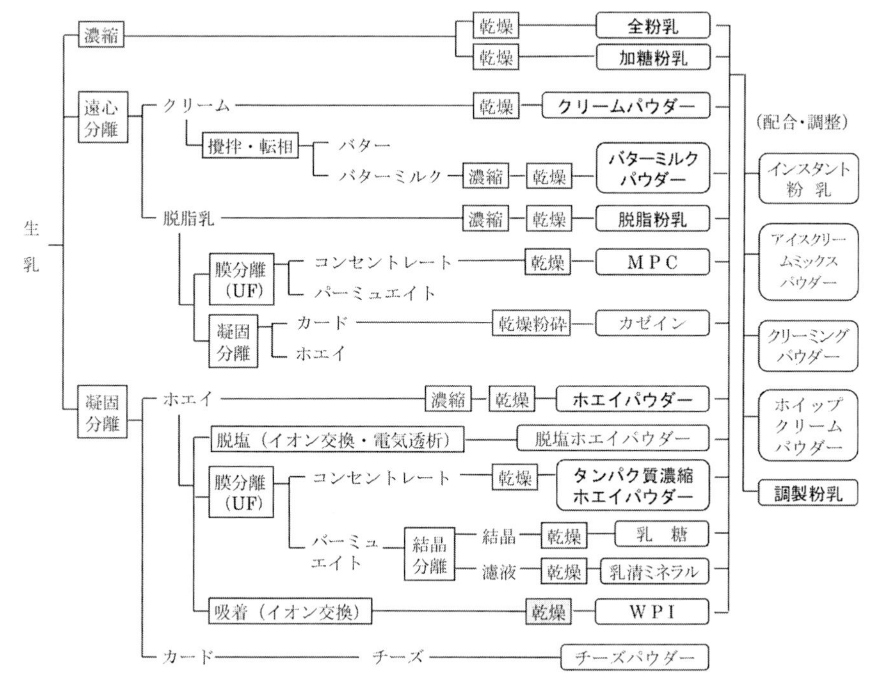

図 3.36　粉乳の種類と加工の流れ（文献[4]を一部改変）

を除去し，粉末状にしたもの

・バターミルクパウダー：　バターミルクからほとんどすべての水分を除去し，粉末状にしたもの

・加糖粉乳：　生乳，牛乳または特別牛乳にショ糖を加えてほとんどすべての水分を除去し，粉末状にしたものまたは全粉乳にショ糖を加えたもの

・調製粉乳：　生乳，牛乳もしくは特別牛乳またはこれらを原料として製造した食品を加工し，または主要原料とし，これに乳幼児に必要な栄養素を加え粉末状にしたもの

一方，製造技術の発展により，乳等省令で乳製品に区分された粉乳以外の粉乳類も製造されており，これらの種類と特徴を表 3.16 に示した．従来のいわゆる乳製品に区分される粉乳が，栄養および機能面で乳を総合的な形で利用しているのに対し，表 3.16 の粉乳類はさらに栄養と機能面で特化されたものといえる．

表 3.16 一般の粉乳以外で食品素材として利用される粉乳の種類と特徴[4]

種　類	製造法および製品の特徴
MPC (milk protein concentrate)	脱脂乳を膜（UF 膜）濃縮し，タンパク質含量を高めて粉末化したもの．乳飲料，発酵乳，機能性食品のタンパク質強化に利用される．
カゼイン	脱脂乳に酸（乳酸，硫酸，塩酸）またはレンネットを添加してカゼイン部分を沈澱させ，圧搾，乾燥，粉砕したもの．タンパク質強化および乳化用タンパク質として利用される．
脱塩ホエイパウダー	ホエイを電気透析あるいはイオン交換処理により脱塩した後，粉末化したもの．調製粉乳あるいは製菓原料として利用される．
乳　糖	ホエイの UF パーミエイトを濃縮後冷却して結晶化させ，分離，乾燥したもの．調製粉乳のほか，固結防止剤，分散剤，錠剤用賦形剤として食品や医薬品に利用される．
乳清ミネラル	ホエイの UF パーミエイトを濃縮後冷却して結晶化させ，乳糖を結晶分離した濾液を乾燥したもの．ミネラル強化食品や調味料に利用される．
WPI (whey protein isolate)	ホエイをイオン交換樹脂処理した後，吸着したタンパク質を溶出して UF 濃縮し乾燥したもの．タンパク質の純度が高く，ゲル化性，起泡性等の機能性が特にすぐれており，畜肉製品に利用される．
チーズパウダー	ナチュラルチーズ，プロセスチーズを単独または糖類，脂肪，脱脂粉乳，フレーバー等を添加して粉末化したもの．各種食品素材として利用される．

さらに，これらの食品素材としての粉乳を利用して，インスタント粉乳，アイスクリームミックスパウダー，クリーミングパウダー，ホイップクリームパウダー，調製粉乳などが製造される．インスタント粉乳は家庭用のスキムミルクに代表されるように，溶解性を高めるために粒子の大きさを調整した粉乳である．アイスクリームミックスパウダーは飲食店等で手軽にソフトクリームを製造するために使われる．クリーミングパウダーはコーヒー等に用いられ，ホイップクリームパウダーは手軽にホイップクリームを作るために用いられる．調製粉乳については別途後述する．

3.6.3 粉乳の生産と貿易[5,6]

2011 年の日本の全粉乳および脱脂粉乳の生産量はそれぞれ 1.4 万 t および 13.7 万 t である．一方，2011 年の世界の全粉乳および脱脂粉乳の生産量はそれぞれ約 450 万 t および約 400～450 万 t と推定されている．全粉乳のおもな生産国は中国（100 万 t），ニュージーランド（100 万 t），EU 27 ヶ国（70 万 t）である．脱脂粉乳のおもな生産国は EU 27 ヶ国（120 万 t），米国（90 万 t），インド（40 万 t），ニュージーランド（40万t）となっている．

これら主要粉乳の世界貿易量は全粉乳が約220万t，脱脂粉乳が約170万tとなっている．全粉乳ではニュージーランド，EU 27ヶ国，アルゼンチンが主要輸出国となっており，中国，アルジェリア，ベネズエラが主要輸入国となっている．脱脂粉乳ではEU 27ヶ国，米国，ニュージーランドが主要輸出国となっており，メキシコ，中国，インドネシアが主要輸入国となっている．

3.6.4 粉乳の製造方法

粉乳の製造工程は全粉乳，脱脂粉乳，調製粉乳等，製品の種類によって詳細は異なるものの，基本的には図3.37に示した通りである．なお，処理液とは生乳または脂肪含量を調整された全脂乳（全粉乳製造の場合），生乳より脂肪を取り除いた脱脂乳（脱脂粉乳製造の場合），組成が標準化された調合乳（調製粉乳製造の場合）を指す．

清澄化は遠心分離機またはフィルターで処理液中に含まれる微細なごみ等の異物を除去する工程である．

次の殺菌工程で用いられる殺菌温度と保持時間は製品によってさまざまである．殺菌機としては，プレート式（図3.38）およびチューブ式（図3.39）などの間接接触型熱交換器，または処理液中に蒸気を吹き込むスチームインジェクション型

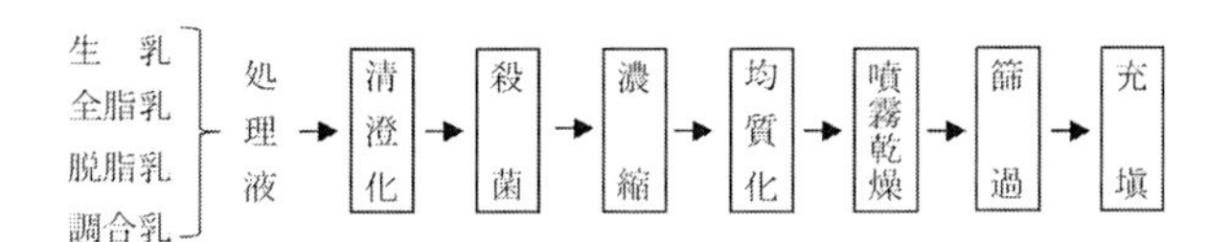

図3.37　粉乳の製造工程（文献[7]を一部改変）

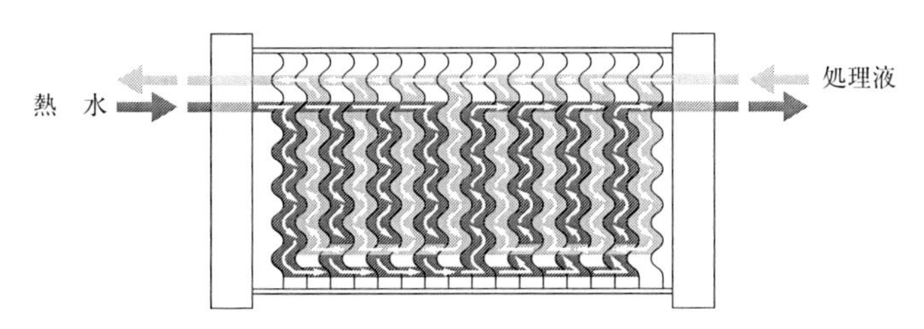

図3.38　プレート式熱交換器の模式図（文献[7]を一部改変）

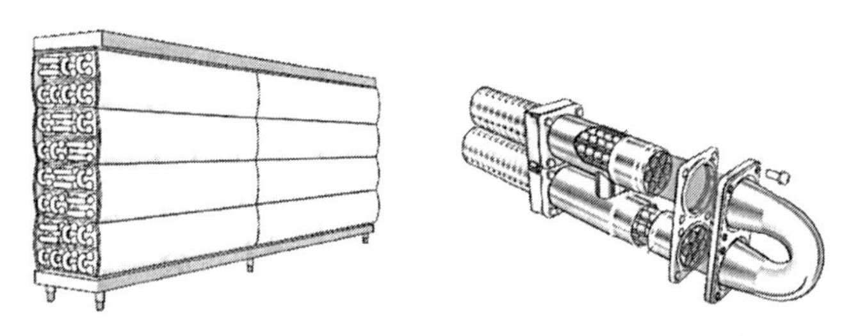

図 3.39　チューブ式熱交換器の概観図（左）と内部模式図（右）（文献[7]を一部改変）

加熱器や蒸気雰囲気中に処理液を吹き込むスチームインフュージョン型加熱器（図 3.40）といった直接接触型熱交換器が用いられる．間接接触型では金属板や管壁を介して蒸気や熱水で処理液を加熱するが，直接接触型では蒸気が処理液と直接混合するため加熱時間が短く，処理液を均一に加熱できる．直接接触型熱交換器の蒸気は製品への混入を考えて衛生的で化学的に安全なものが用いられる．

濃縮工程では殺菌された液を噴霧乾燥のための予備濃縮として蒸発缶に供給し，全固形分濃度が 40〜60%程度に濃縮される．蒸気により処理液を加熱し，水を蒸発させて濃縮する．この際，熱による成分の変質を防ぐため，蒸発缶内を大気圧より低い圧力に保って 40〜70℃程度の範囲で蒸発操作を行う．図 3.41 は蒸気圧

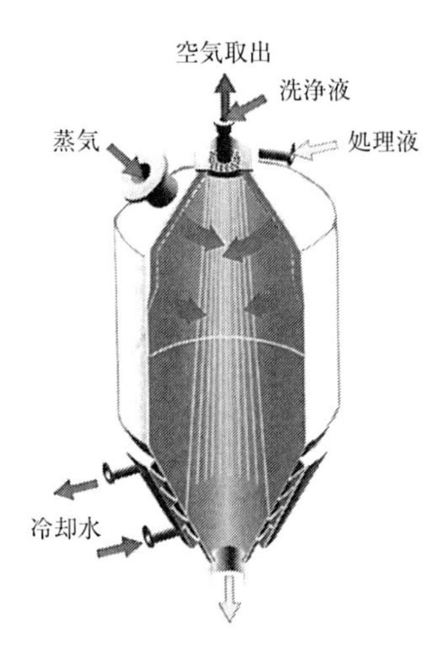

図 3.40　蒸気インフュージョン型加熱器の模式図（文献[7]を一部改変）

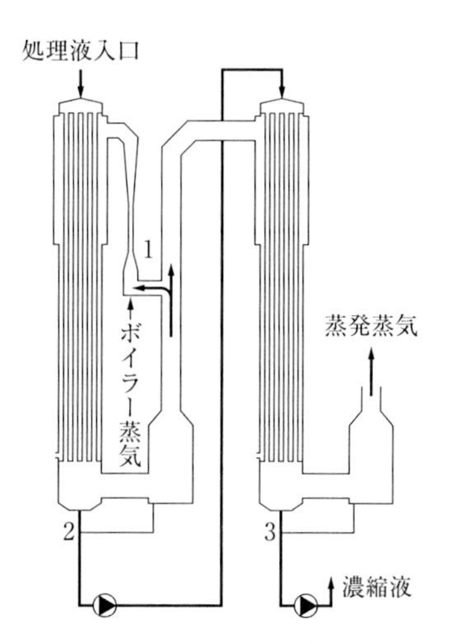

図 3.41　蒸発缶の構造（文献[7]を一部改変）
蒸気圧縮装置付き多重効用缶.
1：蒸気圧縮機，2：第 1 効用，3：第 2 効用.

縮装置付きの多重効用缶と呼ばれる装置の例で，処理液から蒸発した蒸気を加熱用に利用し，再度その蒸気を圧縮機や蒸気エジェクターで圧縮して温度と圧力を高めるなどの高効率化，省エネルギー化の工夫がなされている．このような蒸発缶ではボイラーから供給した蒸気量の数倍以上の水分を蒸発させることが可能である．

均質化は油脂を含む全粉乳や調製粉乳の製造過程で濃縮液を均質機に通液する工程である．処理液に高圧を加えて狭い間隙を通過させるので，液中の脂肪球が微細化して安定化する．

その後の噴霧乾燥工程では，噴霧乾燥機で濃縮乳中の水分をさらに蒸発させて粉体を得る．噴霧乾燥機の例を図 3.42 に示した．加圧ノズルや回転板を利用して乾燥室内に濃縮液を微細な液滴の霧状に噴霧し，高温の熱風と接触させて瞬間的に乾燥して粉体化する．熱風の温度は 150〜160℃以上であるが，液滴の温度は水の蒸発により 80〜90℃以下の低い温度に保たれるため，成分への熱の影響は少ない．なお，通常の噴霧乾燥機で乾燥した粉乳の平均粒子径は 50〜150 μm 程度であるが，微粉が多いため溶解時に「ままこ」（粒子間への水の浸透が円滑に進まず，濡れた粒子どうしの間に空気の泡ができた状態）が発生しやすい．これを防

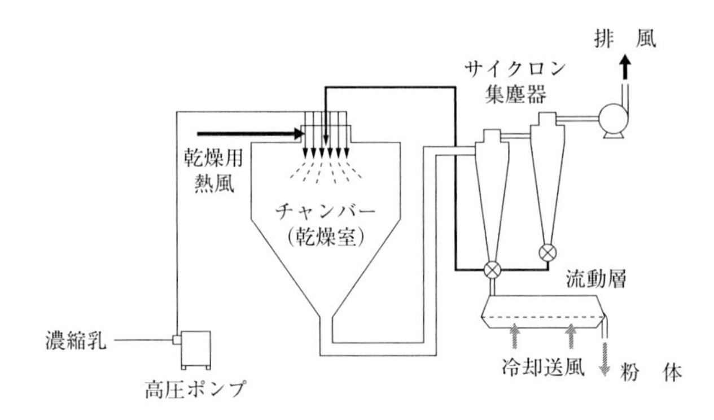

図 3.42 代表的な噴霧乾燥機の模式図（文献[7] を一部改変）

止するため，近年の噴霧乾燥機ではチャンバー下部に流動層が設備され，造粒操作（顆粒化）が行えるようになっている．流動層では下方から吹き上げる送風があるので粒子径の小さな軽い粉体はチャンバー上方に舞い上げられるとともに，サイクロン集塵器で捕集された微粉体もチャンバー内に戻るため，チャンバー内部は粉体の存在密度が高く保たれる．これらの微粉体が上方に移動する際に噴霧された液滴あるいは未乾燥の粉体と接触・衝突して造粒が起きる．造粒されて粒子径の大きくなった重い粉体はもはや流動層から舞い上がらないため，そのまま次の工程に排出される．

以上のような処理を受けた粉体は篩で固まり粉等が除去され，整粒された後に袋や缶などに充填される．

3.6.5 粉乳の品質

国内では乳等省令，国際的にはコーデックス規格[8] によってさまざまな品質規格や測定法が規定されている．これらは成分，水分，細菌数等，食品一般としての特性に関するものが大部分である．

一方，粉乳はそのまま食品として摂取されることは少なく，多くの場合食品加工メーカーにより水で還元され，各種飲料や菓子等に二次加工される．このため品質特性も水で還元することを前提とした基準がある．こうした粉体に特有な特性としては，前項でふれた造粒操作で調整可能な溶解性や流動性などがあげられる．表 3.17 に上記の評価項目をまとめた．

表 3.17　粉乳の評価項目[9)]

食品一般としての特性	粉乳に特有の特性		
	物理特性	機能的な特性	欠　陥
(A) 一般項目 A-a 化学特性 A-b 微生物特性 A-c 官能検査 (B) 固形分中の組成 B-a 脂　肪 B-b 無脂固形分 B-c 原材料 B-d 添加物	(a) 自由水 (b) 粒度分布 (c) 粒子密度 c-a 1 次粒子 c-b 造粒粒子 (d) かさ密度	(a) インスタント特性 a-a 湿潤性 a-b 分散性 a-c 沈降性 a-d 水和性 (b) 流動性 (c) 崩壊性 (d) タンパク質変性度 (e) 吸湿性 (f) 固結性 (g) 耐熱性 (h) 保存性	(a) 溶解性指数 (b) セジメント (c) 遊離脂肪 (d) スカム (e) 不溶粒子 (f) ままこ

なお，2000 年夏に発生した大手乳業会社製品による食中毒事件の原因が，脱脂粉乳中のエンテロトキシンとその後判明したため，2002 年 12 月に脱脂粉乳の製造基準の設定等に係る乳等省令の一部が改正された[3)]．具体的には，原料が滞留する場合の温度管理について，黄色ブドウ球菌（*Staphylococcus aureus*）が増殖しエンテロトキシンを産生する温度帯（10℃を超え，48℃以下）を避けることなどである．全粉乳，加糖粉乳，調製粉乳等についてもこれと同様の衛生基準や指導内容に準じて取り扱いをすることとなった．

3.6.6　調製粉乳の組成と品質

調製粉乳の定義は 3.6.2 項で述べたとおりであるが，通常脱脂粉乳やタンパク質濃縮ホエイパウダー等の粉乳類をタンパク質原料として使用し，製品のあらゆる成分に対して厳密な組成設計が行われている点が他の粉乳と大きく異なっている．また，表 3.15 に示したように水分，細菌数，大腸菌群の規格は乳等省令で乳製品に区分された他の粉乳と同じであるが，乳固形分は 50.0％以上となっている．

調製粉乳を大きく分けると，0〜12 ヶ月の乳児を対象にする乳児用調製粉乳（育児用ミルク）と，離乳が本格化する頃から幼児期にかけて用いられる調製粉乳（フォローアップミルク）に分けられる．このうち乳児用調製粉乳は健康増進法で特別用途食品として位置づけられており，表 3.18 に示した許可基準が定められて

表 3.18　乳児用調製粉乳たる表示の許可基準[3)]

（標準濃度 100 mL あたり）

熱　量	60～70 kcal

成　分	（100 kcal あたり）	成　分	（100 kcal あたり）
タンパク質*	1.8～3.0 g	イノシトール	4～40 mg
脂　質	4.4～6.0 g	亜　鉛	0.5～1.5 mg
炭水化物	9.0～14.0 g	塩　素	50～160 mg
ナイアシン	300～1500 μg	カリウム	60～180 mg
パントテン酸	400～2000 μg	カルシウム	50～140 mg
ビタミン A	60～180 μg	鉄	0.45 mg 以上
ビタミン B_1	60～300 μg	銅	35～120 μg
ビタミン B_2	80～500 μg	ナトリウム	20～60 mg
ビタミン B_6	35～175 μg	マグネシウム	5～15 mg
ビタミン B_{12}	0.1～1.5 μg	リ　ン	25～100 mg
ビタミン C	10～70 mg	α-リノレン酸	0.05 g 以上
ビタミン D	1.0～2.5 μg	リノール酸	0.3～1.4 g
ビタミン E	0.5～5.0 mg	Ca ／ P	1～2
葉　酸	10～50 μg	リノール酸／α-リノレン酸	5～15

*：窒素換算係数 6.25 として．

いる．フォローアップミルクにはこのような国の定める規格はない．乳児用調製粉乳と比べると，フォローアップミルクはタンパク質およびミネラル濃度が高い一方で，脂質濃度は低くなっており，これらの点で乳児用調製粉乳と牛乳の中間的な組成となっている．近年特にわが国の乳児用調製粉乳では栄養成分以外に生理機能成分の強化も進み，母乳栄養児に近い発育が人工栄養児でも実現されている．

現在の調製粉乳は，ISO，HACCP 等の厳重な品質管理のもとで最新の技術および設備を駆使して製造されているので，細菌，栄養成分，溶解性および風味等の品質は一般に良好である．細菌規格では，乳等省令上規定されている項目は，大腸菌群：陰性，生菌数：5 万 /g 以下であり，さらに食品衛生法で黄色ブドウ球菌等の病原性菌の汚染が禁止されている．一方，近年コーデックス等で乳児用調製乳の細菌規格の見直しが開始されており，特にその中でサカザキ菌およびサルモネラ菌が注目されている．欧米諸国ではすでに規格も設定されている．日本では WHO/FAO の定めた「乳児用調製粉乳の安全な調乳，保存及び取扱いに関するガイドライン」に沿って2007年に厚労省が注意喚起を行っており，高温（70℃以上）での溶解（調乳）などの使用方法を推奨している[10].

製品の賞味期限は，各社1年半となっているが，その間のビタミン類の残存性についても窒素ガス等の不活性ガスによる置換が行われているので問題はない．また，開缶後も1ヶ月であれば残存率はほぼ95%以上確保されている．なお，病産院では必要な人工乳を一括調乳し，その調乳液を加熱殺菌することが行われているが，この場合でも加熱温度と加熱時間に注意し，殺菌後速やかに冷却すればビタミン類の消失は問題とはならない．〔髙橋　毅〕

文　　献

1）マルコ・ポーロ著，月村辰雄・久保田勝一訳（2012）．東方見聞録，岩波書店．
2）Mook, D. E., Williams, A. W.（1966）. Recent Advances in Improving Dry Whole Milk. A Review. *J. Dairy Sci.*, **49**：768-775.
3）食品衛生研究会（2011）．食品衛生小六法平成24年版，新日本法規出版．
4）大木信一（1990）．最近の技術動向：粉乳及びれん乳．乳技協資料，**40**：44-64
5）株式会社 酪農乳業速報（2013）．日刊酪農乳業速報 資料特集，81.
6）International Dairy Federation（2012）. *Bulletin of the International Dairy Federation*, 458.
7）豊田　活（2013）．乳製品，卵製品（地域食材大百科11），pp.381-387，農山漁村文化協会．
8）WHO/FAO（2011）. *CODEX ALIMENTARIUS Milk and Milk Products* 2nd edition.
9）堀川正和（1997）．粉乳の製造プロセス．粉体工学会誌，**34**：120-127.
10）厚生労働省 医薬食品局食品安全部基準審査課（2007）．乳児用調製粉乳の安全な調乳，保存及び取扱いに関するガイドラインについて．

4 牛乳・乳製品と健康

4.1 栄　　養

4.1.1 牛乳の栄養成分

牛乳には水分，炭水化物，脂質，タンパク質，ミネラルのほか，類脂質，ビタミン，酵素などが含まれている．特に，タンパク質，カルシウム，脂肪，必須アミノ酸などの栄養成分がバランスよく豊富に含まれ，アミノ酸スコアは100である．

a. エネルギー

エネルギーは牛乳100 mLあたり60～70 kcalである．

b. 糖　質

炭水化物は主として乳糖で，約4.8%含まれており，乳固形分の38～39%を占める．このほかグルコースが少量含まれる．

c. 脂　質

牛乳100 mLあたりの脂質含量は3～5 g，低脂肪乳100 mLの脂質含量は1 g，無脂肪乳ではほとんどゼロである．牛乳の脂質は脂肪球膜に包まれた球状（コロイド状）で，牛乳中に乳化分散（エマルジョン化）している．脂質含量や脂肪球の大きさは乳牛の品種により異なり，ジャージー種やガンジー種では脂質含量が高く脂肪球も大きいが，最も泌乳量の多いホルスタイン種では相対的に脂質含量が低く脂肪球も小さい．脂肪球に含まれる脂質の98%はトリグリセリドである．牛乳中の全脂質の約1%を占めるリン脂質は，不飽和脂肪酸を含むため酸化を受けやすく酸化臭の原因となる．また乳脂肪には，酪酸やカプロン酸のような揮発性のある短鎖脂肪酸が多く含まれる．乳脂肪の酸化や加水分解は，乳製品の保存性に著しく影響する．

牛乳中の必須脂肪酸の含有比率は乳牛の飼養条件（飼料等）の影響を受ける．たとえば，牧草等の葉には微量ではあるもののリノール酸に比べてα-リノレン酸が比較的多く存在しており，このため牧草を飼料として与えられている乳牛の乳ではα-リノレン酸とリノール酸との比率が高くなり，α-リノレン酸をほとんど含まない穀物の飼料を多く与えられている乳牛の乳はα-リノレン酸とリノール酸との比率が低くなる．

牛乳の類脂質としてはコレステリン，レシチン，ケファリンなどが含まれる．

d. タンパク質

1） 牛乳中のおもなタンパク質

牛乳のタンパク質は2.9～3.3％で，おもなうちわけは以下のとおりである．すなわち，乳腺内で血液中から取り込まれた遊離アミノ酸から合成され，乳汁中のみに特異的に存在するタンパク質のカゼイン（全タンパク質中割合＝79％），β-ラクトグロブリン（9.7％），およびα-ラクトアルブミン（3.6％），血液から直接乳汁中へ移行する非特異的なタンパク質の血清アルブミン（1.2％），および免疫グロブリン（2.1％）などである．カゼインは，脱脂乳に20℃で酸を加えてpH 4.6にした場合に沈澱するリンタンパク質と定義されている．これに対して上澄（ホエイ画分）に存在する数種のタンパク質を慣用的にホエイタンパク質と呼称している．上記であげたカゼイン以外の主要な乳タンパク質（β-ラクトグロブリン，α-ラクトアルブミン，血清アルブミン，免疫グロブリン）は，いずれもホエイタンパク質に分類される．

カゼインは単一のタンパク質ではなく，κ-カゼイン（分子量約19,000），α_{s1}-カゼイン（同23,600）およびβ-カゼイン（同24,000）などよりなる．α_{s1}-カゼインはカルシウム（Ca）イオンにより凝固し，1分子あたり8個のリンを含み，分子内のセリンとエステル結合をしている（Ca-sensitive casein）．κ-カゼイン（Ca-insensitive casein）は比較的ミセルの表面に多く存在するといわれ，α_{s1}-またはβ-カゼインと共存した場合，両者のカルシウムイオンによる凝固を阻止する．一方チーズ製造などに利用される凝乳酵素レンニン（キモシン）は，κ-カゼイン分子内のフェニルアラニン-メチオニン結合を特異的に切断することで牛乳を凝固させる（2.1.2項参照）．

カゼインは牛乳中でカルシウムと結合してCa-caseinateとなり，さらにリン酸カルシウムと結合して巨大ミセル（Ca-caseinate phosphate complex）となる．牛乳中では，α_{s1}-カゼイン，β-カゼイン，κ-カゼインがおよそ50：35：15の割合でミセルを形成している．牛乳が白色不透明に見えるのは，このミセルがコロイド状に分散し，入射光を乱反射するからである．

β-ラクトグロブリンはホエイタンパク質（含量0.6～0.7%）の約半分を占め，牛乳ではシスチンを含む唯一のタンパク質でS-S結合を有する．80℃以上に加熱するとこの結合が開裂し，スルフヒドリル（SH）基を生ずる．

2） 牛乳タンパク質の消化と体内での利用

飲用された牛乳は胃の中で胃酸（塩酸）によって凝固し，カードを形成する．カードは軟らかくルーズな構造で，胃から分泌されるタンパク質分解酵素（ペプシン）がカードの中に入り込み，タンパク質は消化される．カゼイン分子は，プロリン残基が多くシステイン残基が少ないため立体構造を形成しにくく，タンパク質分解酵素による分解を受けやすい．一方，ホエイタンパク質は胃酸では凝集せず，そのままその他の食塊とともに幽門部から十二指腸に送られ，小腸で消化吸収を受ける．

カゼインは必須アミノ酸のうち，分岐鎖アミノ酸（ロイシン，バリン，イソロイシン）を多量に含んでおり，これらのアミノ酸は肝臓で異化されず，おもに筋肉組織の維持に利用されている．ロイシンなどの分岐鎖アミノ酸は遺伝子発現を調節し，タンパク質合成を促進する[1)]．

カゼインおよびホエイタンパク質はともに必須アミノ酸を多く含み消化吸収のよいタンパク質で，生体に効率よく利用される．しかし，両者の消化速度が異なることから，体タンパク質の代謝回転には異なる影響を及ぼす．すなわち，消化速度の遅いカゼインは，食後の血漿アミノ酸濃度をあまり増加させず，体タンパク質合成をゆっくり促進して分解を抑制する．一方，消化の速いホエイタンパク質は，体タンパク質の合成を急速に刺激し，アミノ酸の酸化を活性化させる．若年者ではカゼインの方がホエイタンパク質より体タンパク質合成をゆっくり促進するが，筋量の低下する高齢者には体タンパク質を分解することなくアミノ酸の酸化とタンパク質合成を急速に刺激するホエイタンパク質の方が有効な食事タンパク源になると考えられる．

e. 無機質（ミネラル）

牛乳には約0.7%の無機質が含まれており，カルシウムの優れた供給源であるが，鉄が少ないのが欠点である．牛乳100 mL中の含量はカルシウム113 mg，ナトリウム43 mg，カリウム132 mg，マグネシウム10 mg，リン84 mg，亜鉛0.37 mg，銅0.01 mgで，さらに微量元素としてヨウ素16 μg，セレン3 μg，モリブデン4 μgである．

食品由来のカルシウムの吸収率は，牛乳のカルシウムが50%，小魚が30%，野菜が17%とされる．また，19～29歳の成人女性のカルシウム吸収率は，牛乳由来のカルシウムが39.8 ± 7.7%，小魚32.9±8.4%，野菜19.2±10.8%とされ，文献により数値は異なるものの牛乳はカルシウム供給源として優れている．

小腸からのカルシウムの吸収には魚油に含まれるビタミンDが必要で，牛乳に含まれるビタミンDのみでは不十分である．乳糖は小腸絨毛組織のカルシウム透過性を活性化して小腸下部からのカルシウム吸収を促進するとともに，乳糖により増殖した乳酸菌による酸性環境がカルシウム吸収を促進すると考えられる．また，牛乳中のカゼインの部分分解物であるカゼインホスホペプチド（casein phosphopeptide：CPP）は，カルシウムが他のイオンと結合するのを妨げ，腸管からの吸収を助ける．CPPは摂取した他の食品に含まれている鉄の吸収も促進する．一方，カルシウム吸収を阻害する食物成分として食物繊維，フィチン酸などが知られているが，牛乳にはこれらの阻害物質はほとんど含まれない．

f. ビタミン

牛乳100 mL中にはビタミンB_1が0.046 mg，B_2が0.169 mg，ナイアシンが0.1 mg，Dが51 IU，パントテン酸が0.373 mg，ビオチンが1.8 μg，B_6が0.036 mg，B_{12}が0.3 μg，Kが0.3 μgであり，ほかに葉酸などが含まれる．牛乳にビタミンCがほとんど含まれていないのは，子牛が自らビタミンCを合成できるので摂取する必要がないためである．逆に，ヒトの母乳にビタミンCが含まれているのは，ヒトの乳児がビタミンCを合成できないので摂取する必要があるためである．

4.1.2 牛乳と人乳の栄養成分の違い

牛乳の組成は人乳とは大きく異なる．タンパク質の量は牛乳が人乳よりもはるかに多い．牛乳のタンパク質は約80％がカゼインでホエイタンパク質が少なく，一方人乳ではホエイタンパク質が約70％を占める．牛乳は人乳に比べて胃中で固いカードを生じる．人乳と牛乳で脂肪の量にはほとんど差はないが，牛乳の脂肪酸組成は短鎖脂肪酸が多く，人乳は多価不飽和脂肪酸が多い．乳糖は牛乳より人乳の方が多く，乳汁中ではα，β両型の乳糖が平衡状態で存在している．ミネラルは牛乳の方がはるかに多く，特にカルシウムとリンは著しく多いが，鉄は人乳より少ない．牛乳は人乳に比べてビタミンB_2やDが多く，AやCが少ない．

4.1.3　牛乳の栄養成分と健康

a.　牛乳飲用の効果と影響

牛乳は私たちにとってきわめて重要な栄養源であり，その多岐にわたる効果効能や健康に及ぼす影響が多くの研究報告により確かめられている．そのいくつかを箇条書きで列挙してみる．

①牛乳摂取は子どもの発育，発達，成長を促進させる[2,3]．

②牛乳を1日600 mL飲むことによって，牛乳に含まれるカルシウムが血圧を約4％下げる効果がある．

③牛乳を1日400 mL飲んでも血清脂質に悪影響はなく，むしろHDLコレステロール（いわゆる「善玉コレステロール」）の増加，および飽和脂肪酸の減少が認められる．

④乳糖を含む牛乳・乳製品は腸内細菌叢のバランスを改善する．

⑤牛乳を一時期中断した成人のなかには，乳糖を分解する酵素ラクターゼが少なくなり，牛乳を飲むと下痢ぎみになる人がいる．

⑥睡眠前にコップ1杯の牛乳を飲むとよく眠れるといわれる．これは，牛乳に含まれる必須アミノ酸の1つであるトリプトファンの作用とされる．トリプトファンは，脳や腸において神経伝達物質のセロトニンに転換される．セロトニンは睡眠にも関与し，脳内のセロトニン濃度が低下すると不眠に，上昇すると眠気をもよおす．

⑦牛乳中のタンパク質は胃の粘膜を保護し，ビタミンAやB_2は胃粘膜を修復する作用がある．また牛乳には胃液の酸度を調節する働きもあり，これらの作用によって慢性胃炎や胃がんの予防効果が期待できる．

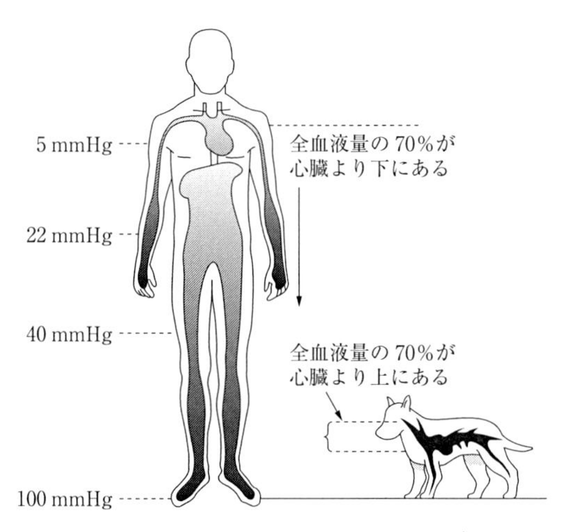

図 4.1 ヒトとイヌの血液量分布の違い[14]

弾性体で，特に静脈壁はその性質に富み，少しの静水圧の上昇でそこに滞留する血液量を増加させる．図 4.1 は立位姿勢の場合の血液の分布をヒトとイヌで比較したものである[14]．図からわかるように，イヌは血液の70%が心臓より上に位置するため，重力に従って自然に心臓に血液が戻るのに対し，ヒトでは70%の血液が心臓より下に位置するために血液が戻りにくい．したがって，ヒトでは，脱水などでほんのわずか血液が減少すると，心臓に還ってくる血液量が少なくなって，それが心拍数の上昇などで補償できなくなると，血圧が低下し，場合によっては失神してしまう．

本節では，ヒトの体温調節能における血液量の重要性，それを増加させるための乳製品摂取の有用性を中心に述べる．さらに，運動後の乳製品の摂取が筋力増加を亢進することについても述べる．

4.2.2 運動と糖質・乳タンパク質摂取による体温調節能の向上

ドーピングなどによらない健全な方法で血液量を増加させるには，どうすればよいだろうか．従来から，筋肉トレーニングの運動負荷直後には筋肉でのタンパク質合成能が亢進し，その際，糖質・タンパク質補助食品を摂取すると筋肥大を促進することが知られていた[1,15]．その後，同様な実験から，運動負荷後には，肝臓でアルブミン合成性能が上昇していることが報告された[6]．

そこで，筆者らは，若年男性８名（平均年齢 21 歳）と高齢男性８名（平均年齢 68 歳）を対象に，最大酸素摂取量の 80％と 20％に相当する強度で，それぞれ４分，５分を交互に，８セット繰り返す運動をさせ，その直後に，糖質 35 g，乳タンパク質（乳清）10 g の混合補助食品を摂取させ，その後，23 時間にわたって，血漿アルブミン量，血漿量を測定した[10]．その結果，図 4.2 に示すように，若年者・高齢者とも補助食品摂取後，遅くとも２時間以内に，血漿アルブミン量，血漿量が増加し，対照群に比べて 23 時間後まで高レベルを維持した．

この，運動直後に糖質・タンパク質補助食品摂取によって肝臓でのアルブミン合成が亢進するメカニズムについて，従来から報告されている筋肉でのタンパク合成亢進と同様のメカニズムが働いていると考えられている．すなわち，「ややきつい」運動直後には，肝臓のグリコーゲンが減少し，そのため糖の取り込みが亢

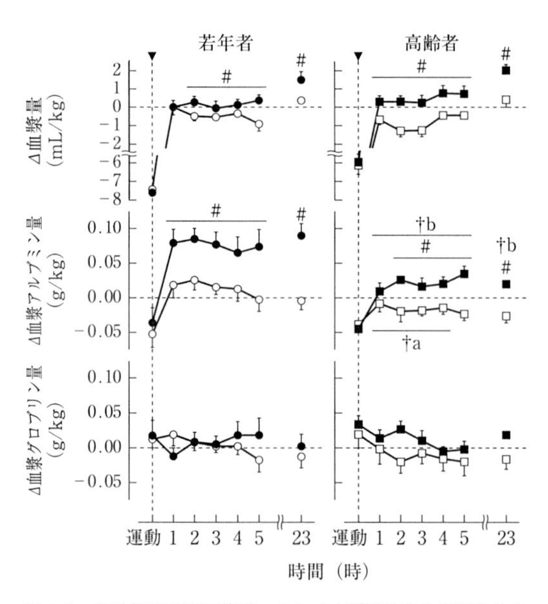

図 4.2　運動終了直後に糖質・タンパク質補助食品を摂取させた場合の血漿量および血漿アルブミン量の変化[10]
○：若年者における対照条件，●：若年者における糖質・タンパク質補助食品摂取条件，□：高齢者における対照条件，■：高齢者における糖質・タンパク質補助食品摂取条件．それぞれ８名の平均値と標準誤差．
#：対照条件との間に有意差あり（$p < 0.05$），†：若年者群との間に有意差あり（$p < 0.05$）．

進し，アルブミンの合成能が上昇している状態にある．補助食品中に含まれる糖質（グルコース）はインシュリン分泌を亢進するが，これがグリコーゲン合成，タンパク質合成を加速する．しかし，これらの作用は骨格筋の場合と同様[15]，運動後2時間には減退することが報告されている[6]．さらに，血漿アルブミン量の増加に伴う血漿量の増加メカニズムについては，血液中のアルブミン量の増加によって膠質浸透圧が上昇し，組織間液から水を引き込む，と考えられる．

次に，筆者らは，若年男性9名（平均年齢23歳）を対象に，運動トレーニング中の糖質・タンパク質摂取が体温調節能に与える効果を検証した．「やや暑い環境（気温30℃，相対湿度50%）」で，最大酸素摂取量の65%の「ややきつい運動」を，30分/日，5日間繰り返し，この運動後30分以内に糖質（70 g）と乳タンパク質（20 g）を含む乳製品を摂取させ，トレーニング前後の運動時の体温調節反応の変化を対照群9名と比較した[2,14]．体温調節反応を測定する環境条件はトレーニング時と変わらないが，運動強度はトレーニング前の最大酸素摂取量の50%とした．また，糖質およびタンパク摂取は1日の食事によるそれぞれの摂取量の10%，20%であった．

図4.3にトレーニング後の血漿量，血漿総タンパク質量，血漿アルブミン量の変化を示す．トレーニング後には糖質・タンパク質補助食品摂取群では対照群に比べ，それぞれの増加が亢進した．

図4.4は，トレーニング前後で行った運動時の体温調節反応の結果を示すが，運動時の環境条件，産熱量が一定にもかかわらず，食道温と心拍数の上昇は両群でトレーニング後に抑制され，しかも，その程度は糖質・タンパク質補助食品摂取群で著しく亢進した．

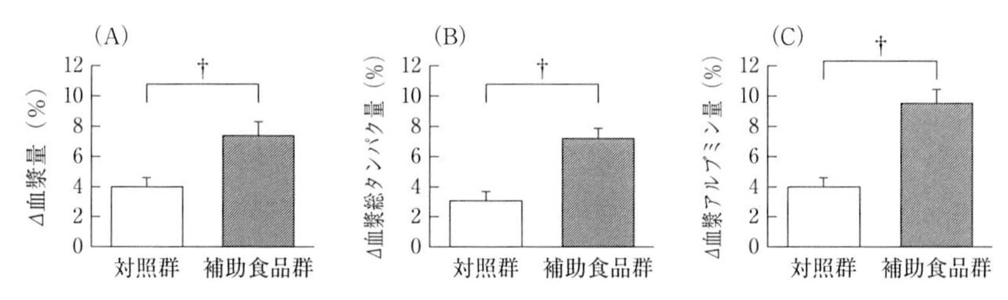

図4.3 若年者に5日間の運動トレーニングを実施させ，各日の運動終了後に糖質・タンパク質補助食品を摂取させた場合の，血漿量，血漿総タンパク量，血漿アルブミン量の変化[2]
それぞれ9名の平均値と標準誤差．†：対照群との間に有意差あり（$p < 0.05$）．

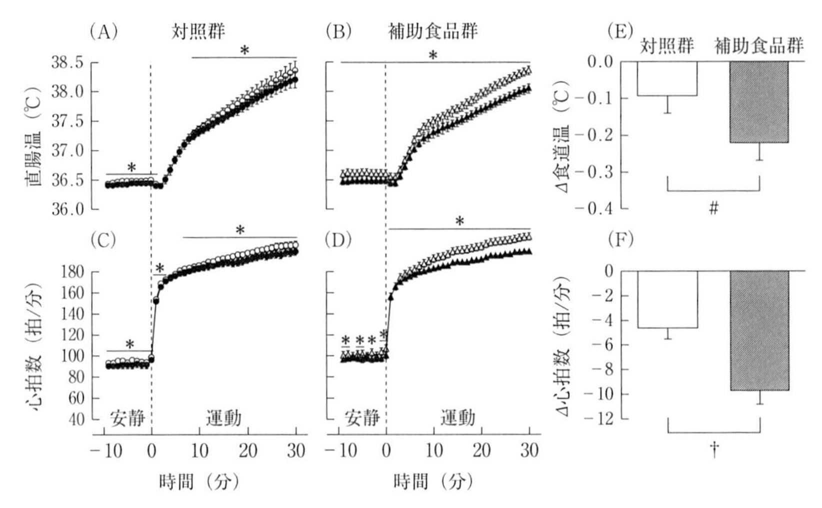

図 4.4 若年者に5日間の運動トレーニングを実施させ，その後気温 30℃・相対湿度 50%の部屋で自転車運動を行わせた際の，食道温および心拍数の変化[2)]
糖質・タンパク質補助食品摂取群（△トレーニング前，▲トレーニング後）は，対照群（○トレーニング前，●トレーニング後）に比べ，運動時の心拍数，食道温の上昇の抑制の程度が有意に亢進した．運動開始5分目以降の食道温，心拍数の増加についてトレーニング後の抑制の程度を比較すると（右図の棒グラフ），糖質・タンパク質摂取群は対照群に比べ，有意に抑制が亢進した．それぞれ9名の平均値と標準誤差．＊：トレーニング前との間に有意差あり（$p < 0.05$），#，†：対照群との間に有意差あり（それぞれ $p < 0.072$，$p < 0.002$）．

ちなみに，食道温を測定する理由は，それが左心房の血液温を反映し，その血液は次の心臓の収縮で脳に行くので脳温をも反映すると考えられているからである．体温調節反応は体温調節中枢が存在する視床下部の温度を一定に維持するためであり，もし，それが基準値よりも上昇すれば，発汗神経，皮膚血管拡張神経（交感神経の一部）の活動が上昇して，それぞれ発汗，皮膚血管拡張を引き起こす．視床下部温が 40℃以上になると脳の正常な機能が維持できず熱射病の症状を呈し，最悪の場合，死亡する．

図 4.5 に，食道温と発汗速度，皮膚血管コンダクタンス（拡張度）との関係を表す．発汗と皮膚血管拡張反応は，脳の視床下部の温度上昇が刺激となって全身性に起こる．いずれの群でも，運動開始後，食道温が上昇し，それが「閾値」に達すると，急激に発汗，皮膚血管拡張反応というラジエータ機能のスイッチが入る．一方，その後，食道温が上がるのに比例して発汗，皮膚血管コンダクタンスが上昇していくが，それはこれらのラジエータ機能の感度（容量）とみなすこと

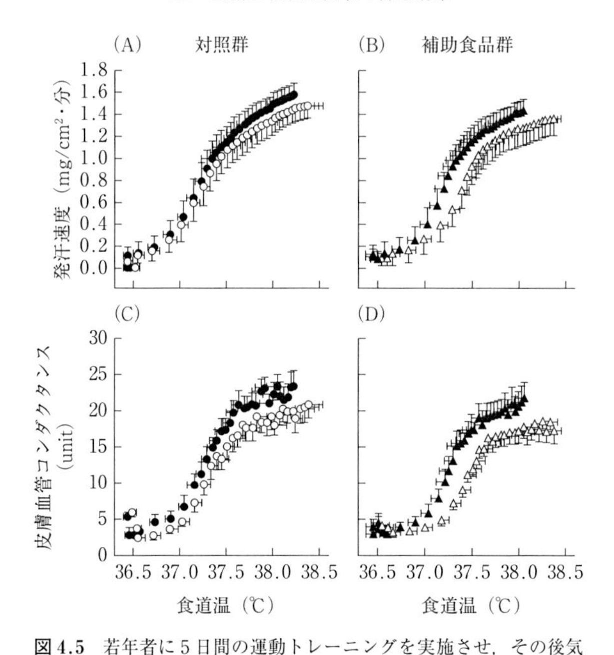

図 4.5 若年者に5日間の運動トレーニングを実施させ，その後気温30℃・相対湿度50%の部屋で自転車運動を行わせた際の，食道温に対する発汗速度，皮膚血管コンダクタンスの変化[2)]

トレーニング前（○，△）に比べ，トレーニング後（●，▲）では両群で反応が亢進しているが，糖質・タンパク質補助食品群では対照群に比べ，その亢進の程度が高い．それぞれ9名の平均値と標準誤差で表す．

ができる．したがって，体温調節反応の食道温閾値が低いほど，さらに，その感度が高いほど運動時の体温上昇は増加しない．図からわかるように，両群でトレーニング後には前に比べ，体温調節反応の食道温閾値が低下し感度が上昇するが，その程度は，糖質・タンパク質補助食品摂取群が対照群に比べ著しく向上した．

一方，体温調節反応は健常な高齢者でさえ若年者に比べ30%にまで低下し，その分，熱中症になるリスクも高い[9)]．そこで，高齢者を対象に，糖質・タンパク質補助食品が体温調節能に及ぼす効果を検証した[10,14)]．高齢男性（平均年齢68歳）を対象とし，最大酸素摂取量の60〜75%の強度の自転車運動を60分/日，3日/週の頻度，8週間実施した．それぞれの日の運動直後に，若年者の半分の量の糖質35g，乳タンパク質10gを含む補助食品を摂取させた群7名と対照群7名で，トレーニング前後の体温調節能の変化を比較した．

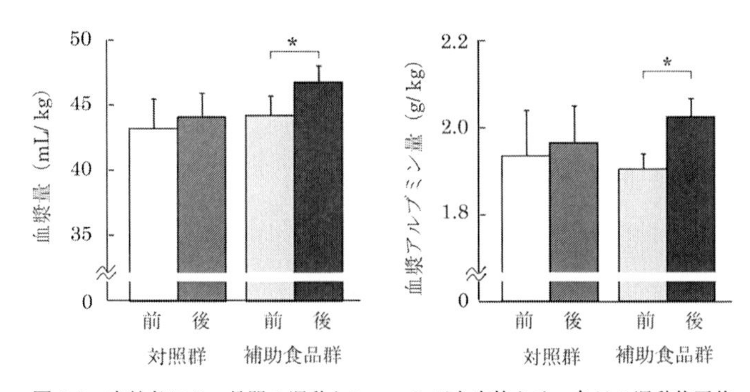

図 4.6 高齢者に2ヶ月間の運動トレーニングを実施させ，各日の運動終了後に糖質タンパク質補助食品を摂取させた場合の，血漿量および血漿アルブミン量の変化[11]

それぞれ7名の平均値と標準誤差．＊：トレーニング前との間に有意差あり（$p < 0.05$）．

その結果，図 4.6 で示すように，対照群では血漿アルブミン量と血液量はともに増加しなかったが，糖質・タンパク質補助食品摂取群ではともに増加した．また，体温調節反応を調べてみると，図 4.7 で示すように，トレーニング前後で，対照群では発汗および皮膚血管拡張反応の感度に顕著な差は認めなかったが，補助食品摂取群ではそれぞれ 20%，40%程度改善した．

以上の結果から，血液量（血漿量）の増加が体温調節能を改善すること，さらに，運動直後の糖質・乳タンパク質摂取が血液量の増加に有効であることが明らかになった．一方，暑熱馴化は，体温調節中枢機構の適応，あるいは汗腺の局所的な機能亢進によって起こることが従来の考え方であった．そこで，運動トレーニングによって増加した血液量を利尿剤投与によって急性に低下させて，体温調節反応がどの程度低下するかを検討した[4]．

若年男性 7 名（平均年齢 21 歳）を対象に，まず，正常血液量と低血液量の 2 つの条件で，気温 30℃，相対湿度 50%の環境下で，最大酸素摂取量の 65%の強度の自転車運動を 30 分間行わせ，その間の体温調節反応を比較した．低血液量条件は体重の 3%を目標に，実験前日からの食塩摂取制限と実験当日の利尿剤投与によって行った．次に，同一被験者に気温 30℃，相対湿度 50%の環境下で，最大酸素摂取量の 70%の強度の自転車運動を 5 日間行わせ，そのトレーニング中に糖質（70 g）・乳タンパク質（20 g）補助食品を摂取させた．その後，正常血液量条件と低血液量条件で，トレーニング前の最大酸素摂取量の 65%の強度の自転車運動

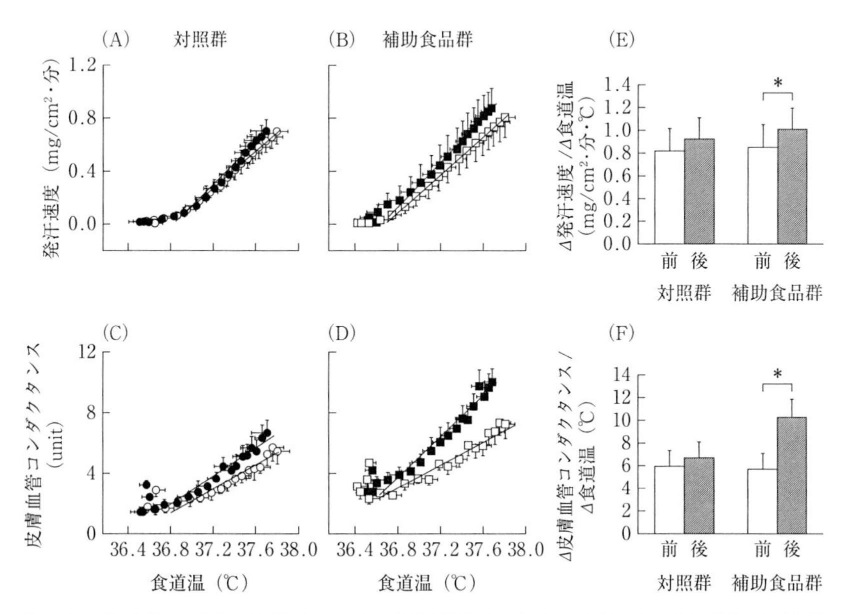

図 4.7 高齢者に2ヶ月間の運動トレーニングを実施させ，その後気温 30℃・相対湿度 50%の部屋で自転車運動を行わせた際の，食道温に対する発汗速度，皮膚血管コンダクタンスの変化[2)]

トレーニング前（○，□）に比べ，トレーニング後（●，■）では両群で反応が亢進しているが，糖質・タンパク質補助食品群では対照群に比べ，その亢進の程度が高い．右の棒グラフはそれぞれの勾配を表す．

それぞれ7名の平均値と標準誤差．＊：トレーニング前との間に有意差あり（$p < 0.05$）．

を 30 分間行わせ，その間の体温調節反応を比較した．

図 4.8 は，食道温の皮膚血管拡張「閾値」と食道温の変化に対する皮膚血管拡張反応の「感受性」を，トレーニング「前」の，①正常血液条件，②低血液条件，トレーニング「後」の，③正常血液条件，④低血液条件で示した．図からわかるように，閾値・感受性ともに，トレーニング前後に関係なく，血液量に依存して変化することが明らかになった．食道温の発汗閾値については，正常血液量条件でトレーニング後に有意に低下したが（$p < 0.05$），トレーニング後の低血液量条件で上昇した（$p < 0.05$）．一方，食道温上昇に対する発汗反応の感受性は4条件間で差を認めなかった．以上の結果から，皮膚血管拡張反応のすべてと，発汗反応のうち食道温閾値の一部が，血液量変化に依存することが明らかになった．

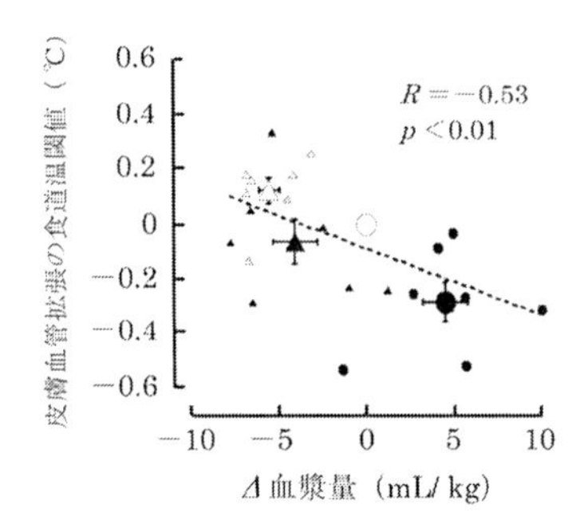

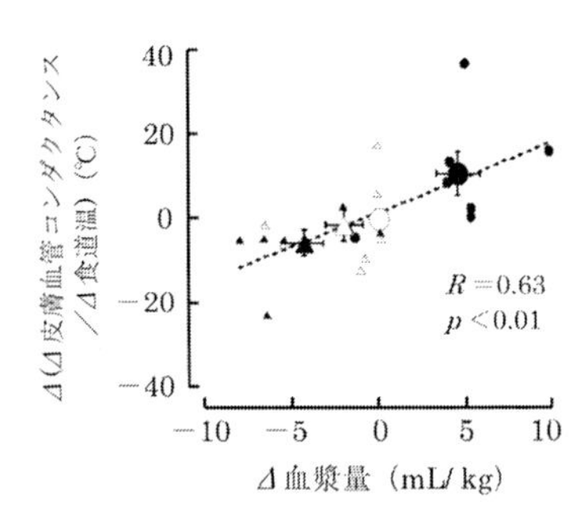

図4.8　若年者に5日間の運動トレーニングを実施させ，その後気温30℃・相対湿度50%の部屋で自転車運動を行わせた際の，血漿量変化に対する皮膚血管拡張の食道温閾値の変化（a），および食道温上昇に対する皮膚血管コンダクタンスの感受性変化（b）[3]

○：トレーニング前の正常血液量条件，△：トレーニング前の低血液量条件，●：トレーニング後の正常血液量条件，▲：トレーニング後の低血液量条件．それぞれ個人と7例の平均値と標準誤差．

皮膚血管拡張の食道温閾値の変化，食道温上昇に対する皮膚血管コンダクタンス変化の感受性が，トレーニング前後に関係なく血漿量の変化によって決定されていることがわかる．

4.2.3　インターバル速歩と乳製品の併用による筋力向上

では，中高年者が自転車エルゴメータなどのマシンを用いず，手軽に「ややきつい」運動をする方法があるのだろうか．筆者らは1997年から現在まで，中高年者を対象とした「熟年体育大学」事業を立ち上げ，過去15年間，体力向上のための個別運動処方の効果について，遺伝子データ2400名を含む，5200名のデータベースを構築した[5,7,8]．この事業の特徴は，①インターバル速歩：個人の最大体力の70%以上に相当する速歩と40%以下のゆっくり歩行をそれぞれ3分間ずつ，＞30分/日，＞4日/週，5ヶ月間行うトレーニング方法，②携帯型カロリー計：3軸加速度計と気圧計を内蔵し傾斜地の速歩時のエネルギー消費量を正確に測定できる装置，③遠隔型個別運動処方システム：携帯型カロリー計に記録された歩行データを端末からインターネットを介してサーバーに送信すると，折り返しコメントが送り返されてくるシステム，である（図4.9）．

その結果，同トレーニングによって，筋力，持久力が10%増加し，それに伴って高血圧症などの生活習慣病指標が最高20%低下し，うつ指標が50%改善し，医療費が20%削減された[5,7,8]．以上の結果は，加齢による体力低下が生活習慣病発症の根本原因であること，したがって，それを予防，治療するには筋力をはじめ

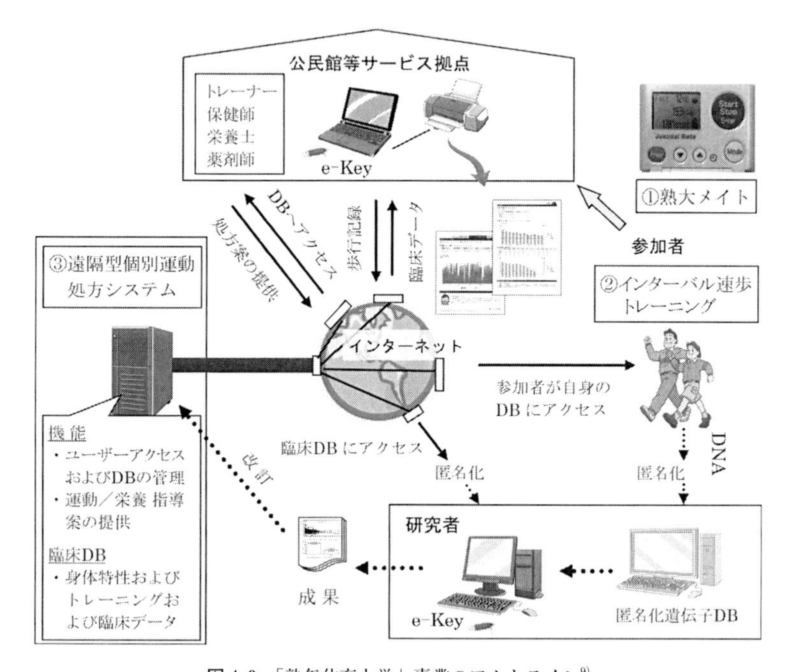

図 4.9　「熟年体育大学」事業のアウトライン[9]
特徴は，①携帯型カロリー計（熟大メイト），②インターバル速歩トレーニング，③遠隔型個別運動処方システムである．参加者の一部から遺伝子の採取を行い，運動反応遺伝子の探索も行っている．

とする体力向上のための運動処方がきわめて有効であることが明らかになった．遺伝子データからは，運動処方に特に反応する遺伝子多型が明らかになった[4]．

一方，従来から，筋力トレーニング後に糖質・タンパク質補助食品を摂取すると，筋力向上を促進することが報告されている[1]．しかし，持久性トレーニングで，しかも，中高年者を対象とした歩行系の運動トレーニング後に糖質・タンパク質補助食品を摂取することで，筋力向上の促進効果があるか否かは不明であった．もし，このことが明らかになれば，乳製品が単に体温調節向上のための補助食品としてだけでなく，筋力アップにも有効であることが明らかになり，生活習慣病の予防効果も期待できることになる．

そこで，すでに6ヶ月以上インターバル速歩トレーニングを実施して，トレーニング自体による筋肉向上効果が定常値に達している中高年女性35名（平均年齢60歳）を対象とした[13]．彼女らを対照群18名と糖質・タンパク質補助食品摂取

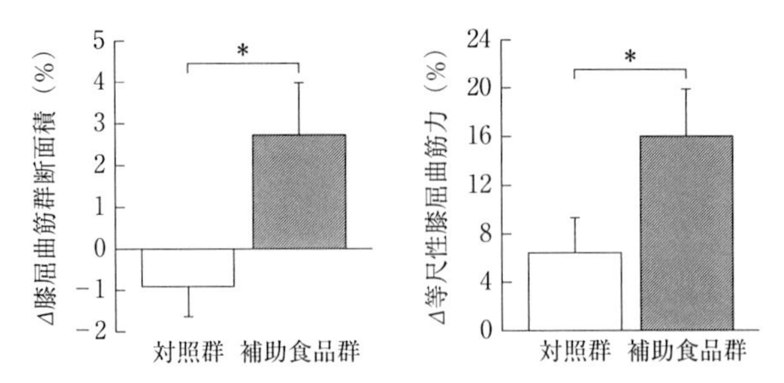

図 4.10　中高年女性に5ヶ月間のインターバル速歩トレーニングを実施させ，その間糖質・タンパク質補助食品を摂取させた場合の，膝屈曲筋群断面積および等尺性膝屈曲筋力の変化[14)]
それぞれ17名，18名の平均値と標準誤差．補助食品摂取群は対照群に比べ，膝屈曲筋群断面積および等尺性膝屈曲筋力の増加が亢進した．＊：対照群との間に有意差あり（$p < 0.05$）．

群17名の2群に無作為に分けた．糖質・タンパク質補助食品（215 g）の成分は，糖質32.5 g，タンパク質7.6 g，脂質4.4 gで，タンパク質の主成分は乳清である．補助食品群は47分/日（速歩：22分/日，ゆっくり歩き：25分/日），4日/週，5ヶ月間インターバル速歩トレーニングを実施し，運動直後に，補助食品を摂取させた．一方，対照群には何も摂取させなかった．

その結果，図4.10で示すように，補助食品群は対照群に比べ，コンピュータ断層法で測定した膝屈曲筋群の筋断面積と等尺性筋力が有意に上昇した．以上は，マシンを使った特別な筋肉トレーニング時だけでなく，日常的に実施できる歩行系の運動トレーニング時にも乳製品摂取が，筋力向上に効果があることを実施した点で意義がある．

以上，インターバル速歩をはじめとする個人の最大酸素摂取量の70%以上の運動を30分/日，4日/週，5ヶ月間実施し，その後，乳製品のような糖質・タンパク質を含む補助食品を摂取すれば，体温調節能と筋力の向上を加速することが明らかとなった．　　〔能勢　博・上條義一郎・増木静江・森川真悠子〕

文　献

1）Esmarck, B. *et al.* (2001). Timing of postexercise protein intake is important for muscle hypertrophy with resistance training in elderly humans. *J. Physiol.* (*Lond.*), **535** : 301–311.

2) Goto, M. *et al.* (2011). Protein and carbohydrate supplement during 5-day aerobic training enhanced plasma volume expansion and thermoregulatory adaptation in young men. *J. Appl. Physiol.*, **109**：1247-1255.
3) Ikegawa, S. *et al.* (2011). Effects of hypohydration on thermoregulation during exercise before and after 5-day aerobic training in a warm environment in young men. *J. Appl. Physiol.*, **110**：972-980.
4) Masuki, S. *et al.* (2010). Vasopressin V1a receptor polymorphism and high-intensity interval walking training effects in middle-aged and older people. *Hypertension*, **55**：747-754.
5) Morikawa, M. *et. al.* (2011). Physical fitness and indices of lifestyle-related diseases before and after interval walking training in middle-aged and older males and females. *Br. J. Sports Med.*, **45**：216-224.
6) Nagashima, K. *et al.* (2000). Intense exercise stimulates albumin synthesis in the upright position. *J. Appl. Physiol.*, **88**：41-46.
7) Nemoto, K. *et al.* (2007). Effects of high-intensity interval walking training on physical fitness and blood pressure in middle-aged and older people. *Mayo Clinic Proceedings*, **82**：803-811.
8) Nose, H. *et. al.* (2009). Beyond epidemiology: field studies and the physiology laboratory as the whole world. *J. Physiol.* (*Lond.*), **587**：5569-5575.
9) Okazaki, K. *et al.* (2002). Effects of exercise training on thermoregulatory responses and blood volume in older men. *J. Appl. Physiol.*, **93**：1630-1637.
10) Okazaki, K. *et al.* (2009). Protein carbohydrate supplementation after exercise increases plasma volume and albumin content in older and young men, *J. Appl. Physiol.*, **107**：770-779.
11) Okazaki, K. *et al.* (2009). Impact of protein and carbohydrate supplementation on plasma volume expansion and thermoregulatory adaptation by aerobic training in older men. *J. Appl. Physiol.*, **107**：725-733.
12) Okazaki, K. *et al.* (2009). Protein and carbohydrate supplementation increases aerobic and thermoregulatory capacitires. *J. Physiol.* (*Lond.*), **587**：5585-5590.
13) Okazaki, K. *et al.* (2013). Effects of macronutrient intake on thigh muscle mass during home-based walking training in middle-aged and older women. *Scandinavian Journal of Medicine and Science in Sports*, **23**：e286-e292.
14) Rowell, L. B. (1986). Adjustment to upright posture and blood loss. *Human Circulation Regulation during Physical Stress*, pp.137-173, Oxford Univ. Press.
15) Sheffield, M. *et al.* (2003). Postexercise protein metabolism in older and younger men following moderate-intensity aerobic exercise. *Am. J. Physiol.*, **287**：E513-E522.

4.3 骨粗鬆症の予防における栄養の考えかたと乳製品の役割

骨は身体を支持・保護するという物理的な機能のほかに，カルシウム代謝における主要臓器としても機能している．骨組織では常に骨吸収と骨形成の両方が進行しており，活発な代謝臓器であるといえる．骨粗鬆症とは，このカルシウム代謝のバランスが崩れて骨の脆弱性が亢進し，骨折を起こしやすくなった状態である[9]．本症は加齢とともに発生率が上昇する疾患として代表的なものであり，社会の高齢化が進行する現在，その予防と治療はますます重要な課題である．

骨粗鬆症の発症には生活習慣に関連する因子と遺伝的因子がそれぞれ複数かかわっており，骨粗鬆症はいわゆる多因子疾患の１つである．生活習慣に関連する因子の主要なものはいうまでもなく栄養学因子と運動に関連するものである．骨粗鬆症の予防と治療において牛乳・乳製品の役割を考えるために，ここでは骨粗鬆症の病態と栄養について解説する．

4.3.1　骨粗鬆症の病態と栄養

骨粗鬆症は単一の疾患ではなく，まず原発性骨粗鬆症と続発性骨粗鬆症とに分けられる．女性では原発性が圧倒的に多いが，男性の骨粗鬆症の３分の１かそれ以上を続発性骨粗鬆症が占めていることには注意が必要である．また，一般に原発性骨粗鬆症にはまれな疾患である若年性骨粗鬆症も含まれるが，圧倒的に多いのは男女とも 50 歳以降の加齢に伴う骨量減少が亢進した形で発症するものである．

加齢に伴う骨量の減少は多数の要因によって規定され，それらは遺伝的素因と生活習慣に関連するものとに分けることができる．生活習慣のなかで運動と栄養の因子は代表的なものであり，予防ならびに非薬物療法における２つの柱である．ただし，栄養障害が高度である場合は続発性骨粗鬆症をもたらす原因としてとらえられている．例としては「アルコール中毒」，「ビタミン C 欠乏症」などがあげられる．また，胃切除や吸収不全症候群などは続発性骨粗鬆症の原因として取り上げられるが，これらも栄養障害による骨粗鬆症を引き起こしているといえよう．

加齢に伴う変化については，加齢に伴って生ずる誰でも避けることができない変化であるという面がある一方で，遺伝的素因や，生活習慣よる修飾など，個人差をもたらす要因が多々ある．カルシウムの代謝を例にあげるならば，加齢に伴うカルシウム摂取量や腸管からの吸収低下，ならびに体内ビタミン D_3 量の低下などが二次性の副甲状腺機能亢進症とそれによる骨量減少をもたらすことが考えられ，加齢に伴う骨量減少の１つの機序として考えられる．骨粗鬆症の予防と治療において十分なカルシウムとビタミン D 摂取の適正化は，栄養面の対策として最も重要なことといえよう．

4.3.2　低栄養について

骨粗鬆症の予防・治療と栄養との関連を考えるとき，カルシウムやビタミンDなどの栄養素について，摂取する栄養全体の量とバランスについて考えておくことは前提条件となる．成長期から高齢期を通して「低栄養」は骨脆弱性の危険因子となる．

小児期の低栄養が骨格の成長や骨量の増加を妨げ[1)]，さらに思春期発来を遅らせることを介して骨の成熟も遅らせる．また，若年者，特に若い女性の低栄養の原因としては神経性食思不振も忘れてはならない．

高齢者はさまざまな原因で低栄養状態に陥り，そのために骨量減少や転倒のリスクが増大することが報告されている[2, 11)]．低栄養の原因としては個々の栄養素の特異的な欠乏，急性・慢性の基礎疾患の存在に加えて，加齢に伴う複合的な要因が考えられる．75歳以上の後期高齢者において発症頻度が増加する大腿骨頸部骨折の予防においては，転倒のリスクを軽減させるうえで栄養状態を改善することも考慮すべきであろう．

4.3.3　ビタミンDとビタミンK

さまざまなビタミンのなかで，特にビタミンDは骨代謝において中心的な役割を果たし，その摂取不足が骨粗鬆症の発症要因になるであろうことは容易に想像される．さらに体内における活性型ビタミンD量は，食物からのビタミンD摂取とその吸収と紫外線による皮膚での生成によって決定されるが，両方とも加齢の影響をうけて低下しがちとなる．Chapuyらはビタミン D（800 IU/日）とカルシウム（1200 mg）が高齢者における骨密度の増加と大腿骨近位部骨折の予防に有用であったことを示している[5)]．これらの数字を日本人に直接あてはめることはできないが，骨折予防の点からもビタミンDの不足は避けるべきであることがうかがえる．

ビタミンKは元来，正常な血液凝固のために必要なビタミンとして発見された．しかしながら，ビタミンKに依存してカルボキシル化（グラ化）されて生理的機能を発揮するタンパク質，つまりビタミンK依存性タンパク質は血液凝固以外の生体機能においてもさまざまな機能を果たしていることが明らかにされている．骨においてもオステオカルシンやmatrix gla protein（MGP）がビタミン依存性タンパク質であり，これらがビタミンKの存在下でグラ化されることが重要である．このことは大腿骨頸部骨折の患者群で非グラ化オステオカルシンの血中濃度が対照群に比較して高かったことでも示されている[10]．ビタミンK不足は骨粗鬆症性骨折の発症要因の1つであると考えられる．

4.3.4 「骨粗鬆症の予防と治療ガイドライン」から

現在の「骨粗鬆症の予防と治療ガイドライン」は2015年版であり，1998年，2002年，2006年，2011年に続く改訂版である[8]．ガイドランでは，骨粗鬆症の概念が整理され，骨粗鬆粗症の予防と治療の目標が骨折予防であることを確認したうえで，いわゆるEBMの視点から，現在まで得られている知見がまとめられている．薬物療法はもちろん，栄養，運動指導についてもエビデンスのレベルと推奨グレードが明示されている．

栄養についてはカルシウム，ビタミンD，ビタミンKについて表4.1のようにまとめられている．これらの摂取を十分に確保することのみで，骨量増加や骨折予防が達成されることは期待できないものの，骨粗鬆症の予防において目標とすべき数値であり，薬物療法にあたっては，基礎治療ともいうべき摂取量である．カルシウムについては800 mg以上，ビタミンDについては400～800 IU（10～20 μg），ビタミンKについては250～300 μgとなっている．それぞれを多く含む食品群も示されており，日常診療でも目安として活用されるべきであろう．

4.3.5 骨粗鬆症の予防における乳製品の役割

牛乳・乳製品はカルシウムを豊富に含み，その吸収効率もよいことから，骨粗鬆症の予防と治療にも有用な食品として考えられる．また，牛乳・乳製品はカルシウム以外にもリン，タンパク質をはじめ，骨代謝に有利な栄養素を含む多機能

表4.1 「骨粗鬆症の予防と治療ガイドライン2015年版」における評価と推奨[8]

栄養素	摂取量
カルシウム	食品から700～800 mg（グレードB） （サプリメント，カルシウム薬を使用する場合には注意が必要）
ビタミンD	400～800 IU（10～20 μg）（グレードB）
ビタミンK	250～300 μg（グレードB）

食品である．

韓国における成人を対象とした全国調査では，カルシウム摂取が多いほど骨粗鬆症のリスクは低く，牛乳・乳製品を1単位以上摂取する群における骨粗鬆症の相対危険率は，牛乳・乳製品をまったく摂らない群に対して0.76（95%信頼区間0.53～0.96）であった[7]．この調査では，血清の25-水酸化ビタミンD濃度も測定しており，ビタミンDの充足が骨粗鬆症予防に必要であることも示されている．しかしながらビタミンDは充足しにくいビタミンであるため，牛乳・乳製品にビタミンDを含有させることが広く行われつつあり，骨代謝に対する影響も報告されている[3]．

骨粗鬆症の予防には若年期により高い骨密度を得ることが重要とされ，この時期の栄養指導の充実が有用であろう．しかしながら，若年期の牛乳・乳製品の摂取が骨粗鬆症の予防に有用か否かを厳密に検証するためには，縦断調査が必要であるものの，数十年にわたる調査は現実的ではない．Wadolowskaらは，ポーランドの成人女性について，幼少期の牛乳・乳製品の摂取量と骨密度との関連を検討した[12]．その結果，就学前と学童期の牛乳・乳製品が多いほど成人期の骨密度が高いことが示された．この検討は年齢や月経の状態，体格指数で補正されたものである．

高齢者の骨折，特に大腿骨近位部骨折を予防することは骨粗鬆症予防の最終的な目的の1つである．男性では10代における牛乳摂取が多いほど大腿骨近位部骨折が多かったが，女性ではその傾向がなかったとの報告がある[6]．この報告では，若年期における牛乳摂取がより高い身長に結びつき，そのために大腿骨近位部骨折のリスクが上昇したのではと考察している．大腿骨近位部骨折には骨密度以外にも骨長，骨構造，転倒リスクなどさまざまな因子が関与するため，本報告のみで結論づけることは不可能であるが，興味深い研究である．

骨粗鬆症の予防にはリンの摂取も重要であり[4]，牛乳・乳製品からカルシウムを摂取する場合には同時に適切な量のリンが摂取できることは利点であると考えられる．また，牛乳・乳製品はタンパク質の供給源としても有用であり，インスリン様成長因子-1（IGF-1）の分泌促進を介して，骨代謝に影響をもたらし，骨粗鬆症の予防にも寄与することが想定される．

骨粗鬆症の予防と治療には十分なカルシウム摂取が欠かせないが，わが国でのカルシウム摂取量は目標値に達していない．牛乳・乳製品については重要なカルシウム源としてのみならず，総合機能食品としての役割を，骨粗鬆症の予防と治療の観点からさらに見直していくべきであろう．〔細井孝之〕

文　献

1) Adams, P. J., Berridge, F. R. (1969). *Arch. Dis. Child.*, **44** : 705-709
2) Bastow, M. D. *et al.* (1983). *Lancet*, **122** : 143-146.
3) Bonjour, J. P. *et al.* (2013). Consumption of yogurts fortified in vitamin D and calcium reduces serum parathyroid hormone and markers of bone resorption: a double-blind randomized controlled trial in institutionalized elderly women. *J. Clin. Endorinol. Metab.*, **98** : 2915-2921.
4) Bonjour, J. P. *et al.* (2013). Dairy in adulthodd: from foods to nutrient interactions on bone and skeletal muscle health. *J. Amecan College of Nutrition*, **32** : 251-263.
5) Chapuy, M. C., Arlot, M. E. N. (1992). *Engl. J. Med.*, **327** : 1637.
6) Feskanich, D. *et al.* (2014). Milk consumption during teenage years and risk of hip fractures in older adults. *JAMA Peiatr.*, **168** : 54-60.
7) Hong, H., Kim, E.-K., Lee, J.-S. (2013). Effects of calcium intake, milk and dairy product intake, and blood vitamin D level on osteoporosis risk in Korean adults: analysis of the 2008 and 2009 Korea National health and Nutrition Examination Survey. *Nutrition Research an Practice*, **7** : 409-417.
8) 骨粗鬆症の予防と治療ガイドライン作成委員会編集（2015）．骨粗鬆症の予防と治療ガイドライン 2015年版，ライフサイエンス出版．
9) National Institutes of Health (NIH) (2000). Osteoporosis Prevention, Diagnosis, and Therapy. *NIH consensus Statement*, 2000 ; 17 : 1-45. (http:consensus.nih.gov/cons/111/111_statement.htm)
10) Szulc, P. *et al.* (1993). *J. Clin. Invest.*, **91** : 1769-1774.
11) Tinetti, M. E. *et al.* (1988). *N. Engl. J. Med.*, **319** : 1701-1707.
12) Wadolowska, L. *et al.* (2013). Dairy products, dietary calcium and bone health: possibility of prevention of osteoporosis in women : the Polish experience. *Nutrients*, **5** : 2684-2707.

4.4 牛乳・乳製品の神経系への作用

わが国では，国民の4人に1人が65歳以上の高齢者という超高齢社会を迎え，脳卒中や認知症高齢者の増加という大きな医療・社会問題に直面している．脳卒中は加齢と密接に関連し，ひとたび発症すると死を免れても後遺症により日常生活動作を著しく低下させる重篤な神経系疾患である．わが国では，1970年代以降，高血圧治療の普及に伴い脳卒中罹患率・死亡率は減少傾向にあるが，人口の急速な高齢化を反映して脳卒中患者の数は逆に増加している．認知症は高齢者の神経疾患のなかで最も頻度が高いが，そのおもな病型であるアルツハイマー病（Alzheimer's disease：AD）はその成因がいまだ十分に解明されておらず，その根本的な治療法も確立されていない．したがって，わが国ではこれら神経系疾患の予防対策を講じることが公衆衛生学上および医療行政上の重要な課題である．その予防手段の１つとして，疫学的手法を用いて神経系疾患の防御因子または危険因子を明らかにする方法がある．なかでも前向きコホート研究は，神経系疾患のない集団を追跡して追跡開始時に測定した防御因子または危険因子のレベルと追跡期間中の神経系疾患の発症リスクとの関連を検討する方法であり，両者の因果関係を高い確率で証明することができる．

近年，牛乳・乳製品の摂取は，高血圧や糖尿病発症の防御因子であるとする研究報告が散見される[17,18]．これら疾患は脳卒中や認知症の危険因子でもあるため，牛乳・乳製品の摂取は生活習慣病のリスク低下を介して脳卒中や認知症発症に影響を与える可能性がある．そこで本節では，これまで報告された前向きコホート研究の成績を中心に，牛乳・乳製品の摂取と代表的な神経系疾患である脳卒中および認知症との関係を検討した．

4.4.1 牛乳・乳製品の摂取が脳卒中や認知症に与える影響

a. 牛乳・乳製品の摂取と脳卒中の関連

表 4.2 に，牛乳・乳製品の摂取と脳卒中発症または死亡との関係を検討した国内外の前向きコホート研究の成績をまとめた．

欧米人を対象に牛乳・乳製品の摂取と脳卒中発症との関連を検討した研究のうち，スウェーデンの Swedish Mammography Cohort と Cohort of Swedish Men の合同研究では，乳製品のなかでも低脂肪乳製品の摂取と脳卒中発症との間に有意な負の関連が認められたが[12]，米国の Nurses' Health Study と Health Professional's Follow-up Study の合同研究，オランダの Dutch Contribution to the European Prospective Investigation into Cancer and Nutrition では，両者の間に明らかな関連はみられなかった[4,6]．牛乳・乳製品の摂取と脳卒中死亡との関連について検討した英国の Boyd Orr Cohort Study，スコットランドの Large cohort of men in the west of Scotland，オランダの Netherlands Cohort Study

表 4.2　一般人を対象とした牛乳・乳製品摂取と脳卒中発症に関する追跡研究（多変量調整）（文献[4,6,7,9,12]より作成）

コホート	対象者数	性別	年齢（歳）	追跡期間	評価項目	エンドポイント	相対危険		
							脳卒中	脳梗塞	脳出血
欧米人の研究									
Swedish Mammography Cohort と Cohort of Swedish Men（スウェーデン）	74,961	男女	45～83	10 年	牛　乳	発症	NS	NS	NS
					乳製品	発症	NS	NS	NS
					低脂肪乳製品	発症	負の関連*	負の関連*	NS
					高脂肪乳製品	発症	NS	NS	NS
					チーズ	発症	NS	NS	NS
Nurses' Health Study と Health Professionals Follow-up Study（統合研究）（米国）	84,010	女	30～55	26 年	低脂肪乳製品	発症	NS	—	—
					高脂肪乳製品	発症	NS	—	—
	43,150	男	40～75	22 年	低脂肪乳製品	発症	NS	—	—
					高脂肪乳製品	発症	NS	—	—
	127,160	男女	30～75		低脂肪乳製品	発症	—	NS	NS
					高脂肪乳製品	発症	—	NS	NS
EPIC_NL[a]（オランダ）	33,625	男女	21～64	13 年	乳製品	発症	NS	—	—
Caerphilly Cohort Study（英国）	665	男	45～59	20 年	牛　乳	発症	—	0.5*	—
ATBC Study[b]（フィンランド）	26,556	男	50～69	14 年	牛　乳	発症	—	NS	—
					乳製品	発症	—	NS	—
					低脂肪乳	発症	—	NS	—
					チーズ	発症	—	NS	—
					クリーム	発症	—	0.8*	NS
					アイスクリーム	発症	—	NS	—
Nurses' Health Study（米国）	85,764	女	34～59	14 年	牛　乳	発症	—	NS	—
					チーズ	発症	—	0.6*	—
					カッテージチーズ	発症	—	NS	—
					ヨーグルト	発症	—	NS	—
					アイスクリーム	発症	—	NS	—
Health Professionals Follow-up Study（米国）	43,732	男	40～75	14 年	高脂肪乳製品	発症	—	NS	NS
Boyd Orr Cohort Study（英国）	4,374	男女	4～11	65 年	牛　乳	死亡	NS	—	—
					乳製品	死亡	NS	—	—

Large cohort of men in the west of Scotland (スコットランド)	5,765	男	35〜65	25年	牛　乳	死亡	NS	—	—
Netherlands Cohort Study (オランダ)	58,279	男	55〜69	10年	乳製品	死亡	NS	—	—
					チーズ	死亡	NS	—	—
	62,573	女	55〜69	10年	乳製品	死亡	NS	—	—
					チーズ	死亡	NS	—	—
アジア人の研究									
Honolulu Heart Program (米国・日系人)	3,150	男	55〜68	22年	牛　乳	発症	負の関連*	—	—
Hiroshima/Nagasaki Life Span Study (日本)	40,349	男女	34〜103	16年	乳製品	死亡	0.7*	—	—
Six-prefecture Cohort Study (日本)	223,170	男女	40〜69	15年	乳製品	死亡	0.8*	—	0.7*

*：有意差あり，NS：有意差なし．
a：Dutch Contribution to the European Prospective Investigation into Cancer and Nutrition.
b：Alpha-Tocopherol, Beta-Carotene Cancer Prevention Study.

のいずれの研究でも，両者の関連は明らかでなかった[9]．一方，アジア人を対象とした研究では，日系米国人が参加するHonolulu Heart Program，日本人を対象としたHiroshima/Nagasaki Life Span StudyとSix-prefecture Cohort Studyのいずれにおいても，牛乳・乳製品の摂取と脳卒中発症または死亡との間に有意な負の関連が認められた[9]．

脳卒中を病型別にみると，スウェーデンのSwedish Mammography CohortとCohort of Swedish Menの合同研究では，低脂肪乳製品の高摂取群における脳梗塞の発症リスクが0.9と有意に低く[12]，英国のCaerphilly Cohort Studyからも，牛乳摂取によって脳梗塞の発症リスクが0.9と有意に低下することが報告されている[7]．また，フィンランドのAlpha-Tocopherol, Beta-Carotene Cancer Prevention Study（ATBC Study）ではクリームの摂取，米国のNurses'Health Studyではチーズの摂取について同様の成績が認められた[9]．一方，米国のNurses' Health StudyとHealth Professional's Follow-up Studyの合同研究やHealth Professionals Follow-up Studyでは，両者の間に明らかな関連はみられなかった[4,9]．

脳出血のリスクについては，欧米のいずれの研究においても牛乳・乳製品の摂取との間に明らかな関連は認めなかった[4,9,12]．一方，日本人を対象としたSixprefecture Cohort Study は，牛乳・乳製品の摂取群では脳出血死亡のリスクが有意に低かったと報告している[9]．

以上より，欧米人を対象とした研究では，牛乳・乳製品の摂取と脳卒中の発症または死亡との間に負の関連を認めた研究が散見されるものの，一定の見解は得られていない．一方，アジア人（日本人）については，牛乳・乳製品の摂取は脳卒中の発症・死亡に対して予防的に作用するとする報告が多い．日本を含めたアジアは食生活の欧米化が著しいが，アジア人の牛乳・乳製品摂取量はいまだに欧米人の約半分と大きく下回っている[8]．この摂取量の違いが人種間における研究結果の不一致につながった可能性がある．

b.　牛乳・乳製品の摂取と認知機能低下・認知症発症との関連

前述したように，牛乳・乳製品の摂取は脳卒中に対して予防的に働く可能性がある．脳卒中は認知症，特に血管性認知症（VaD）の危険因子であることから，ここでは牛乳・乳製品の摂取と認知機能低下または認知症発症との関係を検討した．

1)　国内外の追跡研究

牛乳・乳製品の摂取と認知機能低下もしくは認知症発症の関係を検討した国内外の前向き追跡研究は少ない（表 4.3）．フランスの Etude Epidémiologique de Femmes de la Mutuelle Générale de l'Education Nationale Study では，牛乳とヨーグルト，またはチーズの摂取と認知機能低下の関連は明らかでなかったが，乳製品の脂肪分を多く含むデザートとアイスクリームの摂取は，認知機能低下の有意な危険因子であった[5]．同様に，オーストラリアの追跡研究でも，高脂肪乳を摂取する者は認知機能低下のリスクが有意に高かった[5]．

一方，牛乳・乳製品摂取と認知症との関連を検討した欧米の追跡研究はなく，唯一，広島県の被爆生存者を対象とした Adult Health Study で両者の関係を検討している．その成績によると，牛乳を一週間に 2 回以下しか摂取しない群に比べ，牛乳を毎日摂取する群では VaD を有するリスクが 0.3 と有意に低かったが，AD との関連は明らかではなかった[5]．

2)　久山町での検討

ここで，福岡県久山町（ひさやままち）で長期にわたり継続中の精度の高い認知症の疫学調査（久山町研究）の成績を用いて，日本人における牛乳・乳製品の摂取が認知症発症

表 4.3 一般人を対象とした牛乳・乳製品摂取と認知症発症または軽度認知機能障害に関する追跡研究（多変量調整）（文献[5]より作成）

コホート	対象者数	性別	年齢（歳）	追跡期間	評価項目	エンドポイント	相対危険
欧米人の研究							
E3N Study[a]（フランス）	4,809	女	62～68	13 年	牛乳とヨーグルト チーズ 乳製品のデザートとアイスクリーム	認知機能低下 認知機能低下 認知機能低下	NS NS 1.3*
Australian elderly men（オーストラリア）	601	男	75～	3～7 年	高脂肪乳	認知機能低下	正の関連*
アジア人の研究							
Adult Health Study（日本）	1,774	男女	35～60	25～30 年	牛　乳 牛　乳	血管性認知症 アルツハイマー病	0.3* NS
Hisayama Study（日本）	1,081	男女	60～	17 年	牛乳・乳製品 牛乳・乳製品	血管性認知症 アルツハイマー病	NS 0.6*

*：有意差あり，NS：有意差なし．
a：Etude Epidémiologique de Femmes de la Mutuelle Générale de l'Education Nationale Study.

に与える影響を検討してみたい．

久山町の認知症疫学研究は，1985 年から 2012 年まで過去 5 回にわたり行った認知症有病率調査の受診率がきわめて高いこと（90％以上），追跡調査からの脱落例がほとんどいないこと，認知症発症者の脳を画像診断および剖検によって系統的に調べている（剖検率 80％）ことなど，その研究精度の高さが特徴である．発症調査における AD と VaD の診断には，それぞれ National Institute of Neurological and Communicative Disorders and Stroke and the Alzheimer's Disease and Related Disorders Association（NINCDS-ADRDA）と National Institute of Neurological Disorders and Stroke-Association Internationale pour la Recherche et l'Enseignement en Neurosciences（NINDS-AIREN）の診断基準を用いた．

1988 年に久山町の循環器健診と食事調査を受けた認知症のない 60 歳以上の住民を 17 年間追跡した．食事調査には 70 項目の半定量式食物摂取頻度調査票を，栄養素・食品群の定量には四訂の日本食品成分表を使用し，算出した牛乳・乳製品の摂取量は 4 分位で 4 つのレベルに分けた．その結果，性・年齢調整した AD の発症率（対 1000 人・年）は，第 1 分位 18.3，第 2 分位 14.6，第 3 分位 11.4，第4分位13.8と，牛乳・乳製品の摂取量の増加に伴い有意に低下した．VaDの発症率もそれぞれ9.6，10.9，6.7，6.3と一貫して有意に低下した．さらに多変量解析で他の危険因子を調整すると，牛乳・乳製品の摂取は特にADの有意な防御因子であった（第4分位の相対危険0.6）．

牛乳・乳製品はビタミンB_{12}を多く含んでおり，ビタミンB_{12}はADの危険因子と報告される血漿ホモシステイン値を低下させる作用を有している．また，牛乳・乳製品に含まれるホエイタンパク質はADの危険因子であるインスリン抵抗性を改善させるとの報告がある．牛乳・乳製品の摂取は高血圧や糖尿病などの生活習慣病の改善効果だけでなく，上記の機序も介して脳卒中や認知症に対して予防的に作用することが示唆される．

4.4.2 カルシウム摂取が脳卒中や認知症に与える影響

牛乳はカルシウムを最も多く含む食品であり，カルシウムの体内への吸収率は，牛乳由来のカルシウムが最も高いことが知られている[1]．近年，カルシウム摂取が心血管病発症に対して予防的に作用するとの報告[9]があり，カルシウムの摂取は脳卒中や認知症の病態にも影響を及ぼす可能性がある．

a. カルシウム摂取と脳卒中との関連

表4.4に，カルシウムの摂取が脳卒中に与える影響を検討した前向きコホート研究の成績をまとめた．

その結果，欧米人を対象としたいずれの研究でも，乳製品由来のカルシウムの摂取，および全食品由来のカルシウムの摂取と脳卒中発症および死亡との関連は明らかでなかった[2, 9, 11, 13, 14]．一方，アジア人を対象とした研究では，日本のJapan Public Health Center-based Prospective Study（JPHC Study）において，牛乳・乳製品由来のカルシウムおよび全食品由来のカルシウム摂取と脳卒中発症との間に有意な負の関連が認められた[9]．また，日本のJapan Collaborative Cohort Study（JACC Study）では，乳製品由来のカルシウムを摂取する群は脳卒中死亡のリスクが0.5と有意に低かった[9]．

脳卒中の病型別の検討では，米国のNurses' Health Studyにおいて，乳製品由来のカルシウムおよび全食品由来のカルシウム摂取と脳梗塞発症との間に有意な負の関連が認められた[9]．これに対し，スウェーデンのSwedish Mammography

表 4.4　一般人を対象としたカルシウム摂取と脳卒中発症に関する追跡研究（多変量調整）（文献[2, 9, 10, 11, 13, 14]より作成）

コホート	対象者数	性別	年齢（歳）	追跡期間	評価項目	エンドポイント	相対危険		
							脳卒中	脳梗塞	脳出血
欧米人の研究									
Nurses' Health Study（米国）	85,764	女	34～59	14年	乳製品由来のカルシウム	発症	—	0.7*	—
					全食品由来のカルシウム	発症	NS	0.7*	NS
EPIC-Heidelberg[a]（ドイツ）	23,980	男女	35～64	11年	乳製品由来のカルシウム	発症	NS	—	—
					全食品由来のカルシウム	発症	NS	—	—
Swedish Mammography Cohort（スウェーデン）	34,670	女	49～83	10年	全食品由来のカルシウム	発症	NS	NS	2.0*
Health Professionals Follow-up Study（米国）	43,738	男	40～75	8年	全食品由来のカルシウム	発症	NS	NS	NS
ATBC Study[b]（フィンランド）	26,556	男	50～69	14年	全食品由来のカルシウム	発症	—	NS	NS
Finnish elderly cohort（フィンランド）	755	男女	65～99	10年	全食品由来のカルシウム	発症	NS	—	—
Boyd Orr Cohort Study（英国）	4,374	男女	4～11	65年	全食品由来のカルシウム	死亡	NS	—	—
アジア人の研究									
JPHC Study[c]（日本）	41,526	男女	40～59	13年	乳製品由来のカルシウム	発症	0.7*	0.7*	0.7*
					全食品由来のカルシウム	発症	0.7*	NS	NS
Honolulu Heart Program（米国・ハワイ）	3,150	男	55～68	22年	全食品由来のカルシウム	発症	—	負の関連*	—
JACC Study[d]（日本）	46,465	男	40～79	10年	乳製品由来のカルシウム	死亡	0.5*	0.5*	0.5*
	64,327	女	40～79	10年	乳製品由来のカルシウム	死亡	0.5*	0.5*	0.5*
	46,465	男	40～79	10年	全食品由来のカルシウム	死亡	NS	NS	NS
	64,327	女	40～79	10年	全食品由来のカルシウム	死亡	NS	NS	NS

*：有意差あり，NS：有意差なし．
[a]：Dutch Contribution to the European Prospective Investigation into Cancer and Nutrition.
[b]：Alpha-Tocopherol, Beta-Carotene Cancer Prevention Study.
[c]：Japan Public Health Center-based Prospective Study.
[d]：Japan Collaborative Cohort Study.

Cohort，米国の Health Professionals Follow-up Study，フィンランドの ATBC Study では，両者の間に明らかな関連はみられなかった[2,10,11]．アジア人を対象とした研究では，日本の JPHC Study で乳製品由来のカルシウムを摂取する群は脳梗塞の発症リスクが 0.7 と有意に低く[9]，日系米国人を対象とした Honolulu Heart Program においても，全食品由来のカルシウム摂取は脳梗塞発症の有意な防御因子だった[9]．脳梗塞死亡との関連について検討すると，日本の JACC Study で乳製品由来のカルシウムとの間に有意な負の関連を認めた[9]．

脳出血についてみると，スウェーデンの Swedish Mammography Cohort において，全食品由来のカルシウム摂取は脳出血発症の有意な危険因子となったが[11]，米国の Nurses' Health Study と Health Professionals Follow-up Study，フィンランドの ATBC Study のいずれの研究でも，両者の間に明らかな関連はみられなかった[2,9,10]．アジア人での検討では，日本の JPHC Study と JACC Study の研究で乳製品由来のカルシウム摂取と脳出血発症との間に有意な負の関連が認められた[9]．

カルシウムは血管の収縮を抑制して血圧レベルを低下させるだけでなく，血小板凝集能の亢進を抑えることで脳血管障害を予防すると考えられている[16]．一方，カルシウムの過剰摂取は動脈硬化を促進させるという説もある．牛乳・乳製品の摂取と同様に，カルシウムの摂取量が多い欧米人ではカルシウムの摂取と脳卒中との関連が弱まるのかも知れない．

b.　カルシウム摂取と認知症発症との関連

カルシウムの摂取と脳卒中との関連から，カルシウムの摂取は認知症発症に対しても予防的に働く可能性がある．しかし，両者の関連を検討した前向きコホート研究はほとんどない．そこで，1988 年の久山町健診で食事調査を受けた 60 歳以上の認知症のない住民 1081 人を 17 年間追跡した成績を用いてこの問題を検討した[15]．対象者を追跡開始時のカルシウム摂取量の 4 分位で 4 群に分けて，多変量解析でその他の危険因子を調整した．

その結果，VaD の発症リスクは，カルシウム摂取量の増加とともに一貫して有意に低下し（図 4.11），第 1 分位に比べ第 4 分位の発症リスクは 0.2 と有意に低かった．一方，AD の発症リスクは負の方向を示したが，その傾向性は有意でなかった．

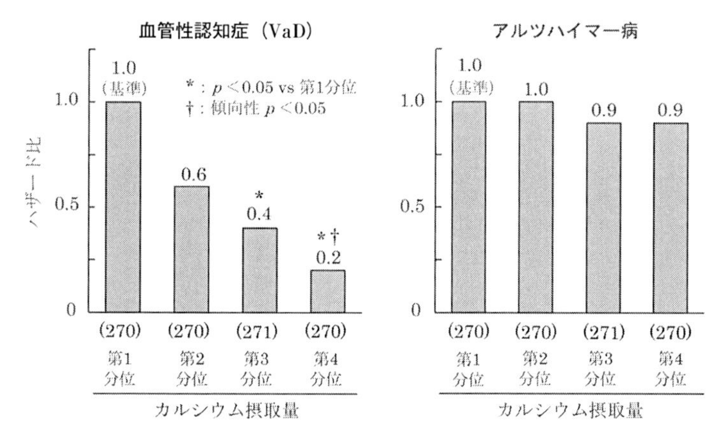

図 4.11　カルシウム摂取量別にみた認知症発症のハザード比[15]
久山町男女 1081 人（60 歳以上），1988～2005 年，多変量調整．
調整因子：年齢，性，学歴，糖尿病，高血圧，総コレステロール，脳卒中歴，BMI，喫煙歴，飲酒歴，運動，食事性因子（エネルギー，ビタミン C，コレステロール，飽和脂肪酸，一価不飽和脂肪酸，多価不飽和脂肪酸の摂取量）．

前述したように，カルシウム摂取は脳血管障害のリスクを低下させることを介して，認知症，特に VaD の発症リスクを低下させると考えられる．

世界的規模で高齢化が進むなか，牛乳・乳製品の摂取は脳卒中や認知症という神経系疾患の防御因子である可能性がある．しかし，これら神経系疾患に対する牛乳・乳製品の至適摂取量はいまだ不明である．そのため，両者の関係をさらに検討することはもとより，牛乳・乳製品の至適摂取量を明らかにするための介入研究を実施することが大きな課題といえよう．〔**小澤未央・小原知之・清原　裕**〕

文　　献

1）中嶋洋子（1994）．カルシウム源の差によるカルシウム吸収率の比較検討（2）．臨床栄養，**85**：81-85.
2）Ascherio, A. *et al.*（1998）. Intake of potassium, magnesium, calcium, and fiber and risk of stroke among US men. *Circulation*, **98**：1198-1204.
3）A publication of the FAO food and nutrition division（1997）. *Food, Nutrition and Agriculture*, Publishing management group, FAO information division.
4）Bernstein, A. M. *et al.*（2012）. Dietary protein sources and the risk of stroke in men and women.

Stroke, **43**：637-644.
5) Crichton, G. E. *et al.* (2010). Review of dairy consumption and cognitive performance in adults：findings and methodological issues. *Dement. Geriatr. Cogn. Disord.*, **30**：352-361.
6) Dalmeijer, G. W. *et al.* (2013). Dairy intake and coronary heart disease or stroke--a population-based cohort study. *Int. J. Cardiol.*, **167**：925-929.
7) Elwood, P. C. *et al.* (2005). Milk consumption, stroke, and heart attack risk：evidence from the Caerphilly cohort of older men. *J. Epidemiol. Community Health*, **59**：502-505.
8) Food and Agriculture Organization of the United Nations (FAO). FAOSTAT data. (http://faostat3.fao.org/home/index.html#DOWNLOAD)
9) Huth, P. J., Park, K. M. (2012). Influence of dairy product and milk fat consumption on cardiovascular disease risk：a review of the evidence. *Adv. Nutr.*, **3**：266-285.
10) Larsson, S. C. *et al.* (2008). Magnesium, calcium, potassium, and sodium intakes and risk of stroke in male smokers. *Arch. Intern. Med.*, **168**：459-465.
11) Larsson, S. C., Virtamo, J., Wolk, A. (2011). Potassium, calcium, and magnesium intakes and risk of stroke in women. *Am. J. Epidemiol.*, **174**：35-43.
12) Larsson, S. C., Virtamo, J., Wolk, A. (2012). Dairy consumption and risk of stroke in Swedish women and men. *Stroke*, **43**：1775-1780.
13) Li, K. *et al.* (2012). Associations of dietary calcium intake and calcium supplementation with myocardial infarction and stroke risk and overall cardiovascular mortality in the Heidelberg cohort of the European Prospective Investigation into Cancer and Nutrition study (EPIC-Heidelberg). *Heart*, **98**：920-925.
14) Marniemi, J. *et al.* (2005). Dietary and serum vitamins and minerals as predictors of myocardial infarction and stroke in elderly subjects. *Nutr. Metab. Cardiovasc. Dis.*, **15**：188-197.
15) Ozawa, M. *et al.* (2012). Self-reported dietary intake of potassium, calcium, and magnesium and risk of dementia in Japanese：the Hisayama Study. *J. Am. Geriatr. Soc.*, **60**：1515-1520.
16) Rautiainen, S. *et al.* (2013). The role of calcium in the prevention of cardiovascular disease-a review of observational studies and randomized clinical trials. *Curr. Atheroscler. Rep.*, **15**：362-385.
17) Soedamah-Muthu, S. S. *et al.* (2012). Dairy consumption and incidence of hypertension：a dose-response meta-analysis of prospective cohort studies. *Hypertension*, **60**：1131-1137.
18) Tong, X. *et al.* (2011). Dairy consumption and risk of type 2 diabetes mellitus：a meta-analysis of cohort studies. *Eur. J. Clin. Nutr.*, **65**：1027-1031.

4.5 整腸作用

牛乳の摂取は大腸・直腸がんの発生率を抑えることが知られている．牛乳は消化管を通して吸収されるため，牛乳の吸収部位への輸送は重要である．

「整腸」とは広辞苑（第6版）によると「腸の消化・吸収・運動などの機能を調整すること」と記載されている．したがって，「整腸作用」を理解するためには，消化器系の構造や生理機能の理解が必要不可欠である．そこで，本節では消化器系の構造から順次，消化器系の働きについて記述する．

4.5.1 消化器系の構造

消化器系は消化管と呼ばれる中空性の管と，それより発生する付属臓器から構成され，全身へ水・電解質および栄養素を絶え間なく供給している（図 4.12）．部位により消化管の構造自体は異なるが，基本的な構造は全部位に共通のものを有している．消化管各部における一般的な管壁の断面図を示す（図 4.13）．消化管壁は，粘膜・粘膜下組織・筋肉および漿膜で構成される．

消化管の内面は粘膜で覆われている．粘膜は粘膜上皮，粘膜固有層，粘膜筋板からできており，その表面は腺の分泌物で潤されている．粘膜上皮は消化管の部位によって，単層や重層をなす．口腔や食道の一部では，粘膜は重層扁平上皮で覆われる．一方，胃・小腸・大腸では，分泌と吸収にあずかるように特殊化した単層円柱上皮で覆われている．固有層には，毛細血管，腸管神経，免疫細胞（マスト細胞）などが存在する．消化管の粘膜は，しばしばヒダをつくり，表面積を増加させている（図 4.13 参照）．

粘膜下組織は，粘膜筋板の外側にあり，疎性結合組織と大きな血管やリンパ管が分布している．粘膜下組織には外分泌腺があり緩衝液や酵素を分泌している．

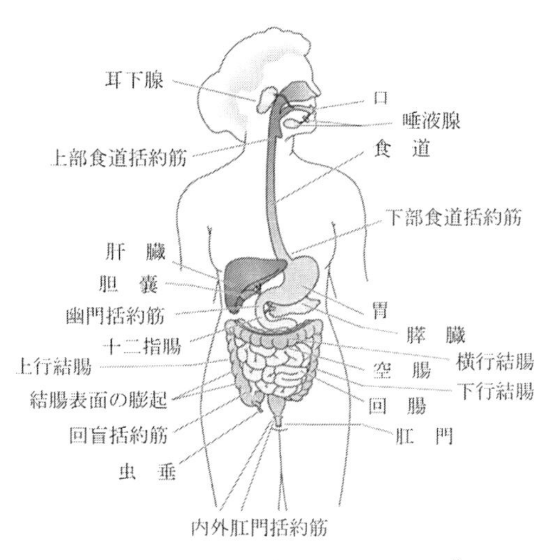

図 4.12 ヒトの消化管の主要な構成要素[1)]

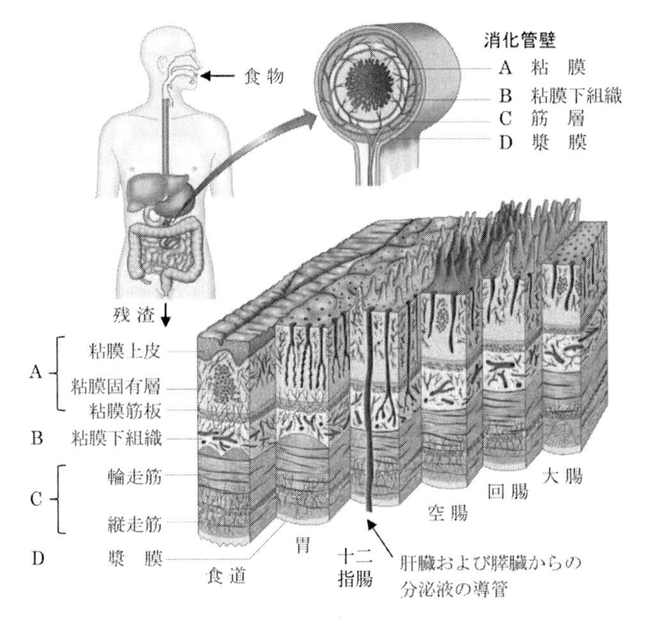

図 4.13 ヒトの消化管壁の構造[2)]

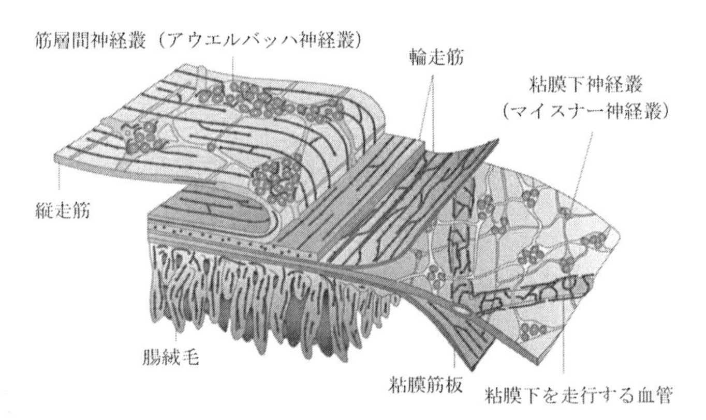

図 4.14 小腸壁に存在する神経叢（メルボルン大学 J. B. Fumess 教授の好意により掲載）

また，そこには神経細胞が存在し，粘膜下神経叢（マイスナー神経叢）を形成する．粘膜下神経叢には，感覚神経，介在神経，運動神経などが存在し，粘膜の神経支配にあずかっている（図 4.14）．

筋層は粘膜下組織の外側にあり，2つの平滑筋層から構成され，内側の層は輪状で，外側の層は縦走である．両方の筋層は蠕動運動にかかわっている．両筋層の間には，消化管運動に重要な役割を果たす筋層間神経叢（アウエルバッハ神経叢）が存在する（図4.14参照）．

大部分の消化管の外側は漿膜で覆われている．漿膜は，扁平上皮細胞で覆われた結合組織の筒状の層である．

4.5.2 消化管運動

a. 消化管平滑筋

口と舌を除き，消化管運動はほとんど平滑筋の働きによる．消化管運動は，摂取した食物を消化液とよく混和させ，その消化産物を口腔から肛門に向けて運搬し，栄養素を適切に吸収することを目的としている．

消化管の運動機能は，輪走筋および縦走筋の収縮・弛緩により起こる．そこで，まず，消化管平滑筋の特徴について述べる．

消化管平滑筋の個々の筋線維は，直径2～10 μm，長さ200～500 μmで，それらが約1000本ほど集まって筋束を形成する．各筋束内において，筋線維は細胞間にあるギャップジャンクションにより電気的に互いにつながっている．ギャップジャンクションがあるためイオンの細胞間移動が容易であり，平滑筋の収縮を引き起こす電気信号は，筋束内の平滑筋細胞から細胞に容易に伝搬する．

b. 消化管平滑筋の電気的活動

消化管平滑筋は，継続的に細胞膜のゆるやかな電位変化を発生している．この電気活動には①徐波（slow waves）および②スパイク（spikes）と呼ばれる2種類の基本的な電位変化があり，徐波は活動電位ではなく平滑筋細胞の膜電位の脱分極と再分極の繰り返しである（図4.15）．徐波のピークで膜電位が閾値を超えると，活動電位が徐波に重畳して発生する．通常，徐波はそれだけで筋収縮を起こすことはない．徐波の発生頻度は消化管の部位によって異なり，最も低いのは胃の毎分3回，最も高いのは十二指腸の毎分12回である．また，結腸では毎分3～4回と徐波の頻度は低くなる．徐波の発生には，筋層間神経叢に接して存在するカハールの間質細胞が関与している．消化管平滑筋では閾値に達しない徐波が発生しているときにも弱い収縮がみられる．

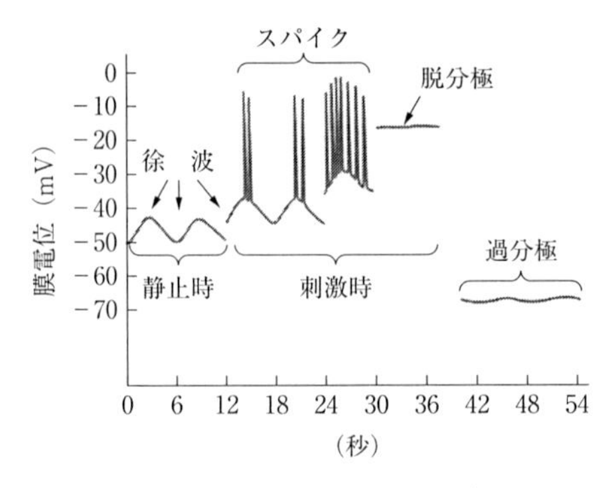

図 4.15　腸管平滑筋の膜電位[5)]

c.　消化管運動の機能様式

1)　蠕動運動

蠕動運動は消化管における基本的な推進運動である．蠕動運動では，1つの収縮輪が腸管のまわりに現れ，内容物（糜粥(びじゅく)）を肛門側へ移送する（図 4.16）．蠕動運動は消化管壁が内容物により伸展を受けたときに起こる反射反応であり，食道から直腸までの消化管すべてで起こる．蠕動運動は消化管内容物を毎秒 0.5～2 cm で搬送し，幽門から十二指腸に入った内容物は 3～5 時間かけて回盲弁に達する．蠕動は，理論的には刺激点からどちらの方向にも起こりうるはずであるが，通常は口側に向かう方向では速やかに減衰消滅するが，肛門側に向かう方向へはかなりの距離にわたって伝播する．蠕動運動は内容物の吸収を円滑に行うための移送に重要である．これらの運動パターンは，基本的には腸管神経系により制御

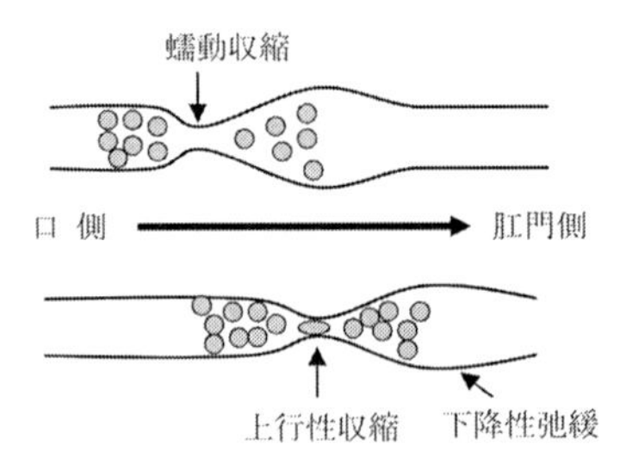

図 4.16　蠕動運動[8)]
蠕動運動は内容物の移送に関与し，上行性収縮と下行性弛緩により腸内容は口側より肛門側へ移動する．

されている.

蠕動運動は，先天的に筋層間神経叢が欠如している部分では微弱になる.

2) 分節運動

胃内の食物が胃酸などの分泌液と混和されて小腸を移動していく混合物を糜粥と呼ぶ．分節運動は，小腸で糜粥をさらに消化液と混和するために重要であり，おもに輪走筋の収縮による．消化管の両端がまず収縮し，次いで第二の収縮が分節の中央で起こり，糜粥を収縮輪を境に両方向へ押しやり，腸液との混和が促進される（図 4.17).

3) 振子運動

振子運動は食塊の移動を促進させる．これは，縦走筋の収縮により腸が短縮し，腸管径が増大する運動である．しかしながら，縦走筋の小腸での収縮活動の生理的意義については輪走筋の収縮ほど明確ではない（図 4.18).

4) 空腹期の伝搬性収縮

空腹期あるいは食間期には，次の食事に備え小腸に残っている未消化の固形物

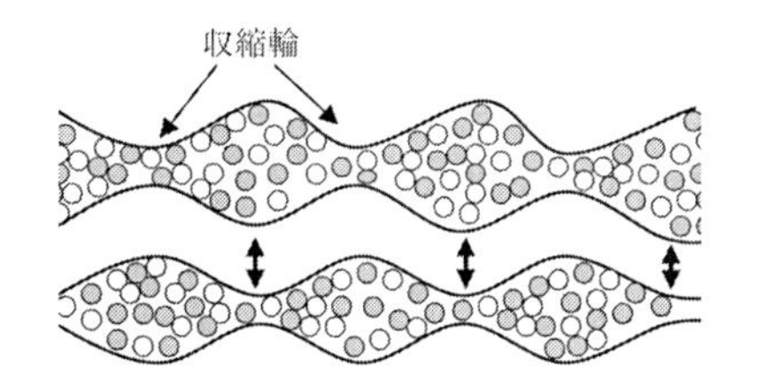

図 4.17 分節運動[8)]
小腸壁が食物塊により伸展刺激を受けると，小腸の長軸に沿って輪走筋の収縮が発生する．このような収縮により，腸内容物は消化液とよく混和される.

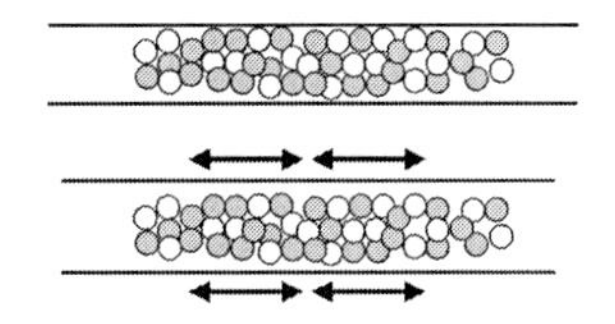

図 4.18 振子運動[8)]
小腸壁の長軸方向に配列している縦走筋の収縮と弛緩を交互に繰り返すことによって起こる運動である.

や脱落した上皮細胞を一掃するための十二指腸から回腸終末部に向かって移動する腸管運動が観察される．この収縮波は，（空腹期）伝搬性強収縮（migrating motor complex：MMC）と呼ばれ，毎分 5 cm の速度で十二指腸から回腸終末へと伝播し，約 90 分間隔で食間期に発生する．

4.5.3　消化管での消化と吸収および分泌

消化管は，摂取した食物の消化と吸収のために多くの消化液（酵素，粘液および電解質溶液など）を分泌する．ヒトは食餌に伴い 1 日あたり平均約 2.0 L の水分を摂取するが，唾液腺からは 1 日あたり約 1.5 L の唾液，胃からは約 2.5 L の胃液，肝臓から約 0.5 L の胆汁，また膵臓からは約 1.5 L の消化酵素に富む膵液，さらに総量約 1.0 L の腸液がそれぞれ消化管管腔内に分泌される．しかしながら，この液体の大部分は小腸と大腸で再吸収される．一般的に約 100 mL の水分が糞便とともに体外へ排出される．腸管における液体の分泌と吸収の概略を図 4.19 に示す．電解質は食餌に由来するものと消化液に由来するものに分けられる．電解質が消化管の粘膜上皮から吸収・分泌されるためには，粘膜上皮の頂端膜側に電解質を細胞内に取り込むシステムと排出するシステムが必要である．それに加えて，粘膜上皮の基底膜側にも同じようなシステムが存在しなければならない．他の臓器と同様，消化管においても水の輸送は電解質の能動輸送により生じる浸透圧差により二次的に起こる．上述した粘膜上皮での機構がうまく働かなくなると

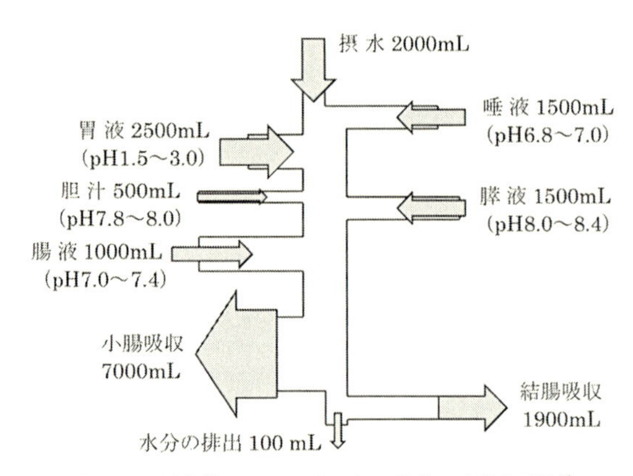

図 4.19　消化管での 1 日あたりの液体の分泌と吸収[8)]

便秘や下痢を生じることになる．また，上皮膜での正味の電解質輸送には，起電的に行われる輸送と電荷の移動を伴わない電気的に中性な電解質輸送のシステムが存在する．

4.5.4 消化管機能の調節

a. 神経性調節

消化管は，一般的には自律神経系に属する交感神経系と副交感神経系により調節されていると考えられている．しかしながら，消化管には腸管神経系という固有の神経系が存在し，中枢神経系の支配を受けなくとも基本的には消化管局所の生理機能の制御を可能にしている（図 4.14 参照）．この腸管神経系は腸管壁内にあり，食道に始まり肛門に至る腸管全長にわたって分布している．この腸神経系を構成するニューロンの数は，全脊髄中のニューロン総数にほぼ匹敵する．高度に発達した腸管神経系は，特に消化管運動の調節や粘膜上皮での水・電解質輸送調節にきわめて重要である．筋層間神経叢は輪走筋と縦走筋の間に位置し，粘膜下神経叢は粘膜下組織内に存在する．筋層間神経叢はおもに消化管運動の制御に，また粘膜下神経叢は粘膜上皮でのイオン輸送や血流の制御に関与している．腸管神経系は局所的な消化管機能調節において中枢神経系のような機能を果たすことから，今日では「第二の脳」とも呼ばれ注目を集めている．各神経叢の神経細胞体は神経節を構成し，その神経線維はネットワークをつくり神経細胞とシナプスを形成している．腸管神経系はアセチルコリンのほかにも多くの神経ペプチドを利用して情報伝達を行う．さらに，腸管神経系は自律神経（交感神経系および副交感神経系）や感覚神経などの外来神経系とシナプスを形成し，これにより内因性と外因性神経支配の二重支配を受けている．

消化管を支配する副交感神経には，脳神経由来のものと仙骨神経由来のものがある．副交感神経は，消化管の運動および分泌作用のいずれも刺激し，交感神経支配の活動に拮抗する．

消化管には多くの求心性感覚神経線維も分布している．それら求心性ニューロンの細胞体は，腸管神経系あるいは脊髄の後根神経節の中にある．

b. 液性調節

消化管は広範囲にわたる神経支配に加えて，神経や粘膜上皮から分泌される生理活性ペプチドである消化管ホルモンなどによっても制御されている．消化管には少なくとも20種類のペプチドホルモンが存在し，それらの多くのものが消化管運動やイオン輸送の制御に関与する．このうちの重要な消化管ホルモンについて消化管の分泌部位と分泌細胞を下記に示す．

・ガストリン（幽門前庭部／G細胞）
・コレシストキニン（十二指腸／I細胞）
・セクレチン（十二指腸／S細胞）
・グルコース依存性向インスリンポリペプチド（上部消化管／K細胞）
・ソマトスタチン（小腸および大腸／D細胞）
・グレリン（胃体部／X-A-like細胞）
・モチリン（小腸／Mo細胞）
・ニューロテンシン（下部小腸／N細胞）
・グルカゴン様ペプチド1（小腸および大腸／L細胞）

4.5.5　おなかを整えるとは

日常的におなかの不調を訴える場合，便秘や下痢を体感することがある．本論では，生理学的な観点から整腸作用の意味するところを記述したが，下痢や便秘も消化管運動の異常や粘膜上皮での電解質輸送の異常により説明することが可能である．多くの栄養学の教科書や一般普及書をみると「整腸作用とは，おなかの調子を整えること」とあり，多くの場合は腸内フローラとの関係で論じられる場合が多い．しかしながら，現在でも腸内フローラがどのような機構により便通異常の改善や「おなかの調子を整える」といったことに役立っているかということについてはほとんど明らかでない．本章で論じた消化管の生理機能の制御機構が，少しでも読者の「整腸作用」という用語を理解するための一助になれば幸いである．

〔桑原厚和〕

文　献

1）ボロン，E. L.・ブールペープ，W. F. 著，泉井　亮総監訳（2011）．カラー版 ボロン・ブールペープ生理学，西村書店．

2) Standring, S. (2008). *Gray's Anatomy : The Anatomical Basis of Clinical Practice, 40th ed.*, Churchill Livingstone.
3) コスタンゾ，L. S. 著，岡田 忠・菅屋潤壹監訳（2007）．コスタンゾ明解生理学，エルゼビア・ジャパン．
4) ギャノング，W. F. 著，岡田泰伸監訳（2011）．ギャノング生理学（原書 23 版），丸善出版．
5) ガイトン，A. C.・ホール，J. E. 著，御手洗玄洋総監訳（2010）．ガイトン生理学（原書第 11 版），エルゼビア・ジャパン．
6) マティーニ，F. H.・マッキンリ，M. P. 著，井上貴央監訳（2003）．カラー人体解剖学—構造と機能：ミクロからマクロまで，西村書店．
7) 日本食物繊維学会監修（2008）．食物繊維—基礎と応用，第一出版．
8) 小澤瀞司・福田康一総編集（2009）．標準生理学（第 7 版），医学書院．
9) ポーコック，G.・リチャーズ，C. D. 著，岡野栄之・植村慶一監訳（2009）．オックスフォード生理学（原書 3 版），丸善出版．

4.6 抗感染・抗アレルギー作用

1900 年代はじめ，メチニコフはヨーグルトの摂取が不老長寿を促進すると提唱し，その作用が発酵微生物にあると考えた．以来，発酵乳製品による宿主の健康増進作用が注目され，発酵乳中に含まれる乳酸菌やビフィズス菌などは現在ではプロバイオティクス（probiotics）として知られている．プロバイオティクスとは，1986 年にフラーにより「腸内フローラバランスを改善することにより生体に有益な効果をもたらす腸内細菌由来の生菌」と定義され，最近では，より広い意味で「摂食したときに宿主の健康増進効果が期待しうる生きた微生物菌体，あるいは生きた微生物を含む食品」として解釈されている．プロバイオティクスには，便秘・下痢の改善，免疫賦活，がんの予防，炎症性大腸炎の予防，動脈硬化症の予防などさまざまな効果が期待されている．これらの効果には宿主の免疫機能を調節することにより発揮されるものが少なくない．発酵乳の免疫調節作用についても多くの研究が行われ，発酵乳中に含まれる乳酸菌やビフィズス菌が宿主の免疫機能を調節することが明らかにされてきた．

さらに，菌体成分を認識する受容体である Toll like receptor（TLR）が発見され，これらの自然免疫系の受容体がさまざまな宿主細胞に発現し機能することが明らかになった．それに伴い，発酵乳・発酵微生物の摂取による効果が生菌の定着と増殖による腸内細菌叢のバランスの改善に加えて，菌体成分による宿主免疫

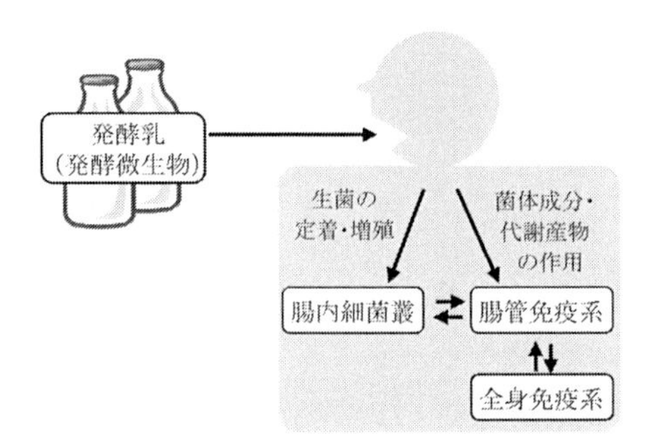

図 4.20 発酵乳の摂取による宿主の免疫機能の調節

系に対する直接的な作用を介して発揮されることが明らかになってきている（図 4.20）．ここでは，発酵乳製品に期待される抗感染，抗アレルギー作用について順に概説したい．

4.6.1 抗感染作用

これまでに，発酵乳の摂取による気道および消化管感染の予防効果について，特に，免疫が十分に成熟していない幼児や，加齢や低栄養により免疫力が低下した状態における効果を期待して，数多くの試験がなされてきた．効果が認められなかったという報告も存在するものの，何らかの作用が認められたという報告が多く存在する．まず，以下に最近実施された，ヒトを対象としたプラセボ対照無作為化二重盲検試験についていくつか報告例をあげて取り上げることとする．

発酵乳の抗感染作用を評価したヒト試験においては，*Lactobacillus* を含む発酵乳を用いた報告が多い．最近では高齢者 154 名を対象とした日本国内での試験で，*Lactobacillus casei* strain Shirota（LcS）を含む発酵乳を長期間継続的に摂取することにより，プラセボ対照群と比較してウイルスによる急性上気道感染の症状の終息が早いという報告がある[3]．一方，同株の発酵乳を用い，高齢者 737 名を対象としてベルギーで行われた別の試験では，プラセボ飲料群と LcS 発酵乳群で呼吸器疾患の罹患リスクやインフルエンザワクチンの効果にいずれも差は認められなかった[15]．前者の日本国内の報告においても，感染のリスク自体に差は認められておらず，これらの試験において LcS による免疫賦活作用は感染自体を阻害するものではなく，その後のウイルスの増殖の抑制や排除を促進するものである可能性が考えられる．同様に，高齢者1072名を対象として *Lactobacillus casei* DN114001の発酵乳を3ヶ月間毎日摂取させたところ，非発酵乳摂取群に比べて気道や消化管の一般感染症の持続期間が短縮された[6]．DN114001株の発酵乳に関しては，マウスを用いた試験において，*Salmonella enterica* subsp. *enterica* serover Typhimuriumの感染後に投与した場合にも重症化が抑制されるという治療効果も認められているのに加え，腸管バリアの増強により *Salmonella* の侵入が阻害されることも観察されている[12]．

また，*Lactobacillus delbrueckii* subsp. *bulgaricus* OLL1073R-1を用いたヨーグルトの摂取により，高齢者の風邪予防効果が認められることが報告されている[11]．対照の牛乳摂取群に比べてOLL1073R-1ヨーグルト摂取群では風邪罹患リスクが低く，ウイルス感染細胞を攻撃するナチュナルキラー（NK）細胞の活性が高いことが示されている．同じ株を用いたヨーグルトについては，マウスのインフルエンザ感染モデルにおいても有効であることが示されており，生存期間の延長，ウイルス抗体価の上昇，NK活性の増強が認められている[13]．そして，OLL1073R-1株が産生する菌体外多糖にも同様の活性が観察されている．したがって，OLL1073R-1ヨーグルトによる風邪予防効果の少なくとも一部は，この株が産生する菌体外多糖によりNK細胞が活性化され，体内で感染拡大が阻害されることによると予想される．また，抗体価の上昇にみられるように適応免疫系によるウイルスの排除も促進される可能性もある．さらに，*Lactobacillus rhamnosus* GG株含有発酵乳を子供に摂取させることにより，呼吸気道および消化管感染症の罹患リスクがプラセボ群に比較して低減したとの試験結果も存在する[7]．以上のような高齢者および子供を対象とした試験に加えて，低栄養により免疫が低下した状況において，発酵乳の摂取が有効ではないかと期待されている．マウスモデルを用いた試験においては，低栄養食摂取後に発酵乳を与えることにより，腸内細菌叢や腸管免疫系への効果とともに，*S. enterica* serover Typhimurium感染に対する防御応答の改善が認められている[5]．

外界から体内へ侵入してくる病原菌やウイルスからの防御のために，人間の体にはそれらを攻撃して排除する免疫というシステムが備わっている．発酵乳による抗感染作用の主要な機構の1つは，この免疫の活性を増強することであると考えられている．具体的には，先にも少しふれたように，ウイルス感染細胞を攻撃するNK細胞の活性化，ウイルスを排除する働きをもつ抗体の産生増強などがあげられる．免疫は，もともと体に備わっていて病原体の侵入を感知してただちに作動する自然免疫と，病原体に出会うことによって獲得され，抗体などによりそれぞれの病原体を特異的に効率よく攻撃する適応免疫に大別される．発酵微生物の菌体は一般的に，自然免疫系の細胞である樹状細胞に取り込まれ，樹状細胞からのサイトカイン産生を誘導するなどその機能を調節する．樹状細胞は自然免疫と適応免疫の橋渡しをする細胞であることから，これにより発酵微生物がさらには適応免疫を活性化する場合もあると考えられる．このような免疫賦活作用に加え，ウイルスの侵入経路である粘膜上皮のバリア機能の増強も，発酵乳による抗感染作用の主要な機構である．

発酵乳の抗感染作用は，発酵乳に含まれる発酵微生物の種類により株レベルで異なる場合が多い．これは，1つには菌体の成分構成がそれぞれの菌株で異なるために宿主の免疫細胞に対する作用が異なるためと考えられる．また，各菌株が産生する分泌ペプチドや代謝産物が感染微生物あるいは宿主細胞に作用し，一般的な免疫賦活とは異なる特徴的な抗感染作用を示すケースもある．たとえば，*Lactobacillus reuteri* が産生する環状ジペプチドは，*Staphylococcus* の毒性遺伝子のレギュレーターを阻害することにより，毒素遺伝子の発現を抑制する[10]．さらに，*Lactobacillus* が産生する有機酸とそれによるpHの低下が，ピロリ菌（*Helicobacter pylori*）の抑制に寄与することが知られている．また，*Bifidobacterium longum* が酢酸の産生を介して大腸菌O157感染による死亡を防ぐことがマウスを用いた試験で明らかにされている[4]．この作用は，*B. longum* のうちで特定の糖トランスポーターを発現する株のみで認められ，管腔中のグルコースが少ない大腸下部においてこのトランスポーターから取り込んだフルクトースやマンノースを代謝することにより酢酸を産生し，酢酸が宿主の腸管上皮の感染防御機能を増強すると考えられている[4]．

4.6.2　抗アレルギー作用

広義にはさまざまな過敏反応をアレルギーと総称するが，最近では一般的に，これらの過敏反応のうちアトピー性皮膚炎，花粉症，食物アレルギーなどIgE抗体を介する即時型の反応をアレルギーと称する．アレルギーは，病原体ではない抗原に対して過剰な免疫反応が起きてしまう，免疫の異常による疾患である．さらに，腸内細菌叢の構成，特に出生直後の腸内細菌叢の構成とその後のアレルギーの発症率に相関があることが明らかにされ，腸内細菌叢の改善がアレルギーの罹患リスクの低下につながると考えられるようになった．そこで，発酵乳・発酵微生物の摂取による腸内細菌叢の改善作用，免疫調節作用を利用して，アレルギーの予防や症状緩和を試みる研究が行われてきた．

これまでに，*Lactobacillus* や *Bifidobacterium* を含む発酵乳を摂取，あるいはそれらの発酵微生物をカプセル等の形態で摂取させるヒト臨床試験が行われてきた．ヒトに対する有効性のうち，現在のところ最も期待されているのが，幼小児のアトピー性皮膚炎に対する予防効果である．妊娠中の母親および出生後の乳児に *Lactobacillus rhamnosus* GG を経口摂取させることにより幼児期の湿疹の発症が半減したという報告が，2001 年にフィンランドのグループによりなされたのをはじめとして[8)]，これまでに多数のヒト臨床試験が実施され，いくつかのメタアナリシスも行われている．その多くが，アトピーのハイリスク群を対象とし，妊婦もしくは乳児，あるいはその両方に摂取させて幼少期における湿疹の予防効果を評価している．*Lactobacillus rhamnosus* はこのような臨床試験に最もよく使用されてきた菌の 1 つであり，GG 株には湿疹の低減に対する有効性がいくつかの試験により報告されている．ほかに *Lactobacillus reuteri*，*Lactobacillus lactis*，*Bifidobacterium infantis*，*Bifidobacterium bifidum* などに湿疹の低減などの有効性が認められた例が存在する．一方，すでにアレルギーを発症している人に対する症状の緩和効果を評価する臨床試験も行われている．やはり幼少期のアトピー性皮膚炎を対象とした試験が中心であり，予防効果を評価する試験に比べて大規模な臨床試験の数は少ないものの，いくつかの試験では臨床スコアの改善効果が報告されている．しかしその効果は概して予防に比べて小さい傾向にある．表 4.5 には最近 2010 年以降に報告された臨床試験の代表例をまとめた．

以上のように，幼小児のアトピー性皮膚炎の発症リスクの低減，およびアレルゲン除去管理による幼小児のアトピー性皮膚炎の症状改善の促進に限定すると，発酵微生物を含む発酵乳の有効性が期待できる可能性が示されている．しかしながら，有効性が認められなかったという試験報告も少なくなく，また，ほとんどの試験において IgE 感作に対する明確な効果は認められていない．一方，花粉症

表 4.5 発酵乳および発酵微生物のアレルギーに対する作用を調べたプラセボ対照無作為化試験の最近の報告例

報　告	実施場所	対　象#	菌　株	摂取期間	フォローアップ	結　果
West *et al.*, 2013	スウェーデン	171 名*（179）；健常児	*L. paracasei* ssp. *paracasei* F19 を 1×10^{8} cfu/ 日	出生後 4 ヶ月から 13 ヶ月まで	8 歳	アレルギー疾患，気道炎症，IgE 感作いずれにも効果なし（13 ヶ月の時点では湿疹の累積発症率低下）
Rautava *et al.*, 2012	フィンランド	205 名（241）；アレルギー疾患・アトピー感作陽性の母親	*L. rhamnosus* LPR+*B. longum* BL999 あるいは *L. paracasei* ST11+*B. longum* BL999 を各 1×10^{9} cfu/ 日	母親に出産 2 ヶ月前からと授乳期の 2 ヶ月間	6，12，24 ヶ月	24 ヶ月の時点までの湿疹発症低減．IgE 感作には影響なし．
Wickens *et al.*, 2012	ニュージーランド	425 名（474）；アトピー高リスク	*L. rhamnosus* HN001 を 6×10^{9} cfu/ 日，あるいは *B. animalis* ssp. *lactis* HN019 を 9×10^{9} cfu/ 日	母親に妊娠 35 週から出産まで，子供に出生後 2 歳まで，母乳の場合には母親に出産後 6 ヶ月まで	4 歳	4 歳までの湿疹の累積罹患率低下．SCORAD ≧ 10 の重症疾患の罹患率には効果なし．IgE 感作には影響なし．（2 歳の時点では *L. rhamnosus* 摂取群でのみ湿疹のリスク低下）
Boyle *et al.*, 2011	オーストラリア	212 名（250）；母親，父親，兄弟のいずれかがアレルギー	*L. rhamnosus* GG を 1.8×10^{10} cfu/ 日	母親に妊娠 36 週から出産まで	1 歳	湿疹のリスク対する効果なし．臍帯血免疫マーカーに影響なし．母乳中の可溶性 CD14 と IgA 減少．
Dotterud *et al.*, 2010	ノルウェー	278 名（415）；条件なし	*L. rhamnosus* GG 5×10^{10} cfu/ 日 +*L. acidophilus* La-5 5×10^{10} cfu/ 日 +*B. animalis* ssp. *lactis* Bb-12 5×10^{9} cfu/ 日	母親に妊娠 36 週から出産後 3 ヶ月まで	2 歳	湿疹の累積発症率低下．喘息や IgE 感作には影響なし．
Kim *et al.*, 2010	韓　国	68 名（112）；家族にアレルギー歴	*B. bifidum* BGN4+*B. lactis* AD011+*L. acidophilus* AD031 を各 1.6×10^{9} cfu/ 日	母親に出産 8 週間前から 3 ヶ月後まで，子供に 4 ヶ月から 6 ヶ月まで	1 歳	1 歳時点での湿疹の罹患率低下，1 歳までの湿疹の累積発症率低下．血中 IgE 濃度・食物アレルゲンに対する感作には影響なし．

#：実際に試験を終了した人数．（ ）内は試験開始時の人数．
*：8 歳時フォローアップは 121 名．

やアレルギー性鼻炎，アレルギー性喘息など，アトピー性皮膚炎以外のアレルギー疾患についても臨床試験が試みられているが，幼小児のアトピー性皮膚炎に対する有効性に比べるとその効果は明確でない．したがって，アレルギーの予防や症状緩和に対する標準手段として発酵乳の摂取を推奨するに足る科学的根拠は，現時点ではまだ十分確立されていないと考えられる．

試験間の結果の相違には，1つには使用する菌株や投与量，投与時期および投与期間が影響していると考えられる．さらに，腸内細菌叢も免疫系もすでに確立されている成人では幼児に比べて効果が現れにくいことが予想されることから，対象者の年齢，そしてアレルギー症状のバリエーションなども関係すると予想される．発酵乳の抗アレルギー作用を明確に理解するために，予防や治療に有効な菌株の選択や至適な投与法について今後の研究の展開が期待される．

発酵乳による抗アレルギー作用もやはり，腸内細菌叢の改善と腸管免疫系への直接的な作用の両方を介した，宿主の免疫機能の調節がその基盤にあるとされる．たとえば，免疫応答の司令塔として機能するリンパ球であるT細胞は，分泌するサイトカインのパターンにより，Th1，Th2，Th17などに分類される．発酵乳の摂取は，アレルギーに特徴的なIgE抗体の産生を促すTh2型の免疫応答の抑制，あるいはTh2を抑制するTh1型の免疫応答の活性化，炎症を促進するTh17型の免疫応答の抑制，制御性T細胞による免疫寛容の誘導などを引き起こし，生体内での免疫応答のバランス異常を改善すると考えられている．また，腸管粘膜上皮のバリア機能の強化を介してアレルゲンの通過を抑制することにより抗アレルギー作用を示す機構も存在する．発酵乳の作用には，発酵微生物の菌体成分に加え，微生物の嫌気性発酵により産生される短鎖脂肪酸などの代謝産物も貢献する．酪酸をはじめとする短鎖脂肪酸には抗炎症作用があることから，アレルギーの制御に貢献する可能性が考えられる．そして，抗感染作用と同様，やはり菌株により作用が異なるのも特徴である．　　　　〔**高橋恭子**〕

文　　献

1)　Boyle, R. J. *et al.* (2011). *Lactobacillus* GG treatment during pregnancy for the prevention of eczema：a randomized controlled trial. *Allergy*, **66**：509-516.

2) Dotterud, C. K. *et al.* (2010). Probiotics in pregnant women to prevent allergic disease : a randomized, double-blind trial. *Br. J. Dermatol.*, **163** : 616-623.

3) Fujita, R. *et al.* (2013). Decreased duration of acute upper respiratory tract infections with daily intake of fermented milk : A multicenter, double-blinded, randomized comparative study in users of day care facilities for the elderly population. *Am. J. Infect. Control*, in press.

4) Fukuda, S. *et al.* (2011). Bifidobacteria can protect from enteropathogenic infection through production of acetate. *Nature*, **469** : 543-547.

5) Maldonado Galdeano, C. *et al.* (2011). Impact of a probiotic fermented milk in the gut ecosystem and in the systemic immunity using a non-severe protein-energy-malnutrition model in mice. *BMC Gastroenterol.*, **11** : 64.

6) Guillemard, E. *et al.* (2010). Consumption of a fermented dairy product containing the probiotic *Lactobacillus casei* DN-114001 reduces the duration of respiratory infections in the elderly in a randomised controlled trial. *Br. J. Nutr.*, **103** : 58-68.

7) Hojsak, I. *et al.* (2010). *Lactobacillus* GG in the prevention of nosocomial gastrointestinal and respiratory tract infections. *Pediatrics*, **125** : e1171-1177.

8) Kalliomäki, M. *et al.* (2001). Probiotics in primary prevention of atopic disease : a randomised placebo-controlled trial. *Lancet*, **357** : 1076-1079.

9) Kim, J. Y. *et al.* (2010). Effect of probiotic mix (*Bifidobacterium bifidum*, *Bifidobacterium lactis*, *Lactobacillus acidophilus*) in the primary prevention of eczema : a double-blind, randomized, placebo-controlled trial. *Pediatr. Allergy Immunol.*, **21** : e386-393.

10) Li, J. *et al.* (2011). *Lactobacillus reuteri*-produced cyclic dipeptides quench agr-mediated expression of toxic shock syndrome toxin-1 in staphylococci. *Proc. Natl. Acad. Sci. USA*, **108** : 3360-3365.

11) Makino, S. *et al.* (2010). Reducing the risk of infection in the elderly by dietary intake of yoghurt fermented with *Lactobacillus delbrueckii* ssp. *bulgaricus* OLL1073R-1. *Br. J. Nutr.*, **104** : 998-1006.

12) de Moreno de Leblanc, A. *et al.* (2010). Adjuvant effect of a probiotic fermented milk in the protection against *Salmonella enteritidis* serovar Typhimurium infection : mechanisms involved. *Int. J. Immunopathol. Pharmacol.*, **23** : 1235-1244.

13) Nagai, T. *et al.* (2011). Effects of oral administration of yogurt fermented with *Lactobacillus delbrueckii* ssp. *bulgaricus* OLL1073R-1 and its exopolysaccharides against influenza virus infection in mice. *Int. Immunopharmacol.*, **11** : 2246-2250.

14) Rautava, S. *et al.* (2012). Maternal probiotic supplementation during pregnancy and breast-feeding reduces the risk of eczema in the infant. *J. Allergy Clin. Immunol.*, **130** : 1355-1360.

15) Van Puyenbroeck, K. *et al.* (2012). Efficacy of daily intake of *Lactobacillus casei* Shirota on respiratory symptoms and influenza vaccination immune response : a randomized, double-blind, placebo-controlled trial in healthy elderly nursing home residents. *Am. J. Clin. Nutr.*, **95** : 1165-1171.

16) West, C. E., Hammarström, M. L., Hernell, O. (2013). Probiotics in primary prevention of allergic disease-follow-up at 8-9 years of age. *Allergy*, **68** : 1015-1020.

17) Wickens, K. *et al.* (2012). A protective effect of *Lactobacillus rhamnosus* HN001 against eczema in the first 2 years of life persists to age 4 years. *Clin. Exp. Allergy*, **42** : 1071-1079.

4.7　歯に対する作用

4.7.1　牛乳と歯面の脱灰と再石灰化の関係

虫歯（う蝕）は，歯面に形成された多糖体を含むバイオフィルム内部の著しいpH 低下によって歯面が脱灰される疾患である．このpH 低下はおもに口腔内で優勢な連鎖球菌の糖代謝の最終産物である有機酸に起因する．バイオフィルム内部環境のpH 低下が起きると，溶解度の変化によりバイオフィルム内部に含まれる遊離のカルシウムイオン（Ca^{2+}）とリン酸イオン（PO_4^{3-}）が過飽和から不飽和状態へ移行する．バイオフィルム内部で不飽和状態が続くと，化学的平衡を保つため歯質表面（ハイドロキシアパタイト結晶）からカルシウムとリン酸がバイオフィルム中に溶け出る．これが歯の脱灰現象である．虫歯は上記の歯の脱灰が進行した結果，不可逆的な病態変化（実質欠損）を生じた状態である．脱灰の初期段階は可逆的である．牛乳を飲んだり，フッ化物洗口をするとバイオフィルム内のカルシウムとリン酸が過飽和状態に戻り，再石灰化する．歯面では日常的にこのような脱灰と再石灰化が繰り返されている．

4.7.2　牛乳と虫歯予防

虫歯予防には，細菌性リスク因子であるミュータンス連鎖球菌（*Streptcoccus mutans* および *Streptcoccus sobrinus*）の早期感染防止や口腔からの除菌が大切である．しかし，ミュータンス連鎖球菌が感染し増殖している環境でも，歯が接する界面においてカルシウムとリン酸の濃度が過飽和な状態を維持できれば虫歯にはならない．唾液と牛乳はカルシウムイオンとリン酸イオンを過飽和に含む「液体のエナメル質」であり，日常的に牛乳を飲んだり唾液が分泌されて歯面に接触していれば，脱灰しても再石灰化する．ところが，牛乳を飲む習慣がない人や降圧剤，抗うつ剤などの薬剤の服用で唾液分泌が低下している人は脱灰-再石灰化のバランスが脱灰側に傾いて，不可逆的な実質欠損である虫歯が生じる．

Gedalia ら[5] は，酸性飲料で軟化したヒトのエナメル質が牛乳で硬度を回復できることを実証している．また，疫学調査により低いカルシウム摂取は若い女性のう蝕の発症と関係していることが示されている[4]．牛乳・乳製品は一般に虫歯予防食品として認められているが，虫歯予防成分はカルシウム・リンだけではなく，カゼイン，グリコマクロペプチド，ラクトフェリン，ラクトパーオキシダーゼ，ディフェンシンなど複数存在する．

a.　虫歯の予防とカゼイン

牛乳・乳製品は，カゼイン，カルシウム，リン酸を含み，それぞれの成分が虫歯予防に重要な役割を担っている．カゼインはリン酸化タンパク質なので，歯質のハイドロキシアパタイト結晶に付着し，pHの緩衝作用や再石灰化作用をもつ．カゼインを含む乳成分から開発されたものがCPP-ACPである[11]．CPP（casein phosphopeptide）は，牛乳タンパク質のカゼイン由来のホスホペプチドであり，ACP（amorphous calcium phosphate）は非結晶性で可溶性の性状を有するリン酸カルシウムである．リン酸化されたCPPが歯面に結合し，ACPが歯面に局在することにより，エナメル質脱灰が抑制され，再石灰化が促進される．

CPP-ACPはフッ化物と同様にバイオフィルム中のカルシウムイオンとリン酸イオンを過飽和状態にすることによって，虫歯を予防する．

b.　虫歯とグリコマクロペプチド

牛乳・乳製品に含まれるCPPとグリコマクロペプチド（glycomacropeptide：GMP）は，歯面のペリクル（歯に結合能力を示すカルシウム結合タンパク質を主体とする唾液成分の薄膜．正式名は獲得被膜 acquired pellicle）に組み込まれることによりミュータンス連鎖球菌の歯面への付着を阻害する[13]．この付着阻害のメカニズムには，GMPのグリコシド構造が関与している[3]．また，GMPには脱灰抑制効果と再石灰化促進効果の両方が認められる[3]．

c.　虫歯の予防とラクトフェリン

牛乳に含まれるラクトフェリンは，主要な虫歯菌*S. mutans*の歯面への定着に対して抑制的に働く．これは，*S. mutans*の表層にある付着に関与するタンパク質（PAc）にラクトフェリンが結合することにより，歯面のペリクルの構成成分であるsalivary agglutininのscavenger receptor cysteine-rich domain peptide 2（SRCRP2）に*S. mutans*のPAcが結合できなくなるからである[10]．

d.　虫歯予防とラクトパーオキシダーゼ

ラクトパーオキシダーゼ（lactoperoxidase）は，*S. mutans*が菌体外に分泌するグルコシルトランスフェラーゼ（glucosyltransferases：GTF）の酵素活性を阻害する．GTF は砂糖（スクロース）を加水分解し，グルコース残基を重合してフルクトース残基を遊離させる酵素である．*S. mutans* 特有の粘着性をもつバイオフィルムは GTF の酵素反応によるものである．ラクトパーオキシダーゼは，GTF と砂糖による *S. mutans* のバイオフィルム形成を阻害し，虫歯を予防する[6]．また，ラクトパーオキシダーゼは，*S. mutans* の菌体内へグルコースを取り込む過程を妨害して *S. mutans* の生育を阻害する[8]．

4.7.3 乳歯の虫歯と育児用ミルク

一時期爆発的に増加した小児の虫歯は，練乳の普及と育児用ミルクに砂糖が添加されていたことが原因で発生したと考えられる．しかし，1975 年（昭和 50 年）以降は育児用ミルクに砂糖は添加されなくなった[9]．わが国の大手乳業会社がそれまで育児用ミルクに入れていた砂糖の使用をやめたことは，わが国の小児の虫歯減少に貢献したと思われる．

現在の育児用ミルクと虫歯の問題は，養育者があえて育児用ミルクに砂糖を加えることである．1 歳ごろの歯の萌出年齢以降に，就寝前などに砂糖を加えた育児用ミルクを飲ませていると虫歯になる危険性が高くなる．ミュータンス連鎖球菌のバイオフィルム形成にかかわる菌体外酵素 GTF は基質特異性が高く，砂糖はこの酵素の唯一の基質である．

4.7.4 牛乳の摂取と高齢者の根面の虫歯

新潟大学が実施した高齢者 600 名を 6 年間追跡した調査で，牛乳の摂取が根面の虫歯の発症を有意に抑制することが示されている[15]．牛乳を飲む習慣がない人は，飲む人に比べて根面が虫歯になる危険性が 1.69 倍高い．

4.7.5 牛乳の摂取と歯の喪失防止

歯の喪失割合と牛乳・乳製品の関係は多くの疫学研究で示されている．デンマークの報告[2] では，牛乳と乳製品からのカルシウム摂取を 10 倍にすると男性の歯の喪失割合が対照群の 0.32 倍（95％信頼区間 0.15〜0.68）に低下することが示されている．同じ調査で乳酸菌数を調整した統計モデルの場合，牛乳と乳製品からのカルシウム摂取を 10 倍にすると女性の歯の喪失割合が対照群に比べて大幅に

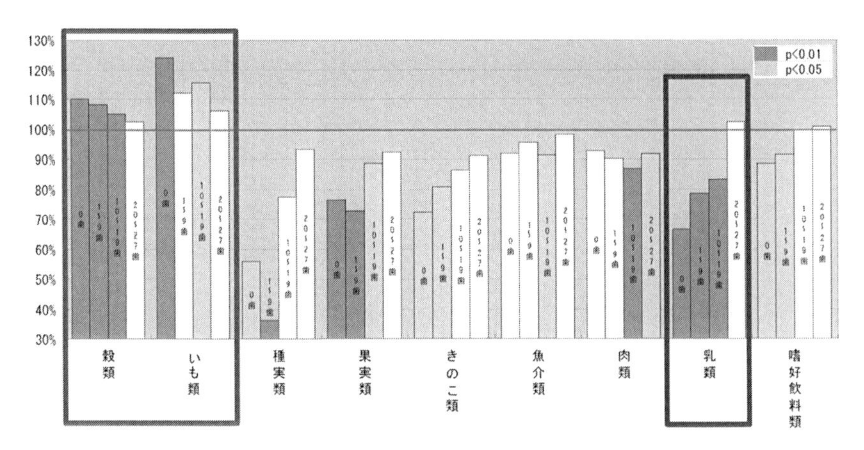

図 4.21 牛乳・乳製品と歯の喪失の関係を示す国民健康・栄養調査分析データ（国立保健医療科学院・安藤雄一博士の分析データより）[7]
グラフ縦軸は各種要因（義歯の使用，性，年齢，喫煙，職業分類，エネルギー摂取量）を調整した平均値（「28 歯以上」を 100%として算出）．棒グラフは左からそれぞれ現在歯数 0 本，1～9 本，10～19 本，20～27 本の各群．
歯を喪失する人は，穀類，いも類の摂取が多く，種実類，果実類，きのこ類，魚介類，肉類，乳類（牛乳・乳製品），嗜好飲料類（お茶など）の摂取が少ないことがわかる．

低下（0.25 倍；95％信頼区間 0.09～0.73）している．日本歯科医師会会員 20,366 人の健康調査でも，牛乳と乳製品の摂取が多い歯科医師は歯の喪失数が少ないことが報告されている[14]．

国民健康・栄養調査の分析データにおいても，歯を喪失する人は穀類，いも類の摂取が多く，牛乳・乳製品の摂取が少ないことが示されている[7]（図 4.21）．

4.7.6 牛乳・乳製品と歯周病予防

歯周病予防に役立つ栄養素として，抗酸化物質（ビタミン C，ビタミン E，α-カロテンと β-カロテンなど），ビタミン D，カルシウム，不飽和脂肪酸（ω3 脂肪酸）などがあげられる．カルシウムを豊富に含む牛乳・乳製品は，虫歯予防に役立つだけでなく，歯周病をも予防し，結果的に歯の喪失を防止すると考えられる．デンマーク人高齢者 135 名の調査において，牛乳摂取と歯周病予防が関連することが示されている．

主要な歯周病菌である *Porphyromonas gingivalis* がもつ病原因子はタンパク質分解酵素であるが，牛乳中のラクトフェリンはこの酵素活性を阻害し，歯周病を防ぐ働きがあるという報告がある[1]．九州大学が実施した942名を対象とする疫学研究では，牛乳・乳製品のうちヨーグルトの摂取が多い人は歯周病の進行が遅いことが示されている[12]．

成人・高齢者の歯の喪失には，歯周病が関与している．歯の喪失と歯周病を防ぐためには，歯磨きにより歯周病菌の歯面での増殖を防ぐことと並んで，歯周病予防に役立つ牛乳・乳製品の摂取が重要である．　〔花田信弘〕

文　　献

1) Adegboye, A. R. *et al.* (2012). Intake of dairy products in relation to periodontitis in older Danish adults. *Nutrients*, **4**：1219-1229.
2) Adegboye, A. R. *et al.* (2012). Intake of dairy calcium and tooth loss among adult Danish men and women. *Nutrition*, **28**：779-784.
3) Aimutis, W. R. (2004). Bioactive properties of milk proteins with particular focus on anticariogenesis. *J. Nutr.*, **134**：989-995.
4) Antonenko, O. *et al.* (2014). Oral health in young women having a low calcium and vitamin D nutritional status. *Clin. Oral Investig.*, [Epub ahead of print]
5) Gedalia, I. *et al.* (1991). Enamel softening with Coca-Cola and rehardening with milk or saliva. *Am. J. Dent.*, **4**：120-122.
6) Korpela, A. *et al.* (2002). Lactoperoxidase inhibits glucosyltransferases from *Streptococcus mutans* in vitro. *Caries Res.*, **36** (2)：116-121.
7) 厚生労働省．「日本人の長寿を支える「健康な食事」のあり方に関する検討会」資料．(http://www.mhlw.go.jp/file/05-Shingikai-10901000-Kenkoukyoku-Soumuka/0000035122.pdf)
8) Loimaranta, V., Tenovuo, J., Korhonen, H. (1998). Combined inhibitory effect of bovine immune whey and peroxidase-generated hypothiocyanite against glucose uptake by *Streptococcus mutans*. *Oral Microbiol. Immunol.*, **13** (6)：378-381.
9) 株式会社 明治．妊娠・育児情報ひろば．(http://www.meiji-hohoemi.com/mamapapa/kona/index.html)
10) Oho, T. *et al.* (2004). A peptide domain of bovine milk lactoferrin inhibits the interaction between streptococcal surface protein antigen and a salivary agglutinin peptide domain. *Infect. Immun.*, **72**：6181-6184.
11) Reynolds, E. C. *et al.* (2003). Retention in Plaque and Remineralization of Enamel Lesions by Various Forms of Calcium in a Mouthrinse or Sugar-free Chewing Gum. *J. Dent. Res.*, **82**：206-211.
12) Shimazaki, Y. *et al.* (2008). Intake of dairy products and periodontal disease：the Hisayama Study. *J. Periodontol.*, **79**：131-137.
13) Schüpbach, P. *et al.* (1996). Incorporation of caseinoglycomacropeptide and caseinophosphopeptide into the salivary pellicle inhibits adherence of mutans streptococci. *J. Dent. Res.*, **75**：1779-1788.
14) Wakai, K. *et al.* (2010). Tooth loss and intakes of nutrients and foods：a nationwide survey of Japanese dentists. *Community Dent. Oral Epidemiol.*, **38**：43-49.

15) Yoshihara, A. *et al.* (2009). A longitudinal study of the relationship between diet intake and dental caries and periodontal disease in elderly Japanese subjects. *Gerodontology*, **26**：130-136.

索　引

さ　行

た　行

な　行

は　行

編者略歴

上野川 修一（かみのがわ しゅういち）

1942年　東京都に生まれる
1966年　東京大学大学院農学系研究科修士課程 修了
　　　　東京大学大学院農学系研究科教授,
　　　　日本大学生物資源科学部教授を経て
現　在　東京大学名誉教授
　　　　農学博士

〔おもな編著書〕
『からだの中の外界 腸のふしぎ（ブルーバックス）』（講談社, 2013年）
『食と健康のための免疫学入門（人と食と自然シリーズ）』［共編］（建帛社, 2012年）
『機能性食品の作用と安全性百科』［共編］（丸善出版, 2012年）
『ミルクの事典』［共編］（朝倉書店, 2009年）
ほか多数

食物と健康の科学シリーズ
乳の科学　　定価はカバーに表示

2015年11月25日　初版第1刷
2024年 1月25日　　 第3刷

編　者　上野川　修　一
発行者　朝　倉　誠　造
発行所　株式会社　朝　倉　書　店
東京都新宿区新小川町6-29
郵便番号　162-8707
電　話　03(3260)0141
FAX　03(3260)0180
https://www.asakura.co.jp

〈検印省略〉

印刷・製本　デジタルパブリッシングサービス

ISBN 978-4-254-43553-5　C 3361　　Printed in Japan